国家"双高"建设项目系列教材

海洋测绘技术

主　编　史合印　吴献文　胡为安
副主编　钟　云　陈慧娴　汤永杰
　　　　郑永进　彭芳平

西南交通大学出版社
·成　都·

图书在版编目（CIP）数据

海洋测绘技术 / 史合印，吴献文，胡为安主编. 成都：西南交通大学出版社，2024.11. --（国家"双高"建设项目系列教材）. -- ISBN 978-7-5774-0234-5

Ⅰ. P229

中国国家版本馆 CIP 数据核字第 20247U95S6 号

国家"双高"建设项目系列教材
Haiyang Cehui Jishu
海洋测绘技术

主　编／史合印　吴献文　胡为安

策划编辑／罗在伟
责任编辑／何明飞
责任校对／左凌涛
封面设计／何东琳设计工作室

西南交通大学出版社出版发行
（四川省成都市金牛区二环路北一段 111 号西南交通大学创新大厦 21 楼　610031）
营销部电话：028-87600564　　028-87600533
网址：https//www.xnjdcbs.com
印刷：成都中永印务有限责任公司

成品尺寸　185 mm×260 mm
印张　14.25　字数　374 千
版次　2024 年 11 月第 1 版　印次　2024 年 11 月第 1 次

书号　ISBN 978-7-5774-0234-5
定价　45.00 元

课件咨询电话：028-81435775
图书如有印装质量问题　本社负责退换
版权所有　盗版必究　举报电话：028-87600562

前言
PREFACE

党的二十大报告指出:"培养造就大批德才兼备的高素质人才,是国家和民族长远发展大计。功以才成,业由才广。加快建设国家战略人才力量,努力培养造就更多大师、战略科学家、一流科技领军人才和创新团队、青年科技人才、卓越工程师、大国工匠、高技能人才。"

21世纪是"海洋世纪",把我国建设成为世界级的海洋强国是新世纪我国海洋中长期发展规划的总目标,是时期赋予我们的历史使命。海洋强国战略的主要任务可概括为大力发展海洋经济,全面建设小康社会和建立强大的国防,保卫海疆和维护国家海洋权益。

中国是海洋大国,管辖近 3×10^6 km² 的主权海域,大陆岸线长达 14 000 km,有多种海洋产业和丰富的海洋资源。要经略海洋,开发海洋,测绘必须先行。海洋测绘是海洋测量和海图绘制的总称,其任务是对海洋及其邻近陆地和江河湖泊进行测量和调查,获取海洋基础地理信息,编制各种海图和航海资料,为海洋资源勘探、海洋环境监测、海洋灾害预警、维护国家海洋权益、促进海洋经济发展等起到基础性支撑作用。

为深入贯彻落实二十大报告精神,根据《高等学校课程思政建设指导纲要》等文件精神,编者紧紧围绕"培养什么人、怎样培养人、为谁培养人"这一教育的根本问题,以落实立德树人为根本任务,以学生综合职业能力培养为中心,以培养卓越工程师、大国工匠、高技能人才为目标。本书按照高职院校的新形态教材理念编写,重点介绍海洋测绘的基本知识和技能,理论与实践相结合,侧重于实践技能培养,采用"知识点+实训项目"结构构建内容,共分7个项目,16个知识点,9个实训项目组成。项目1主要介绍海洋与海洋测绘的基本概念、内容、特点及发展趋势;项目2主要介绍海上测量水面以上定位技术和水面以下的定位技术;项目3主要介绍海洋水温、盐度、透明度、海洋潮汐、潮流等概念及其观测方法;项目4主要介绍海洋水深测量的原理及单波束测深、多波束测深系统的测量方法;项目5主要介绍海底底质地貌的探测原理及探测方法;项目6主要介绍海图的相关知识和编绘技术;项目7主要介绍海域使用分类、海籍测量和海岸线测量的相关知识。

本书由广东工贸职业技术学院测绘遥感信息学院和行业企业共同讨论确定内容体系，分工编写完成。其中，项目1、项目2由陈慧娴编写；项目3、项目5由钟云、郑永进编写；项目4由史合印、吴献文编写；项目6、项目7由胡为安、彭芳平编写；全书由史合印、汤永杰统稿。

本书在编写过程中还得到了广州至远海洋科技有限公司、广州中图测绘地理信息技术有限公司、自然资源部南海调查中心等涉海测绘单位的大力支持，在此表示衷心感谢！本书在编写过程中，还参考了国内外大量文献，对这些文献的作者表示感谢。

由于编者水平有限，书中不足和疏漏之处在所难免，敬请使用本书的师生和读者批评指正。

编 者

2024 年 3 月

目录
CONTENTS

1 项目1 海洋及海洋测绘 ··············· 1
- 任务1 海洋概述 ··············· 1
- 任务2 海洋测绘概述 ··············· 20

2 项目2 海上定位技术 ··············· 29
- 任务1 水面以上定位系统 ··············· 29
- 任务2 水下定位 ··············· 46

3 项目3 海洋水文观测 ··············· 57
- 任务1 海洋温度、盐度、透明度等概念 ··············· 57
- 任务2 海洋温盐观测实训 ··············· 67
- 任务3 潮流概念及相关理论 ··············· 74
- 任务4 海洋潮流观测实训 ··············· 76
- 任务5 潮汐相关理论 ··············· 83
- 任务6 潮汐观测实训 ··············· 91

4 项目4 水深测量 ··············· 95
- 任务1 水深测量概念及原理 ··············· 95
- 任务2 单波束水深测量 ··············· 96
- 任务3 回声测深仪水深测量实训 ··············· 107
- 任务4 多波束测深系统水深测量 ··············· 114
- 任务5 多波束测深系统数据采集实训 ··············· 128

项目 5　海洋地质地貌探测 …… 137

- 任务 1　海底地貌及底质探测相关知识 …… 137
- 任务 2　侧扫声呐海底地貌探测实训 …… 147
- 任务 3　海底浅地层探测 …… 159
- 任务 4　海底浅部地层探测实训 …… 163

项目 6　海图编绘技术 …… 173

- 任务 1　海图的基本知识 …… 173
- 任务 2　海图制图综合实训 …… 191

项目 7　海籍测绘 …… 195

- 任务 1　海域使用分类 …… 195
- 任务 2　海籍测量内容及要求 …… 203
- 任务 3　海岸线概念及各类型岸线位置判定 …… 206
- 任务 4　宗海图编绘实训 …… 211

参考文献 …… 220

项目 1　海洋及海洋测绘

知识目标

掌握海洋的地理概念、地形地貌、海洋资源,以及海洋测绘的内容、发展过程、学科关系,海洋测绘的特点和任务。

能力目标

掌握海洋和海洋测绘的基础知识,对海洋测绘行业有宏观的认识,为专业技能的提升和实践能力的发展打下基础。

思政目标

了解中国海洋现状和国家海洋强国发展战略,通过海洋测绘发展历程学习,增强民族自豪感,提高职业认同感。

任务 1　海洋概述

海洋测绘的对象是海洋,研究和从事海洋测绘需首先了解海洋的一般状况以及海洋与人类生存和发展的关系。

1.1.1　海洋及海洋资源

1. 海洋的含义

海洋是地球表面包围大陆和岛屿的广大连续的含盐水域,是由作为海洋主体的海水水体、溶解和悬浮其中的物质、生活于其中的海洋生物、邻近海面上空的大气、围绕海洋周缘的海岸和海底等部分组成的统一体。但通常人们所称的海洋,仅作为海洋主体的广大连续水体。海洋的中心部分称为"洋",边缘部分称为"海"。

地球表面海陆分布极不平衡。地球表面总面积为 $5.10 \times 10^8 \text{ km}^2$,其中,海洋面积为 $3.62 \times 10^8 \text{ km}^2$,占地球总面积的 70.8%;陆地面积为 $1.49 \times 10^8 \text{ km}^2$,占地球总面积的 29.2%;海陆面积之比为 2.5∶1。南、北半球海洋与陆地占全球面积的比例见表 1.1.1。

表1.1.1 南北半球海陆面积的比例

项目	海洋比例/%	陆地比例/%
北半球	60.7（42.1）	39.3（66.1）
南半球	80.9（57.9）	19.1（33.9）

备注：1. 括号内数字为南、北半球的海洋和陆地分别占其总面积的比例。
2. 无论如何划分地球，任一半球海洋比例均大于其陆地比例。
3. 海洋是相通的，而陆地则是相互分离的。

海、陆在地球表面的不同纬度上（见图 1.1.1），其分布也是不均匀的。除了 45°N～70°N，以及南纬高于 70°S 的南极洲地区陆地面积大于海洋面积之外，其余大多数纬度上，海洋面积均大于陆地面积。而在 56°S～65°S，几乎没有陆地，地球这部分的表面均被海洋覆盖。就整个地球而言，在海洋覆盖的 3.62×10^8 km² 的面积之下，储存着大约 1.37×10^{10} km³ 的海水，它们的平均深度为 3 794 m。因此，可以说海洋是一个相当深广的空间。

世界地形图

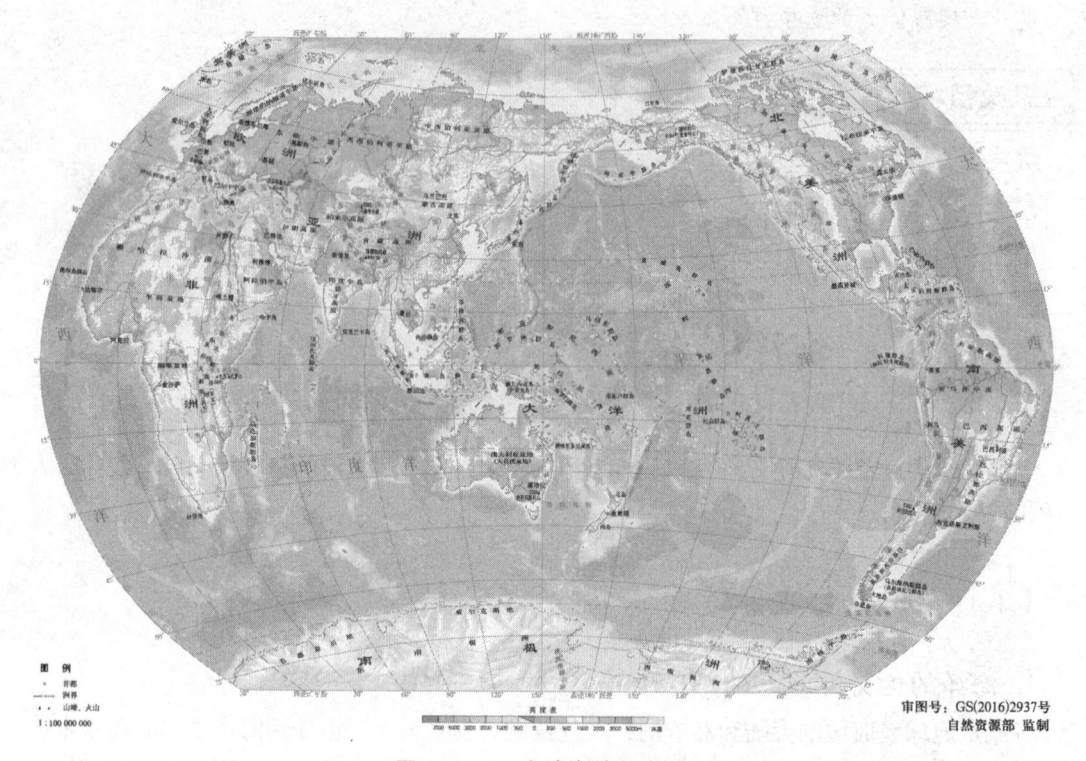

图 1.1.1 全球海陆分布图

人们一般习惯于把海和洋统称为海洋，其实海和洋是两个不同的概念。海洋的中心部分称为"洋"，边缘部分称为"海"。洋是远离大陆、深邃而浩瀚的水域部分，约占海洋总面积的 89%，深度一般在 3 000 m 以上。大洋中海水的盐度、温度等水文要素不受大陆的影响，年变化小，且比较稳定。大洋有独立的风、潮汐和洋流系统。海是海洋中与陆地毗邻、范围较小、深度较浅、相对封闭的水域，是海洋的边缘部分。海的面积占海洋总面积的 11%，其作为陆地与大洋的中间过渡地带，受陆地、大洋环境的共同影响显著，海洋要素随季节变化大，海水透明度较差，潮汐和海流均受大洋的支配，没有独立的系统。

地球上共有四大洋，即太平洋、大西洋、印度洋和北冰洋。各大洋面积、体积和平均深度见表 1.1.2 和图 1.1.2。也有观点认为把地球上的洋划分为五大洋，即除上述四大洋外，把环绕南极洲的水域称为南大洋或南极海。南大洋洋流和印度洋、大西洋、太平洋的从北而来的暖流在南极 60°S 左右汇合，形成"南极洲环流"将南极水域分开，而且其边界内的生态具有独特性，是南大洋自然的分界线。国际水文地理组织定义南大洋为南接南极大陆，北以南极辐合线为界，即大致在 50°S 附近的印度洋、大西洋和 55°S~62°S 的太平洋水域。包围南极的海洋（见图 1.1.3）主要有罗斯海、别林斯高晋海、威德尔海、阿蒙森海，部分南美洲南端的德雷克海峡以及部分新西兰南部的斯克蒂亚海，面积 $2.033 \times 10^7 \text{ km}^2$，海岸线长度为 17 968 km。

表 1.1.2 四大洋面积、体积和平均深度

四大洋	面积/(10^3 km²)	体积/(10^3 km³)	平均深度/m
太平洋	181 344	723 700	3 940
大西洋	94 314	337 170	3 575
印度洋	74 118	291 950	3 840
北冰洋	12 257	16 980	1 296

图 1.1.2 四大洋分布

太平洋：位于亚洲、大洋洲和美洲之间。北起白令海，南到南极的罗斯海，东至巴拿马，西至菲律宾的棉兰老岛。太平洋的西部，经马六甲海峡与印度洋相通，东面由巴拿马运河与大西洋相连接，太平洋是地球上最大和其中岛屿最多的大洋。

大西洋：位于欧洲、非洲和美洲之间。南临南极洲，北连北冰洋，并与太平洋和印度洋的水域相通。它是地球上的第二大洋，形状细长，呈"S"形，两头宽中间窄，在四大洋中南北长度最长，东南宽度最窄。其在赤道附近宽度最窄，最短距离仅约 2 400 km。

印度洋：位于亚洲、非洲、大洋洲与南极洲之间，形状呈扁平形。印度洋东西长，南北短，大部分洋区在赤道附近，是一个热带洋。

图 1.1.3　南大洋

北冰洋：位于欧亚大陆和北美大陆之间，基本上以北极为中心。北冰洋是地球上四大洋中面积最小、温度最低的寒带洋，终年被巨大的冰层覆盖。

根据统计，附属于地球上五大洋的海共有46个，其中主要的附属海见表1.1.3。

表 1.1.3　五大洋主要附属海

五大洋	数量	附属海名称
太平洋	17	白令海、鄂霍次克海、日本海、黄海、东海、南海、爪哇海、苏禄海、苏拉威西海、巴厘海、佛罗里斯海、摩鹿加海、西兰海、班达海、珊瑚海、阿拉斯加湾、加利福尼亚湾
大西洋	11	巴芬湾、哈得逊湾、加勒比海、波罗的海、北海、比斯开湾、地中海、马尔马拉海、黑海、亚速海、几内亚湾
印度洋	9	红海、波斯湾、阿拉伯海、孟加拉海、安达曼湾、萨式海、帝汶海、阿拉弗拉海、大澳大利亚湾
北冰洋	9	格陵兰海、挪威海、巴伦支海、白海、喀拉海、拉普帖夫海、东西伯利亚海、楚科奇海、波弗特海

海根据与大陆、大洋的位置关系与连通情况，又可分为边缘海、地中海、内陆海，此外还有海湾和海峡。

1) 边缘海

一边以大陆为界，一边以岛屿、半岛为界，既是大洋的边缘，与大洋之间又有半岛或岛屿相隔的称为边缘海。边缘海的水文状况受陆地、海洋、岛屿的综合影响。例如，西北太平洋的边缘海鄂霍次克海、日本海，以及东海等。

2）陆间海及内陆海

介于大陆之间的海称为陆间海，如欧、亚、非大陆之间的地中海，如图 1.1.4 所示。深入大陆内部的海称为内陆海，如我国的渤海。陆间海和内陆海，均为地中海，其水文状况主要受陆地的影响。

图 1.1.4　陆间海（地中海地区）

3）海　湾

海湾是指洋或海延伸进入大陆部分的水域[见图 1.1.5（a）]。海湾中海水的性质与其相近的洋或海中水的状况相似。由于海湾不断变窄、变浅，容易发生大的潮汐。

4）海　峡

海峡是指海洋中相邻海区之间宽度较窄的水道[见图 1.1.5（b）]。海峡地区海洋状况的最大特点是潮流速度很大。海峡有深有浅、有宽有窄，它们是连接洋与洋、洋与海、海与海的咽喉。如马六甲海峡是太平洋与印度洋的通道；直布罗陀海峡是地中海与大西洋之间的要冲。据相关资料统计，地球上主要的海峡有 36 个。另外，人们为了交通上的方便，还开挖了苏伊士运河和巴拿马运河，它们也具有类似海峡的功能。

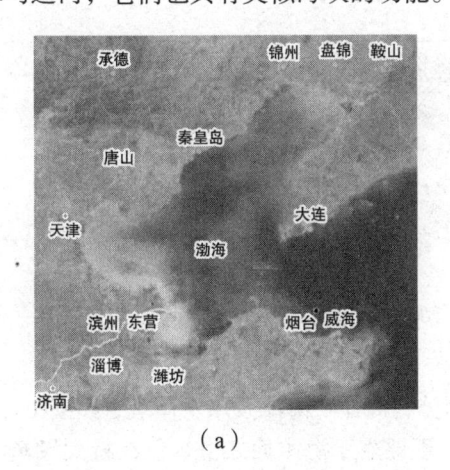

（a）　　　　　　　　　　　（b）

图 1.1.5　海湾与海峡

2. 海陆交互地带

海陆之间相互作用的地带为海岸带，与之相关的有海岸、海岸带、海岸线 3 个概念。

1）海　岸

海岸是海水面与陆地接触的滨海地带，强调的是邻接海洋边缘的陆地，指现代海岸线以上的狭窄地带,由海岸阶地和潮上带组成。海岸阶地是古海岸带,包括海积阶地(古海滩)和海蚀阶地(古海蚀台);潮上带是海岸线以上至波浪作用所能到达的最上界线之间的地带。海岸的概念可包括在海岸带的概念之中。

2)海岸带

在波浪、潮汐、地壳运动、气候变化等动力因素综合作用下,海岸线两侧具有一定宽度的不断发生变化的条形地带,称为海岸带。海岸带的具体范围尚无统一规定,我国《全国海岸带和海涂资源综合调查简明规程》规定:一般岸段,自海岸线向陆地延伸 10 km 左右,海岸部分通常为特大潮汐(包括风暴潮)影响的范围。河口部分则为盐水入侵的上界;向海扩展到 15~20 m 等深线。海岸带既是波浪、潮流对海底作用有明显影响的范围,也是人们活动频繁的区域。

3)海岸线

海岸线是指海与陆相互交会的界线,但在实际海岸中,很多情况下并没有明显的固定界线。海水随潮汐有涨有落,加之有波浪作用,海与陆的分界线是时时变化的。在风浪和涌浪的作用下,海水向岸冲上一定距离,海水常在它到达的陆域边缘留下痕迹。因此,为便于观测,测绘部门将平均大潮高潮时水陆分界的痕迹线定为海岸线。根据海岸植物的边线、土壤、植物的颜色、湿度、硬度以及流木、水草、贝壳等冲积物等可以较明确地将海岸线标识出来。在地图上,为了明显起见,用一条界线把海和陆地截然分开,这条界线即为"海岸线"。在整个地球上,海岸线的总长度约为 439 100 km。

3. 海洋地貌及其特征

海洋地形(见图 1.1.6)通常分为海岸带、大陆边缘和大洋底三个部分。

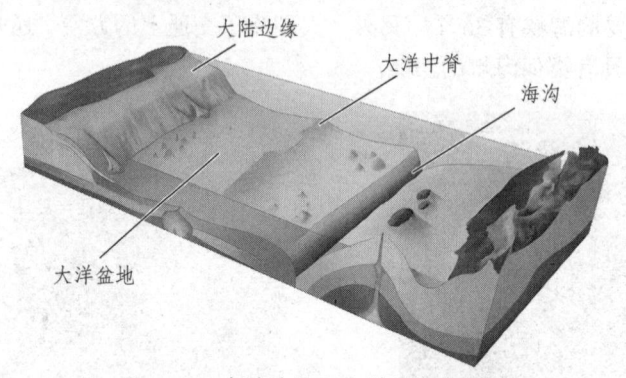

图 1.1.6 大陆边缘和大洋盆地示意图

1)海岸带

与上节所述海岸带概念相同,海岸带可进一步划分为海岸、海滩及水下岸坡,如图 1.1.7 所示。海岸是高潮线以上狭窄的陆上地带,大部分时间里裸露于海水面之上,仅在特大风暴潮时才被淹没,故又称潮上带;海滩是高低潮之间的地带,高潮时被水淹没,低潮时露出水面,故又称为潮间带;水下岸坡是低潮线以下直到波浪作用所能到达的海底部分,又称为潮下带,其下限相当于 1/2 波长的水深处,通常为 10~20 m。

2)大陆边缘

大陆边缘是大陆与大洋连接的边缘地带(见图 1.1.8),是大陆与大洋之间的过渡带,通常由大陆架、大陆坡、大陆隆及海沟等组成。

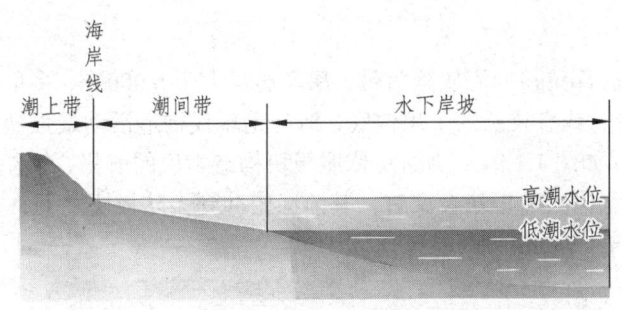

图 1.1.7 海岸带划分

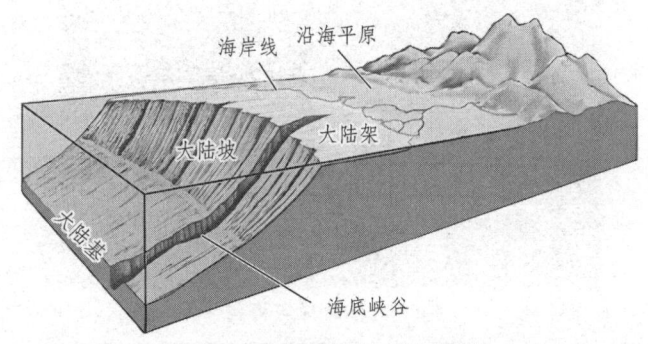

图 1.1.8 大陆边缘三维示意图

（1）大陆架。

大陆架又称陆棚，是大陆周围被海水淹没的浅水地带，是大陆向海洋底的自然延伸，其范围是从低潮线起以极其平缓的坡度延伸到坡度突然变大的地方（即陆架外缘）为止。其主要特点是平均坡度为 0.1°，陆架最平坦部分的平均水深为 60 m，陆架边缘的水深平均为 130 m，最深为 500 m，平均宽度为 75 km，最宽为 1 000 km（如南海南部的巽他陆架）。大陆架主要是来自大陆的泥沙形成的阶状海底平坦面，其上为一些水下沙丘或丘状起伏的地貌形态；水文要素有明显的季节变化，风浪、潮流及海水混合作用强烈；海水营养盐及氧丰富，初级生产力高，易形成良好渔场。全球大陆架水面面积占海洋总面积的 7.6%。

（2）大陆坡。

大陆坡是大陆架外缘陡倾的全球性巨大斜坡，其下限为坡度突然变小的地方（见图 1.1.8）。主要特点：坡度较陡，平均为 3°~7°，最大坡度在斯里兰卡海岸外，达 35°~45°，水的深度各地不一，大陆坡上界水深多为 100～200 m，下界往往是渐变的，在 1 500～3 500m 水深处。大陆坡是世界上最长、最直和最高的斜坡，呈条带围绕着大陆架，宽度从十几千米到上百千米不等，平均约为 70 km；大陆坡上最显著的特征是有许多两岸陡峭甚至直立、高差很大的凹槽横切大陆坡，有的甚至切穿大陆架与现代或近代河口相连，这种深切谷地犹如陆地上的峡谷一样，称为海底峡谷（submarine canyon），其他非海底峡谷地貌的地方则是深海平坦面；大陆坡水域离大陆较远，水文要素分布较稳定。全球大陆坡面积占海洋总面积的 12%。

（3）大陆隆。

大陆隆是从大陆坡下界向大洋底缓慢倾斜的地带，又称大陆基或大陆裙（见图 1.1.8）。主要特点是：大陆隆表面坡度平缓，平均为 0.5°~1°，水深为 2 500～4 000 m；沉积物深厚，形成深海扇形地貌，富含有机质，蕴藏有巨大的海底油气资源；大陆隆多分布在大西洋和印度洋的大陆边缘，以大西洋最宽，占其总面积的 25%，而太平洋周边大部分缺失。

（4）海沟。

海沟是大陆边缘底部狭长的海底陷落带，深度通常大于 6 000 m，多呈弧形，其侧坡比较陡急，横剖面呈"V"形，或有狭长的平坦沟底，海沟是现代构造活动最强烈、最频繁的地带，主要分布于太平洋四周，如图 1.1.9（a）所示。依照板块构造学说的解释，海沟多发育于俯冲带中，当大洋板块因海底扩张向大陆板块会聚时，其前缘俯冲到大陆板块之下，并插入到地幔下层，就形成了海沟，如图 1.1.9（b）所示。

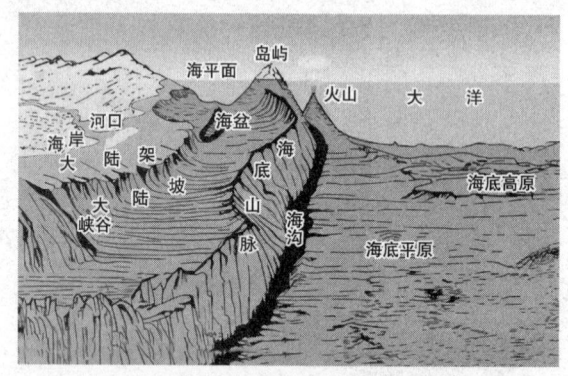

（a）大陆边缘与海沟

（b）板块俯冲与海沟成因

图 1.1.9　大陆边缘及海沟成因

3）大洋底

大洋底是大陆边缘之间的大洋全部部分，由大洋中脊和大洋盆地构成。

（1）大洋中脊。

大洋中脊是贯穿世界四大洋、成因相同、特征相似的巨大海底山脉系列，如图 1.1.10（a）所示。大洋中脊全长 65 000 km，顶部水深 2～3 km，高出大洋底 1～3 km，有的露出海面成为岛屿，宽数百至数千千米不等，面积占洋底总面积的 32.8%，是世界上规模最巨大的环球山脉。大西洋中脊延伸方向大致与两岸平行，印度洋中脊呈"人"字形，太平洋中脊偏居东侧且边坡较平缓，故有东太平洋海隆之称。各大洋中脊的北端分别延伸至陆地，南端相互连接。大洋中脊的顶部有沿其走向延伸的陷落谷地，深 1～2 km，宽 10～100 km，称为中央裂谷。该裂谷是海底扩张中心和海底岩石圈增生的场所，扩张和增生主要通过沿裂谷带的广泛火山活动来实现。

（2）大洋盆地。

大洋盆地是大洋中脊和大陆边缘之间的宽广洋底。大洋盆地坡度极小，为 0.3°～0.7°，深度为 6 000 m 左右，面积约占世界海洋总面积的一半。大洋盆地上通常分布海槽、海底谷、断裂带等负地形及海山、海丘、海岭等正地形。

（a）贯穿全球的大洋中脊

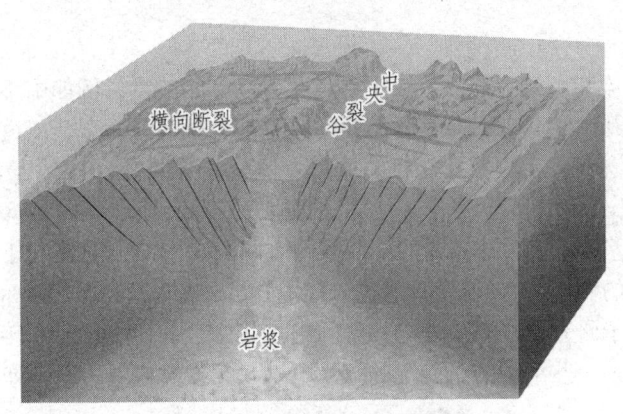

（b）大洋中脊三维地形示意图

图 1.1.10　大洋底地貌特征

根据以上的介绍，我们可以清楚地了解到，虽然海面有时看起来是比较平静的，但是在海水覆盖下的海底地形是相当复杂的。因此人们要认识海洋、开发海洋和利用海洋，其首要且繁重的任务就是要透过海水精确地测绘海底地形。由此可知，陆上测绘和海洋测绘的区别，关键在于前者是在大气中进行，后者则要克服海水这一介质的阻隔。有关海水的一些重要特性，在第3章海洋水文要素观测中将具体介绍。

4. 海洋资源

人类的生存和发展，始终是以自然资源为基础和支撑的。在当今世界，人口、资源、环境之间的矛盾日益突出，人类对资源的开发与利用逐渐由陆地资源主导转向陆海资源兼顾，海洋资源的开发和利用越来越成为扩大人类生存空间的必然选择。21世纪是"海洋世纪"，已成为人类共识。

长期以来，由于科学技术条件的限制，人们对如此广阔的海洋的认识是非常有限的，因此只能在它的影响下生存，而无法对其进行大规模的开发利用。即使有也仅仅是进行"兴鱼盐之利，行舟楫之便"这样传统的开发利用。可是经过近百年来各国海洋科技工作者的共同努力，尤其是20世纪60年代以来进行的大量海洋调查成果表明,在海洋这广深的空间中储存着极其丰富的资源可供人类使用。这些资源对于人类而言,无疑是一项极其重要和宝贵的财富,在未来的社会发展中,人类对海洋的依赖将逐步增加,从海洋获取的利益也会越来越多,海洋资源必将成为人类赖以繁衍和维持高度物质文明和精神生活的重要物质基础。

海洋资源是海岸带和海洋中一切能供人类利用的天然物质、能量和空间的总称,它是相对陆地资源而言的。狭义上讲,海洋资源是指形成和存在于海水或海洋中的有关资源,包括海水中生存的生物、溶解于海水中的化学元素、海水波浪和潮汐以及海流所产生的能量和储存的热量、滨海和大陆架以及深海海底所蕴藏的矿产资源、海水形成的压力差和浓度差等。广义的海洋资源还包括海洋能提供给人们生产、生活和娱乐的一切空间和设施。海洋资源根据其不同特点而有多种类型的划分。按其属性分为海洋生物资源、海底矿产资源、海水资源、海洋能资源和海洋空间资源,按其有无生命分为海洋生物资源和海洋非生物资源,按其能否再生分为海洋可再生资源和海洋不可再生资源。

据初步统计,海洋中储存的海洋能、矿物资源和生物资源大致如下:

1)海洋能

(1)潮汐能。

海潮的涨落、潮流和由风引起的波浪中都蕴藏着巨大的能量,例如由于海潮的作用,在我国的长江中潮流可上溯到镇江一带,而美洲的亚马孙河,由于其河面宽,河道直,因此潮水可沿河上逆1 400 km左右。另外,我国钱塘江口的杭州湾其潮高可达8~10 m,最高时达12 m。美洲的芬迪湾(Bay of Fundy)是世界上潮汐变化最大的地方,最大潮差可达18 m。据估计,世界海洋中的潮汐、波浪、温差、海流、盐差能的蕴藏量约1.48×10^{11} kW。目前对于海洋能的开发尚且处于早期阶段,小规模的利用如有的国家已研究成功波动发电机,为海上浮标灯塔提供了电力;同时也有些国家正致力于研究建立潮汐发电站的问题。我国也从20世纪70年代开始分别在广东、福建和浙江等地建造了一些小型的试验性的潮汐电站。潮汐发电站的原理如图1.1.11所示。

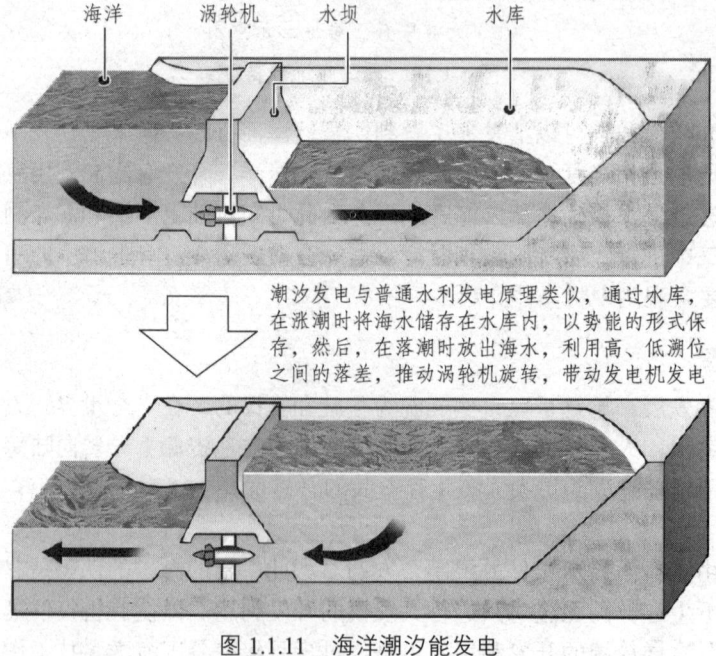

图1.1.11 海洋潮汐能发电

（2）海上风电。

海上风电，指的是在海上建设风力发电厂（见图1.1.12），通常设置在大陆架区域，利用风能进行发电。海上风电凭借其海上风能资源丰富、年利用小时长、风速高、风资源持续稳定、机组发电量高、不受土地限制、视觉及噪声影响小等优势一跃成为许多沿海国家清洁能源的新发展方向。我国海上风电资源高达 7.5×10^8 kW，得益于我国广阔的海上风电资源，我国已经成为世界上第三大海上风电国家。近海风能资源主要集中在东南沿海及其附近岛屿，有效风能密度在 300 W/m² 以上。5~25 m 水深、50 m 高度海上风电开发潜力约 200 GW；5~50 m 水深、70 m 高度海上风电开发潜力约 500 GW。海上风电也有一些缺点：开发技术要求高，开发成本高，海上气候及波浪对运维产生挑战，需要专用的建设和维护设备，极端海洋气候的影响。总体来说，相对陆上风电的高成本和更为复杂的安装技术需求，是制约海上风电发展的两个重要因素。根据项目全生命周期的成本分摊到其全生命周期所产生电量总数上进行测算显示，我国目前近海风电上网电价为 0.85 元/(kW·h)，潮间带风电上网电价为 0.75 元/(kW·h)。

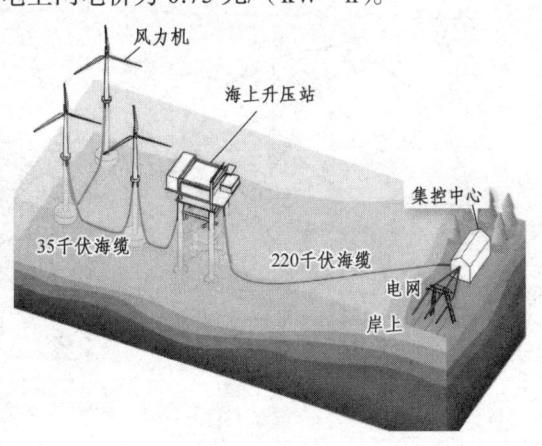

图1.1.12 海上风电场

2）海洋矿物资源

海洋矿物资源是海水中包含的矿物资源、海底表面沉积的矿物资源和海底各种地质构造中埋藏的矿物资源的总称。

海洋在全球物质循环交流系统中占有相当重要的地位。据估计，海水总量为 1.37×10^{10} km³，约占地球总水量的 97%，淡水只占 3%。海水如此之多，几乎包含了自然界的一切元素。海水中的无机物主要是河流输入的陆源物质，也有火山喷发物和陨石的衍生物等，而海水中的有机物则多半是由海洋生物造成的。由于海水运动，使得海水中各种元素的分布比较均匀，但是由于海洋生物的活动，大气与海洋、海洋与海底之间的物质交换，又在不断地破坏这种均匀状态，随着这种从均匀到不均匀再到均匀的过程，也就是海洋水中各种矿物元素的积累过程。海水中溶解了大量的杂质和气体物质，杂质以氯化钠为主，也含有苦味的氯化镁，使得海水又咸又苦。海水中杂质的总量为 4.8×10^{18} t，已知的元素有 60 多种。海水中资源种类极多，数量极大，储量相当可观，例如在海水中就储存着 5.5×10^6 t 的金、4.1×10^6 t 的银、4.1×10^7 t 的铜和 4.1×10^7 t 的锡等。

石油和天然气资源在地球上分布极广，在海洋里的 2.71×10^7 km² 的大陆架、2.87×10^7 km² 的大陆坡和大约 2.50×10^7 km² 的大陆隆中也都可能蕴藏着石油和天然气。据20世纪70年代初期的估算，海底石油的储藏量可能和陆上石油的储藏量相等，即 2.07×10^{12} gal[①]。自 20 世纪 90 年代，我国开展了天然气水合物调查，近 10 年来在海底天然气水合物探测和开采方面取得了快速发展。

天然气水合物俗称"可燃冰"，是深海沉积物或陆域永久冻土中由天然气与水在高压低温条件下形成的类冰状结晶物质，其形成受温度、压力、气体饱和度、水的盐度、pH 等因素控制。天然气水合物化学结构类似于由若干水分子组成的笼形冰块，天然气分子被束缚于这种笼形结构内部（见图 1.1.13）。一旦温度升高或压力降低，固体水合物崩解，这种笼形结构中的天然气就会逸出，从而被开采出来。天然气水合物中的气体组分主要为甲烷、乙烷、丙烷、丁烷等及其同系物，也含有二氧化碳、氮气、硫化氢等杂质气体，其中以甲烷为主。如果甲烷浓度超过 99%，则称为甲烷水合物。

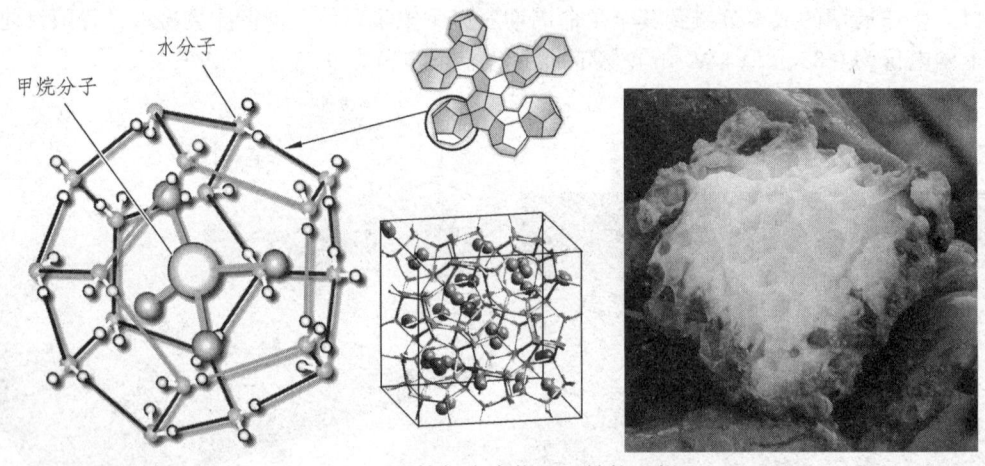

图 1.1.13　天然气水合物分子结构和样品

天然气水合物是 20 世纪后期发现的一种新型化石能源矿产，广泛分布于大陆永久冻土、海洋斜坡带、大陆边缘隆起处、极地大陆架以及海洋和一些内陆湖的深水环境。海底天然气水合物主要集中在大西洋海域的墨西哥湾、加勒比海、南美东部陆缘、非洲西部陆缘和美国东海岸外的布莱克海台等，西太平洋海域的白令海、鄂霍次克海、日本海、苏拉威西海和新西兰北部海域等，东太平洋海域的中美洲海槽、加利福尼亚滨外和秘鲁海槽等。陆上永冻土中的天然气水合物集中在西伯利亚、阿拉斯加和加拿大的北极圈内。环绕北美洲有 11 个大型的天然气水合物矿区，资源/储量超过 5.8×10^{13} m³。俄罗斯的天然气水合物资源也非常丰富，资源量达到 3.05×10^{13} m³。我国具备天然气水合物形成的地质和物源条件，具有良好的找矿前景。在青藏高原的冻土层及南海、东海、黄海等近 3×10^6 km² 海域，天然气水合物存在的概率很大。据预测，我国南海天然气水合物资源量达到 8×10^{10} t 油当量，相当于我国目前陆上石油、天然气资源量的 1/2。全球天然气水合物远景资源量是现有油气资源总量的两倍以上。天然气水合物是一种高密度的天然储能物质，是未来化石能源勘查开发最重要的方向，有可能为人类提供丰富的洁净能源。因此，世界有关国家正积极从事天然气水合物勘查与开发试验。

除石油、天然气之外，还有一种重要的海底矿物资源为锰结核矿，它是存在于洋底表层的

---

① 1 gal＝3.785 L。

多金属矿种，广泛分布于大洋底，表面呈黑色或棕褐色，形状如球状或块状（见图 1.1.14）。该核中含有 40 多种金属，其中最有商业开发价值的是锰、铜、钴、镍等，其含量接近，甚至超过了当前陆上矿石的边界品位，且它们在大洋底的储量巨大，超过陆地矿石量的好几倍。锰结核在太平洋、大西洋和印度洋中都有赋存，处于水深 3500～4500 m 的深海海底表面，其主要组成成分为：锰 57%～76%、镍 0.06%～2.37%、钴 0.008%～2.99%、铜 0.013%～2.92%以及其他金属元素。锰结核的成因至今存在争议，有人认为来自外空物质（如宇宙尘、陨石和大气降落物等）也有人认为来自海洋生物遗体、海底热液、陆源沉积。其形成机制经历了铁、锰等金属元素之间的吸附、催化、氧化、沉淀等过程。根据海洋调查推算世界各大洋的总储量为 $2×10^{12}$～$3×10^{12}$ t，且每年约增生 $6×10^6$ t，其埋藏量大于陆上的埋藏量若干数量级，且还逐年在增长。

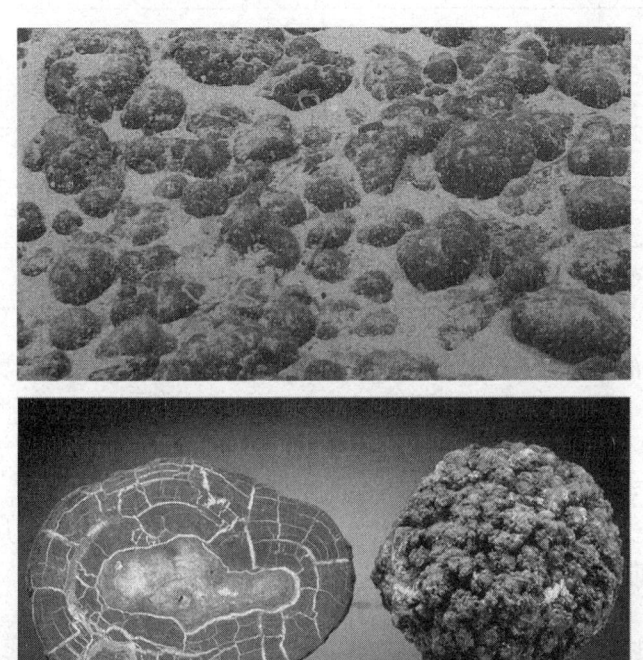

图 1.1.14　海底锰结核

3）海洋生物资源

海洋生物资源是指海域内能够为人们的生产生活带来影响的有生命的活体和生命活体所处的生存环境的统称。有生命的活体包括植物、动物和微生物；生境包括与海洋生物关系密切的滩涂，育卵场所、生物寄居礁等。海洋生物资源的用途体现在，它可以成为人类的食物、动物的饲料以及被制成医疗材料和化工原料而投入生产生活中去。据统计，全世界海域内已知生物有 20 多万种，其中植物有 2 万种，附着的海藻有 4 500 余种；动物 18 万余种，其中甲壳类有 2 万种，鱼类有 1.6 万种。我国海岸线超过 18 000 km，沿海省市海洋生物资源丰富，种类数量见表 1.1.4。据测算，海洋中拥有的物种与全世界物种的比率高达 80%，此外，海洋中还拥有丰富的动物蛋白质，其比率更是多达 90%。然而由于一些技术上的原因，全球尚有众多的未被发现的具体用途的海洋生物。在种类繁多的海洋生物中，有经济价值的种类主要集中于鱼类、贝类、藻类、甲壳类。

海洋中有大量的鱼类和海藻类植物可供人类食用，作为自新生的资源，如果管理得法，世界渔业每年可提供 2×10^9 t 以上的鱼产品；另外，海藻类植物的繁殖速度也相当快，它们也可以为人类提供数量可观的食品。但是海洋生物资源存在两大威胁：一是海洋环境的污染，石油泄漏、海水富营养化以及生活垃圾，其会对海洋生物、生态起到极大的破坏作用；二是过度捕捞，竭泽而渔将会使海洋中的生物资源急剧减少，不仅违反了可持续发展的原则，同样也使我国海洋内的生物多样性以及海洋生态系统遭到破坏。

表 1.1.4 我国沿海省市海洋生物资源种类数量

沿海地区	资源种类	沿海地区	资源种类
辽宁	520	上海	1 265
河北	485	福建	2 798
天津	170	广东	1 000
山东	1 400	广西	770
江苏	420	海南	1 000

综上所述，海洋的存在对人类的生存产生着巨大的影响，尤其是随着世界人口不断地增长，陆上资源日渐枯竭，因此人类必须到大陆以外寻求新的资源来源。当代科学技术的发展，使人们可以有能力去打开海洋这"绿色的资源宝库"。可以预料，过去人类是被动地受海洋存在的影响，而现在已进入了人类主动向海洋进军，从海洋索取物质资源的新纪元。因此，海洋与人类的关系将会越来越密切，这就促使有关海洋的调查研究工作迅速地开展，从而也对海洋测量工作提出更新的课题和更加繁重的任务。

1.1.2 世界海洋新格局

随着人类文明、科学技术的发展，人们对海洋的认识也由浅入深地，尤其近一个世纪以来，人们对海洋进行了广泛的调查和近几十年来海洋石油的开采成功，使人们深知海洋除了作传统的载舟之航道外，更重要的是在海洋中储藏着无数的海洋生物资源、海洋矿产资源和海洋中可被利用的各种能源。这些都是地球上迅速增长的人类人口总量今后生存和发展的依赖。因此，近几十年来，一些沿海国家纷纷提出扩大领海范围的要求，一些内陆国家也提出了海洋资源的共有问题。鉴于上述情况，有关海洋法的制订工作，就成为当今世界上一项重要的政治任务。自第二次世界大战以来，经历了将近 30 年的时间，终于在 1982 年 11 月由联合国组织有关国家和组织，起草了《联合国海洋法公约》并在牙买加蒙得哥湾开放签字，至此，世界海洋的新格局已经形成。

1. 内 海

内海亦称内水，指领海基线以内的水域。《联合国海洋法公约》第八条第一款规定，领海基线向陆一面的水域为国家内水的一部分。内水从海岸线起向海一侧延伸至领海基线，如图

1.1.15 所示。换言之，领海基线为内水的外部界线，即内水与领海的分界线。国家对内海享有完全的排他性主权，除外国船只在直线基线制度确立前不被视为内水的区域内有无害通过权外，一国对其内水行使全部的主权（《联合国海洋法公约》第八条第二款）。有关的海峡制度适用于被直线基线所包围的海峡。

2. 领 海

为沿海国的主权及于其陆地领土及其内水以外邻接的一带海域，在群岛国情形下则及于群岛水域以外邻接的一带海域，称为"领海"（《联合国海洋法公约》第二条第一款），即沿海国主权之下的，与其陆地或内水相邻接的一定宽度的水域。1982 年《联合国海洋法公约》规定，领海宽度不超过 12 n mile[①]，如图 1.1.15 所示。目前各国已宣布的领海宽度有 3、4、6、12、15、20、24、50、70、100、150 和 200 n mile。领海外部界线是一条，其每一点同基线上最近点的距离等于领海宽度的线（《联合国海洋法公约》第四条），由主权国按照一定原则，在确定领海基线和领海宽度之后，以规定的方式划出。各国可根据本国的地理特点、经济发展和国家安全需要自行确定其领海范围和划定方法。领海是沿海国领土的组成部分。国家对领海的主权及于其上空、海床和底土。

3. 毗连区

毗连区为一种毗连国家领海并在领海外一定宽度的、供沿海国行使关于海关、财政、卫生和移民等方面管制权的一个特定区域。《联合国海洋法公约》第三十三条规定，毗连区的宽度从领海基线量起不超过 24 n mile，如图 1.1.15 所示。它以按确定的宽度所形成的水域之外缘，为其外部界限。

4. 大陆专属经济区

大陆专属经济区为领海以外并邻接领海，介于领海与公海之间，具有特定法律制度的国家管辖水域。该区域内，沿海国家具有勘探和开发、养护和管理自然资源的主权权利，以及一些特定事项的管理权；其他国家则享有航行、飞越、铺设海底电缆和管道等自由。专属经济区的宽度从领海基线量起，不应超过 200 n mile（《联合国海洋法公约》第五十七条），其外部界限为按照确定的宽度形成的水域之外缘，如图 1.1.15 所示。

5. 大陆架

大陆架指沿海国陆地向海的自然延伸部分，又称陆架、陆棚、大陆棚。国际海洋法中，大陆架被定义为沿海国的大陆架包括其领海以外依其陆地领土的全部自然延伸，扩展到大陆边外缘的海底区域的海床和底土，或者从测算领海宽度的基线量起到大陆边缘外缘的距离不到 200 n mile，则扩展到 200 n mile 的距离（《联合国海洋法公约》第七十六条）。与地理学上的大陆架定义，显然不完全一致。

在严格的规定下，大陆架定界主要采用三种方法：①从领海基线到大陆架外缘的距离不足 200 n mile 的，可扩展至 200 n mile。②从领海基线到大陆边超过 200 n mile 的，大陆架外部界线的各定点，不应超过从测量领海的宽度的基线算起 350 n mile。③或不应超过 2 500 m 等深线 100 n mile。由此可见，海洋法对大陆架外部界限的确定，主要体现了地形、距离和深度三种标

[①] 1 n mile = 1 852 m。

准。它是确定大陆架定义的最根本的问题。而陆地向海的自然延伸原则，则是确定大陆架法律概念的最基本原则。

沿海国对大陆架海域，具有为勘探大陆架和开发其自然资源的目的，对大陆架行使主权权利以及其他特定事项的管辖权。上述权利是专属性的，即如果沿海国不勘探大陆架或开发其自然资源，任何人未经沿海国明示同意，均不得从事这种活动，其他国家仅享有航行、飞越、铺设海底电缆和管道等自由（《联合国海洋法公约》第七十七条）。

6. 公　海

公海指沿海国内水、领海、专属经济区和群岛国的群岛水域以外不受任何国家主权管辖和支配的全部海域。公海对所有国家开放，应仅用于和平目的，任何国家不得将公海的任何部分置于其主权之下。规定有关公海各种制度的国际公约为《联合国海洋法公约》《公海公约》，后者于1958年4月29日在日内瓦签订，于1962年9月30日生效，共三十七条。

7. 国际海底区域

国家管辖海域范围以外的海底、洋底及其底土为国际海底区域。《联合国海洋法公约》称其为"区域"。《联合国海洋法公约》规定在"区域"内授予或行使的任何权利，不应影响"区域"上覆水域的法律地位，或这种水域上空的法律地位。"区域"及其资源是人类的共同继承财产。从自然意义上看，国际海底区域一般指水深在 2 000～6 000 m 或更深的海底，这样的区域占大洋总面积的 60% 以上，那里蕴藏着丰富的矿物资源，如锰结核和金属软泥。国际海底管理局是代表全人类组织和控制"区域"内活动的国际性组织。

8. 领海基点与领海基线

领海基点是为确定领海基线而划定的点。指从海岸向海一侧凸出的地理特征点（如海角或陆岬）或在适当的地方（如岸外的岛屿、小岛、岩礁，或某些低潮高地等），将这些点作为划定领海基线的标志。目前，我国公布了大陆领海的部分基线和西沙群岛共 77 个领海基点，以及钓鱼岛及其附属岛屿的领海基线和 17 个领海基点的名称和地理坐标，北部湾北部领海基线（由 7 个领海基点构成）。领海基点对国家的领海主权具有重要的战略意义。

我国采用直线基线法确定领海基线。1958年9月4日中华人民共和国政府关于领海的声明，宣布建立 12 n mile 宽度的领海，声明表示运用直线基线划出领海基线。1992年2月25日我国人大常委会通过《中华人民共和国领海及毗连区法》，第三条中华人民共和国领海基线采用直线基线法划定，由各相邻基点之间的直线连线组成。

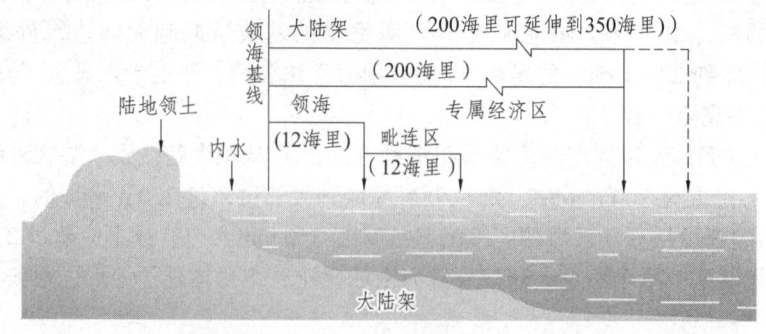

图 1.1.15　领海基线、内水、领海、毗连区、专属经济区、大陆架

1.1.3　中国近海概况

我国既是一个幅员辽阔的大陆国家，又是一个拥有漫长的海岸线、优良的海湾、众多的岛屿、辽阔的海域和开阔的大陆架的海洋国家（见图1.1.16）。我国的海岸线长达18 000多千米，边缘海渤海、黄海、东海和南海都是西北太平洋的陆缘海。由它们组成一个略呈向东南凸出的弧形水域，这一海域东西横越经度32°，南北跨纬度44°，总面积达470多万平方千米。其中属于我国领海和内水的海域面积有35万多平方千米，而根据国际海洋法规定，能够划归我国的专属经济区和大陆架的面积，大约300万平方千米，这些都是我国的海洋国土。

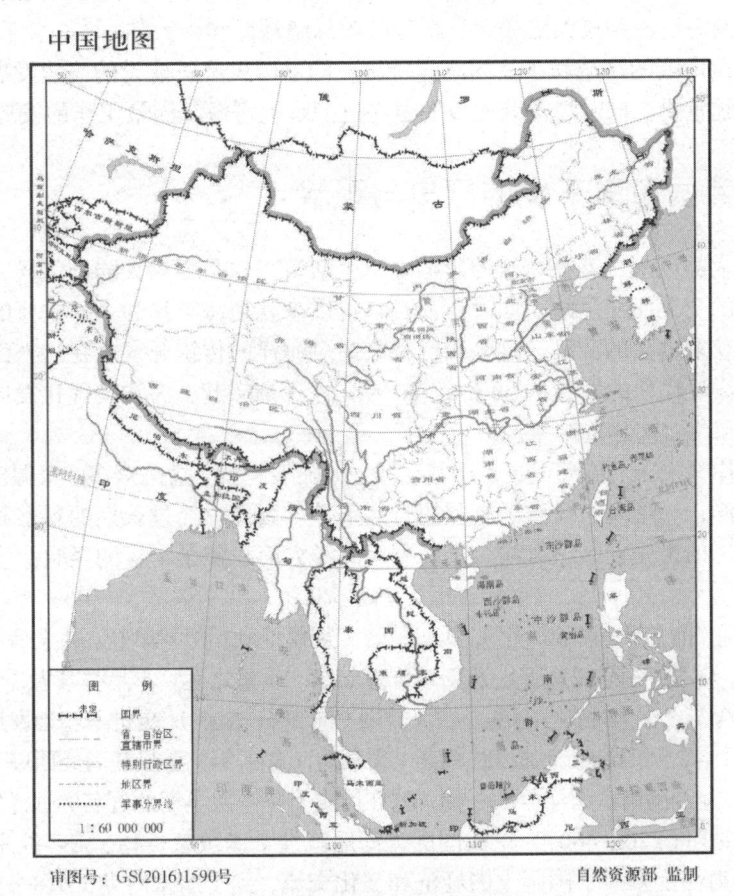

图1.1.16　中国近海概况

渤海是一个半封闭内海，辽东半岛的老铁山与山东半岛蓬莱角的连线为渤海与黄海的分界线。渤海可分为五个部分：北部的辽东湾、西部的渤海湾、南部的莱州湾、中部的中央盆地和东部的渤海海峡。渤海平均水深18 m，深度小于30 m的范围占总面积的95%。其坡度平缓，是一个近封闭的浅海。

黄海也是半封闭的陆架浅海，长江口北角启东至济州西南角连线为黄海与东海的分界线，山东半岛的成山头与朝鲜西岸的长山串的连线为南黄海与北黄海的分界线。面积 3.8×10^5 km²，平均深度44 m。山东半岛东端成山角与朝鲜半岛长山串连线可将黄海分为北、南两部分，北黄海平均深38 m，南黄海平均深46 m，最深处在济州岛北，约140 m。

东海为太平洋边缘海，西北接黄海，东北以济州岛至五岛列岛与朝鲜海峡为界，东面以琉球群岛与太平洋相连，南面自福建东山岛至台湾南端与南海相通。其面积 $7.7×10^5$ km²，平均水深 349 m，大陆架由海岸向东南缓缓倾斜。

南海东北经台湾海峡与东海相通，东接菲律宾、巴拉望、加里曼丹等与太平洋分隔，南接马来半岛、纳土纳群岛、加里曼丹等与印度洋分隔，面积为 $3.5×10^6$ km²，由周边向中心有较大坡降的菱形海盆；平均深度 1 212 m，最深处达 5 377 m。

在我国广阔的海域中还分布着数量众多的、大小不等的 6 500 多个岛屿，其中分布在东海海域中的约占 60%，分布于南海的约占 30%，分布在渤海和黄海中的仅占 10% 左右。这些岛屿除台湾岛和海南岛的面积超过 3 万平方千米以外，其余的面积均不大于 $2.0×10^3$ km²，它们一般离大陆较近，但南海诸岛则离大陆较远，最远的曾母暗沙距华南大陆 1 800 多千米。

我国拥有如此广阔的海域和丰富的海洋资源，随着国民经济建设的飞速发展，海洋开发工作将会变得越来越重要。同时海洋开发事业也将进一步促进海洋测量工作的发展。

1.1.4　我国海洋开发的历史与现状

地球上自有人类以来，就在海洋的影响之下生活着，这是因为大陆的气候，在很大程度上是随着海洋表面的变化而变化的。同时，人类自古以来就把海洋作为一种重要的运输载体，捕捞鱼虾的场所和获取食盐的源泉，这些我们称之为对海洋的传统开发，在这方面我国曾做出过杰出的贡献。海洋现代化的发展从 20 世纪 60 年代才逐渐兴起，海洋现代化发展是人类智慧和科学技术最新成果综合应用的结果。

由于我国海岸线漫长、港湾优良、洋域辽阔、大陆架宽阔、岛屿众多、资源丰富，这就为我们的祖先认识海洋，利用海洋提供了有利的自然条件。因此，经过长期的观察和生产斗争及科学实践过程，我们的祖先在认识海洋、开发利用海洋方面积累了丰富的经验，为人类做出过一些重大的贡献。

早在春秋时期（前 770—前 403 年），我国就曾大规模地利用海滩晒盐，并发展了沿海的捕鱼事业。在战国时期（前 403—前 221 年），就对海洋总结出"千里之远，不足举其大，千仞之高，不足极其深"，这是对海洋之深大的科学认识。西汉时期（前 206—9 年），更进一步地发展了海洋运输事业，当时我国与日本之间的海上交通来往频繁。晋朝时（399 年）法显和尚经西域到印度取经，后来他从海路回国，途经南海、南洋群岛一带，这在历史上是一次早期的著名的远洋航行。

魏晋南北朝时期（220—460 年），我国的大海船就经常满载着货物、旅客往来于中国和波斯（伊朗）之间，从海路上发展了国际上的经济和文化交流，到了唐宋时期（618—1279 年），中国已拥有当时世界上最大的海船，由它们组成的船队也是当时世界上最大和最著名的，这些中国的商船队也是南海和印度洋海域最活跃的船队。

我国发明的指南针，在北宋时期（960—1127 年）已在航海事业中普遍应用，这在航海史上是一次伟大的技术革命，对人类的进步作出了重大贡献。在宋元时期（960—1368 年），我国沿海渔民和航海家发明了"用长绳下钩，沉到海底取泥；或干铅锤，测量海水深浅"等方法，以后几百年来，人们仍沿用这些方法来测量海深。

明代，我国著名的航海家郑和曾率领规模巨大的航海船队，于 1405—1433 年七下西洋，途经 40 多个国家，其中规模最大的一次有 27 000 人随行。在最后一次航行中，穿过南海、横渡印度洋和红海，沿东非洲前进，发现了马达加斯加岛，那里离好望角已经不远了，这一发现比欧洲人早 60 年，是世界航海史上的一个创举。当时的船队有 62 艘大船，船长 44 丈，宽 18 丈，载重 30 万斤，是当时世界上最大的海船和最大的船队，他们在航行中用指南针定向。并对途经的海岸、岛屿、水域、海水运动和风向等都作了详细的记载，同时他们还考察了我国的南海诸岛。

我国历代人民在航海时，都比较注意把经过的海区、岛屿和海岸的情况编结成各种航海图志，对于潮汐、航线、航程、停泊港口和暗礁等都有详细的记载，广大渔民和船工普遍应用测水深、看底泥的方法来定船位。此外，我国在港口的修建，海塘的修筑，海防的防护和滩涂开垦等方面，也拥有较长的历史，并积累了丰富的经验。

以上所列都是勤劳、勇敢的我国各族人民的智慧和劳动的结晶，这些可贵的创造和宝贵的经验，对于人类认识海洋、开发和利用海洋起过重要的作用。

自20世纪60年代以来，世界的海洋事业逐步发展到一个崭新的阶段，主要表现在以下几个方面：第一，海洋调查和科学研究工作，由原来主要是探索海洋的自然规律，转向为全面开发利用海洋、寻找海洋资源、能源和提高技术服务的方向上来，也就是海洋的调查研究工作与海洋资源开发利用工作结合得越来越紧密；第二，海洋资源的开发利用工作正在向深度和广度发展，进入了以高度科学技术为基础，以海底石油开采为主要对象的新阶段；第三，国际海洋法公约签订之后。新的国际海洋的法律制度已确立，并规定总面积约13 000万平方千米的海洋专属经济区成为沿海国家的管辖范围。这样，海洋对于沿海国家的社会和经济发展，作用越来越大，有的甚至起到决定性的作用。

随着海洋事业的发展，为海洋开发事业服务的各项技术也有了飞速的发展，具有代表性的有以下五项：

第一项，专业科考、海洋调查船的发展。随着船舶技术发展百万吨的超级巨轮的出现，大大地提高了海上运输的能力，同时也促进了海洋地形探测、资源的开发工作的需求，使得专业的科考、调查船越来越多、越来越先进。目前，我国刚刚交付使用的第一艘大洋钻探船"梦想"号是全球唯一一艘，具备全球海域无限航区作业能力和海域11 000 m的钻探能力的科考船。船上配备了基础地质、古地磁、无机地化、有机地化、微生物、海洋科学、天然气水合物、地球物理、钻探技术九大实验室，可满足大洋钻探取心和深海大洋矿产资源勘探开发等不同作业需求。

第二项，深水载人装备的发展。海洋深达万米水压力随着水的深度增加而增加，因此要使潜艇潜到万米深处，就必须承受住一千个大气压的压力，载人深水潜器的出现具有重大的科学意义。深潜艇不单要潜得深，而且还要能承担各种海底考察任务的要求，因此海底摄影和电视装置、高精度的声呐定位装置、电动操纵的机械臂装置等，都成了深潜艇的主要装置。中国载人深潜装备的研发历经了三个"里程碑"式跨越："蛟龙"号首次实现了我国载人深潜装备自行设计、自主集成；"深海勇士"号在关键技术自主可控和国产化上取得了突破；"奋斗者"号则瞄准全球海洋最深处，最大下潜深度达到10 909 m，实现了我国在同类型载人深潜装备方向的超越和引领。

第三项，深水钻探的能力和提取海底石油的能力在迅速提高。为了对海底的地质情况进行考察和进行海底石油的勘探，必须在海上对海底地层进行钻探和开采石油，这一技术从20世纪40年代起就逐渐被人们重视，并获得迅速的发展，随着海底钻探技术的发展，世界海洋油气的开采已从浅水跨入了半深海、深海地区。我国拥有全球最大半潜式钻井平台——蓝鲸1号，能够在12级台风中平稳作业。最大作业水深3658m，最大钻井深度15 240 m，是目前全球作业水深、钻井深度最深的半潜式钻井平台。

第四项，已有精确定位的技术。以往在大洋中间船舶的定位精度很难达到1 km以内，而实际的定位误差则可能为5 km左右，但自20世纪60年代末，美国全球定位系统GPS作为一种非常可靠的、高精度和全天候的导航系统，向各类船舶提供了有效的服务，可达到米级的精度。我国自主研发的北斗卫星导航系统自 2020 年组网成功，已经广泛应用于海洋活动中。北斗海洋广域差分高精度定位终端也实现了 1 m 以内的定位精度，若区域内覆盖地基增强系统，则精度甚至可达平面优于 ±3 cm。这些高精度的定位技术对于海洋测绘、石油开采、管道铺设、搜救打捞等应用具有重要意义。

第五项，海底电视、水下相机、多波束技术和高精度测深侧扫声呐技术的发展和应用，从而使人们能对海底详情进行深入的考察。尤其是最近十年，随着 ROV/AUV 技术的突飞猛进，这些技术与其记录仪器和精确导航的能力相配合，将会使人们像在陆地上进行空中摄影那样，对海底进行摄影和测量。从我国首台 ROV 水下机器人"海人一号"，到首台 AUV "探索者"号，到我国首台 6 000 m AUV 深海实用性装备到首台"潜龙一号"，到主要服务于我国深海热液区硫化物的勘探的"潜龙二号"，标志着我国 AUV 技术及产品跨入了国际先进行列，为深海探测、资源勘测提供了重要的手段。

总之，在广泛吸收各种现代技术的同时，海洋技术也逐步完善起来，形成完整的体系。海洋技术体系包括探测技术、开发技术、通用技术三部分。探测技术是海洋开发前期工作的技术手段。其任务是探测海洋环境的变化规律，探索可供开发的海洋资源，并确定它们所在的位置。探测技术包括卫星、浮标、调查船、观测站、潜水器等，对海洋进行立体探测的整个网络技术。开发技术是各产业部门致力发展的生产技术。通用技术是各种海上活动都需要的基础技术。

综上所述，海洋开发工作已从传统的阶段发展到目前的现代化开发阶段，这对人类而言是一项具有战略意义的大事。因此，当前人们普遍认为海洋的开发是新的技术革命的特征之一。同时，国际上的科学界人士一再强调，海洋资源的开发，将对未来社会的经济发展产生重大的影响。我国在海洋资源开发方面已经给予相当重视。要发展海洋开发工作，提供测绘保证是一项艰巨而又重要的工作，为此，随着海洋开发事业的进展，就必须加速大力发展海洋测量工作。

任务 2 海洋测绘概述

1.2.1 海洋测绘的发展历程

海洋测量是人类了解海洋的一个重要手段，它是随着人类社会的需要和社会科学技术、生产水平的发展而产生和发展的。

首先由于航海事业发展的需要，逐渐使海洋测量形成一项专门的技术。然后，随着海洋开发事业的发展，对海洋测量提出了更多更高的要求，促使海洋测量的技术不断地更新和发展，其理论也不断地充实、完善，从而逐步形成一门与海洋学、航海学、地理学、地质学、天文学、大地测量学、工程测量学、航空航天学等有密切关系的海洋测量学。

航海需要海图，而海图的编制基础是海洋测量，但直到 13 世纪，航海测量仍用一些原始的方法，如目测和经验来进行。13 世纪后，中国发明的指南针传到西方，才开始使用罗盘进行海洋测量，这时也开始用长绳系铅锤，测量海水的深浅。在这以后，很长一段时间内一直用这样古老的办法进行海洋测量。到 18 世纪，欧洲的资本主义快速发展，他们为了抢占海外市场和掠夺资源，对海上交通予以极大的关注，同时船舶的吨位也逐渐增大。这样，原有的海洋测量工作，已不能满足社会发展的需要。为了改善这一工作，当时欧洲一些较发达的资本主义国家，相继成立了海道测量机构。同时，由于六分仪、天文钟等一系列测量用的仪器设备的研制成功，使得海洋测量工作摆脱了原始的状态，而进入了一个新的时期。即使这样，在当时情况下，进行海洋测量仍然是既费时，又费事的，因此其工作所及的范围仅限于浅海地区和一些重要的航道地段。直到1725年，才出现用等深线表示的海底地形图。

从19世纪中叶起，汽船开始代替帆船，船的吃水量随之增加，船的航速也有了显著的提高，这样对航道又提出了新的要求。为满足这些要求，开始了大量的海洋测量工作，同时一些沿海国家专门敷设了沿海三角网，进行沿海的三角测量和地形测量，在此基础上对近海海域也进行了大量的水深测量。1854年，美国海军航道部的毛利制出了《北大西洋水深图》，这幅图虽然只有180个大西洋深海处的水深值，但确已集当时海洋测量成果之大成，是最初的一张海底地形图。

第一次世界大战期间，潜水艇被成功研制出来，同时为了防御潜水艇的攻击，又发展了利用水声学的原理探测潜艇的技术。战后，这一技术很快被运用到水深测量。1922年，法国航道部首次在海洋测量中应用回声测深仪进行地中海水深测量，并获得成功，它标志着水深测量技术进入了一个崭新的时期。这种仪器后来被不断改进，一直发展到目前广泛使用的连续自动记录的回声测深仪。

当时虽然发明了回声测深仪，但远没达到普遍使用的阶段，一般仍然在使用测深锤进行水深测量。同样，船舶定位的方法也无重大的发展，仍然是在能看见陆地的海域中，用六分仪根据陆上的已知点来测定船位。这种方法的定位精度仅为距离的1/300，而在看不见陆地的海洋里，只能用天文方法来测定船位，这时定位的精度为 1 n mile。

第二次世界大战之后，航运和造船技术迅猛发展，船舶不仅类型多，而且向大型化、自动化方面发展。同时，海上交通、渔业生产、港湾工程、海上及海底的建筑工程和海上军事工程都蓬勃地发展起来，对海洋调查研究的规模日益扩大和深入，海洋已成为重要的经济、政治、军事和科学研究活动的场所。因此，对海洋测量的要求，已不仅是测海图为航海服务，而是要为开发海洋、研究海洋服务，从而有力地促进海洋测量的发展。

海洋测量技术更新换代的主要标志是无线电电子技术、电子计算机技术、激光技术和卫星技术等被广泛地应用到海洋测量的工作中来，改变了海洋测量手工操作的落后状况，而使海洋测量工作进入了电子化、自动化的先进行列。

自1967年以来，美国海军海洋局成功地研制了一种先进的海道测量和制图系统（Hydrographic Survey and Charting System）。它综合了目前海洋测量和制图的先进技术，加快了获得海道测量资料的速度，改进了资料现场鉴定的方法，加速了现场生产海图所需的资料加工和编辑工作。该海洋测量和制图系统，包括一个母舰，并配备高速小艇和直升飞机，水深资料由分别装在小艇和直升飞机上的回声测深仪和激光深度探测仪测得；船体定位数据和调整航线的数据，由海岸上和海底定位控制网提供，潮汐资料是从设置在该海域的资料浮标上获取的。这时，水深和潮汐资料由遥测装置传递到母舰上，并输入电子计算机进行数据处理，最后综合定位资料，由计算机按专用程序控制，直接指挥绘图系统，编绘出所需的海图。

海洋测绘经过了30余年的发展，尤其在近10年，高新技术在海洋测绘中的应用使海洋测绘水平有了迅速的提高，这些高新技术主要表现在如下几个方面：

（1）卫星定位技术。以GPS为代表的卫星全球定位系统，其全球覆盖、全天候、实时、高精度提供定位服务的特性，极大地提高了海洋测绘中各种测量载体（如船）和遥测设备的定位精度和工作效率。特别是适用于不同范围的局域差分、广域差分系统、地基增强系统和星基增强系统，使我国在江河湖海中航行或进行水域测量的任何船只均能实时获得分米级甚至厘米级的定位。

（2）水深测量技术。由于光、电、声在水中的传播特性不同，长期以来，水深测量主要应用声探测技术，即单波束回声测深技术。但近20多年来，多波束测深、机载激光测深以及卫星遥感测深技术的出现，使测深技术有了新的发展，使水深测量效率大为提高。特别是多波束测深技术，其水深测量覆盖面、精度、分辨率、声学图像质量等有了大幅度提高，不仅满足了大面积、高精度进行海底地形测绘工作的要求，而且由于获取的信息量丰富，还能进行海底沉积物分析、研究海底地质过程、矿产调查等。因此，多波束测深技术（包括浅水多波束系统）以及测深侧扫声呐技术将是今后水深测量技术发展的重点。过去，侧扫声呐系统不具备测深功能，仅能进行海底地貌的扫测且所获取的图像位置精度比较低。近年来，随着相关电子技术、GPS 水下定位技术和高精度长程超短基线定位技术的发展，侧扫声呐也具备了高精度测深的功能。目前，具备测深功能的侧扫声呐系统，如高精度测深侧扫声呐系统已经面世。机载激光测深能提供沿海浅水区大面积快速水深测量资料。卫星遥感测深对探测岛礁地形和附近水深是十分经济而有效的。

（3）卫星测高技术。卫星测高是利用卫星上装载的微波雷达测高仪、辐射计和合成孔径雷达等仪器，实时测量卫星到海面的距离、有效波高和后向散射系数等。处理和分析这些数据能研究全球海洋大地水准面和重力异常以及海面地形、海底构造等多方面的问题。由于该技术可以从空间大范围、高精度、快速、周期性地探测海洋上的各种现象及其变化，因而使人类研究和认识海洋的深度和广度有了极大提高。这是传统的船载海测技术难以比拟的。卫星测高技术同 GPS 技术一样，已成为空间大地测量学和海洋大地测量学的重要组成部分。

（4）GIS（地理信息系统）技术。海洋测绘科技发展的另一个重要领域就是 GIS 技术的应用，源于国家和地方政府、科学研究机构和经济实体等在进行海洋工程建设、资源开发、抗灾防灾以及军事活动等的决策或管理时，需要迅速、准确、及时的海洋（测绘）地理信息的需求。目前，快速数据采集技术（如卫星、多波束声呐等）和数字海图生产技术已为各种海洋测绘 GIS 的建立奠定了基础。不少发达国家的航海部门，海道测量管理部门和海岸管理部门投入大量人力和财力，已经或正在研究和生产各种 GIS 产品。因为它不仅是这些部门进行决策和管理的有效工具，而且具有巨大的潜在市场价值。

1.2.2　含义、地位及作用

一切海洋活动，无论是经济、军事还是科学研究，像海上交通、海洋地质调查和资源开发、海洋工程建设、海洋疆界勘定、海洋环境保护、海底地壳和板块运动研究等，都需要海洋测绘提供不同种类的海洋地理信息要素、数据和基础图件。因此，可以说，海洋测绘在人类开发和利用海洋活动中扮演着"先头兵"的角色，是一项基础而又非常重要的工作。

海洋测绘是海洋测量和海图绘制的总称，其任务是对海洋及其邻近陆地和江河湖泊进行测量和调查，获取海洋基础地理信息，编制各种海图和航海资料，为航海、国防建设、海洋开发和海洋研究服务。海洋测绘的主要内容有：海洋大地测量、水深测量、海洋工程测量、海底地形测量、障碍物探测、水文要素调查、海洋重力测量、海洋磁力测量、海洋专题测量和海区资料调查，以及各种海图、海图集、海洋资料的编制和出版，海洋地理信息的分析、处理及应用。

从广义的角度来讲，海洋测绘是一门对海洋表面及海底的形状和性质参数进行准确测定和描述的科学。海洋表面及海底的形状和性质是与大陆以及海水的特性和动力学有关的，这些参数包括：水深、地质、地球物理、潮汐、海流、波浪和其他一些海水的物理特性。同时，海洋测量的工作空间是在汪洋大海之中（海面、海底或海水中），工作场所一般是设置在船舶上，而工作场所与海底之间又隔着一层特殊性质的介质——海水，况且海水还在不断地运动着，这就造成海洋测量与陆地测量之间虽有联系和可借鉴之处，但却具有明显的特殊性。

现代海洋测绘在已有海洋测绘定义的基础上，更加突出其现代特色，主要体现为：① 测绘内容更加广泛。现代海洋测绘不但强调定义中过去作为主要内容的部分（如大地测量、水深测量、海上定位、重力磁力测量、海底地形、海洋工程测量等），还突出了如海洋水文要素调查、海底地貌调查以及海水中声速测量等与海洋测绘关系密切的以及与其他学科存在交叉的内容；同时，随着计算机技术和地理信息技术的发展，电子海图和海洋地理信息系统也成了现代海洋测绘研究的重要内容。② 采用的技术手段更加先进。主要表现为在继承传统测量方法和手段的基础上，更加突出现代"立体"海洋测绘的概念，即卫星定位技术、卫星遥感技术、机载激光测深技术、多波束测量技术、高精度测深侧扫声呐技术和基于 AUV/ROV（无人潜航器）等水下载体的水下测绘技术和手段。

1.2.3 海洋测绘的对象与任务分类

1. 海洋测绘的对象

海洋测绘是测绘学的一个分支学科。从这个分支学科的名称，我们就可以清楚地知道，海洋测绘的对象是海洋。海洋是由各种要素组成的综合体，因此海洋测绘的对象可以分解成各种现象。这些现象可分成两大类，就是自然现象和人文现象。自然现象是自然界客观存在的各种现象，如蜿蜒曲折的海岸、起伏不平的海底、动荡不定的海水、风云多变的海洋上空。用科学名词来说，就是海岸和海底地形、海洋水文和海洋气象。它们还可以分解成各种要素，如海岸和海底的地貌起伏形态、物质组成、地质构造、重力异常和地磁要素、礁石等天然地物，海水温度、盐度、密度、透明度、水色、波浪、海流，海空的气温、气压、风、云、降水，以及海洋资源状况等。人文现象是指经过人工建设、人为设置或改造形成的现象，如岸边的港口设施——码头、船坞、系船浮筒、防波堤等，海中的各种平台、航行标志——灯塔、灯船、浮标等，人为的各种沉物——沉船、水雷、飞机残骸，捕鱼的网、栅，专门设置的港界、军事训练区、禁航区、行政界线——国界、省市界、领海线等，还有海洋生物养殖区。这些现象包含有海洋地理学、海洋地质学、海洋水文学和海洋气象学等学科的内容。海洋测绘不仅要获取和显示这些要素各自的位置、性质、形态，还包括它们之间的相互关系和发展变化，如航道和礁石、灯塔的关系，海港建设的进展，海流、水温的季节变化等。由于海洋区域与陆地区域自然现象的重要区别在于分布有时刻运动着的水体，使它的测绘方法与陆地测绘方法有明显的差别，因此陆地水域江河湖泊的测绘，通常也划入海洋测绘中。

2. 海洋测绘的任务

由于海洋测量的工作领域相当广泛，而服务的对象随着海洋开发事业的发展，也日益增多，因此我们在这里将根据海洋测量不同的工作目的和不同的工作内容两方面来讨论海洋测量的分类问题。根据海洋测量工作的目的不同，可把海洋测量任务划分为科学性任务和实用性任务两大类。

1）科学性任务

这一任务包括三大部分内容：一是为研究地球形状提供更多的数据资料。为此，要连续不断地测定海洋表面形态的变动情况，并进行分析研究，从而推算出和大地水准面的差距（海面地形）。同时，还要在广阔的海洋领域中，进行重力场的测定工作，为研究地球形状和空间重力场结构提供广泛的、精确的观测数据。二是为研究海底地质的构造运动提供必要的资料。为此，一方面要对海底地质构造的重点地段，进行连续的观测，以探明海底地壳运动的规律。另一方面，要为海洋地质工作者提供海底宏观的地形和地貌特征图，以及在海洋地质调查时提供测绘保障。三是为海洋环境研究工作提供测绘保障。人类为了进一步了解海洋，进而向海洋进军，开发利用海洋，就要在海洋中进行大量的调查研究工作，如对海洋气候、海洋地质、海洋资源、海潮、海流以及海水的特性等，所有这些工作都要凭借船舶提供工作场所，为了标明所有取样的地点，就必须知道船舶的位置，也就是说，所有取样点的三维坐标是由海洋测量工作者提供的。

2）实用性任务

关于海洋测量的实用性任务，主要指的是对各种不同的海洋开发工程，提供它们所需要的海洋测量服务工作。也可以把这部分任务称为海洋工程测量。它们的服务对象主要有：海洋自然资源的勘探和离岸工程（近海工程）；航运、救援与航道；近岸工程（包括陆上和水中的）；渔业捕捞；其他海底工程（包括海底电缆、管道工程等）；海上划界等。其中关于海上实际定界的作业方法，目前仍然处在探索之中，一般方法是：在海底布设不连续的控制网，并根据这些控制网，在船上用定位系统，把船舶精确地导航到领海、大陆架、经济区等的边界上，然后投放浮标作为海面标志。划界工作因涉及国家的主权，所以海底控制网的精度要求很高。对于渔业范围的划分虽然也属于划界范围，但是这种边界精度要求不高。

根据不同的工作内容，可将海洋测量分成如 8 种：海洋重力测量、海洋磁力测量、海水面的测定、大地控制与海底控制测量、定位、测深、海底地形勘测和海图编制等。

（1）海洋重力测量。

对于研究地球形状，进行地球物理勘探，以及对于海底地壳的状态和运动情况的科学研究来说，重力资料是一个很重要的基础资料。为此，必须进行海洋重力测量。重力测量即在海上测量重力加速度的工作。海洋重力测量的目的在于研究地球的形状和内部构造、勘测海洋矿产资源和为保障远程导弹发射提供海洋重力数据。

海洋重力测量可分为海底重力测量、航海重力测量以及卫星重力测量。海底重力测量，是将重力仪器用沉箱沉于海底，用遥控及遥测方法进行的。航海重力测量是将仪器安置在舰船或潜水艇内进行的海洋重力测量，海底重力测量多用于浅海，其测量方法和所用仪器与陆地重力测量基本相同，测量的精度比较高，但海底重力测量必须解决遥控、遥测以及自动化水平等一系列复杂问题，且速度很慢。因此，目前大量进行的是航海重力测量和卫星重力测量。

（2）海洋磁力测量。

地磁是地球的一个重要的物理特性，海洋磁力测量是测定海上地磁要素的工作，是研究地球物理现象、海洋资源勘探以及海底宏观地质构造的有力手段之一。海洋磁力测量是应用质子磁力仪在海上进行的，这时为了避免船体磁性的影响，常常是从船尾向后延伸 $100 \sim 200$ m 的电缆在离开船体的情况下测量。海洋磁力测量的主要目的是寻找与石油、天然气有关的地质构造和研究海底的大地构造。此外，在海洋工程应用中，为查明施工障碍和危险物体，如沉船、管线、水雷等，也常进行磁力测量来发现磁性体。

（3）海水面的测定。

海水面的测定包括海面形态的测定和平均海平面的确定。前者对海洋测量和海洋科学的研究有着重要意义，而后者却对大地测量有着重要的意义。因为平均海水面的形状，就是地球等位面的形状，一般称为大地水准面。海面的形状是受到潮汐、风浪等影响的，如果把这些影响都消除的话，那么就可以认为海水表面是一个假设表面。

从理论上知道，大地水准面和海面形态的假设面之间并不重合，在高程方面的差异可达 2 m 左右，这将使沿海岸线进行的几何水准测量结果与常年观测的平均水位读数有所不同。然而，因为各国的测量高程系统是根据水位读数而得到的,所以在这些系统联系和组合时,就会产生变换问题。

根据海洋学所建立的理论,如果海水密度含盐量和海流已知,就能算出这两个方面之间的高差,然而实际结果同这些理论并不完全相同,如果这些高差已知,就可以由海面形态确定大地水准面,反之亦然。

在当今的测量技术条件下,以全球来考虑这两个面之间的差异是不大的,可以忽略不计。这样,海面形态就可当作是大地水准面的一个良好近似,当然反过来说也行。

传统的验潮站办法也能测定海洋沿岸几个点的水位情况;而对整个海面形状的测定,只有借助卫星测高这一手段才能按所需要的精度加以测定。

(4)大地控制和海底控制测量。

在沿岸和一些岛屿上安设必要的控制点,是建立海洋大地控制网的一个重要的组成部分,而这些沿岸的控制点可以在国家控制网中选取或联测,但一些岛屿上的点大部分应以卫星测量的方法来进行测定。即使这样,由于整个海域十分广阔,为了使控制点具有一定的密度,就不得不在海底设置控制点。由于这些控制点设置于海底,它们被海水所包围,无法使用光波和电波,所以一般使用3个或4个一组的应答器通过声学测距的办法来建立海底控制,但这一工作技术复杂,费用昂贵,因此一些国家仅在每隔5°经纬度处才布设一点。随着现代定位技术的发展,海底控制点的间隔可进一步缩小。

(5)定位。

精确地确定海洋表面、海水中和海底各种标志的位置称为海洋定位。定位必须预先建立控制点。控制点可以设置在岸上或利用卫星,也可以设置在海底。在海洋中对航行中的船舶进行定位,是具有极大的普遍性和重要性的。另外船舶的定位也可运用惯性系统进行,而对近岸船只也可根据岸上控制点用交会的方法进行定位,但用途最广的是卫星定位系统。

(6)测深。

在船体上进行海底地形测量,主要问题是如何测出水体的深度。目前,根据海水的物理特性,一般采用声学手段进行测深。从船上发射声波,传递到海底再反射回来,在船上接收,以获得测量成果。进行这种测试的仪器称为回声测深仪,它可以每秒测深数次,这样在船的航行过程中可以测出航线下海底地形剖面。多波束测深系统具有高精度、高分辨率、高效率的特点,可以提高航行测深的经济效益,满足多样化的成果需求。

目前,在浅水海域中还用航空摄影测量的方法测定水深和用机载激光系统测定水深及卫星水深测量。其中,航空摄影测量虽有对测区100%的覆盖、减少了经费、节省了时间和沿海水域同陆地可以连接等优点,但由于摄影光束对水的穿透能力有限,因此该方法目前仅限于深度小于3 m的沿海混浊水域,以及深度小于25 m的清澈水域,其精度约为0.4 m。机载激光系统仍然是一种光学方法,也受到对水的穿透能力的限制,它目前可测最大深度为70 m。目前,我国有关单位已在渤海地区进行这一系统的试验工作。

(7)海底地形测量及地貌、底质探测。

海底地形测量是测量海底起伏形态和地物的工作,是陆地地形测量在海域的延伸。其按照测量区域分为海岸带、大陆架和大洋三种海底地形测量,特点是测量内容多,精度要求高,显示海底地物、地貌详细。测量内容包括海底地貌、各种水下工程建筑、底质、沉积物厚度、沉船等人为障碍物、海洋生物分布区界和水文要素等。通常对海域进行全覆盖探测,确保详细测定测图比例尺所能显示的各种地物及微地貌。这是为从事各种海上活动提供重要资料的海域基本测量。水下地形地貌测量已经发展为空间、海面以及水下的立体测量。

海底底质探测是对海底表面及浅层沉积物性质进行的测量。探测工作是使用专门的底质取样器具进行的，可以由挖泥机、蚌式取样机、底质取样管等实施。它们可在船只航行和停泊时采集海底的不同深度的底质，也能采集大块碎屑沉积物、坚硬的岩石、液态底质等。

目前，浅地层剖面仪已广泛应用于该领域。

（8）海图编制。

海图是以海洋及其毗邻的陆地为描绘对象的地图，其描绘对象的主体是海洋，海图的主要要素为海岸、海底地貌、航行障碍物、助航标志、水文及各种界线。

海洋信息的载体和传输工具，是海洋地理环境特点的分析依据，在海洋开发和海洋科学研究等各个领域都有着重要的使用价值。

海图是通过海图编制完成的。海图编制是设计和制作海图，出版原图的工作，作业过程通常分为编辑准备、原图编绘和出版准备三个阶段。

编辑准备阶段是根据任务和要求确定制图区域的范围、数学基础；确定图的分幅、编号和图幅配置；研究制图区域的地理特点；分析、选择制图资料；确定海图的内容、选择指标与综合原则、表示方法；制定为原图编辑和出版准备工作的技术性指导文件。

原图编绘阶段是根据任务和编辑文件进行具体制作新图的过程，是海图制作的核心。其包括数字基础的展绘；制图资料的加工处理；当基本资料比例尺与编绘原图比例尺相差较大时，需作中间原图，资料复制及转绘；各要素按综合原则、方法和指标进行内容的取舍和图形的概括（综合），并按照规定图例符号和色彩进行编绘；处理各种图面问题，包括资料拼接、与邻图接边、接幅、图面配置等。

编绘方法按照海图内容的繁简、制图技术、设备条件而选定，有编稿法、连编带绘法、计算机编绘法等。为保证原图的质量，在正式编绘前作试编原图或草图。运用传统方法进行图形编绘后还需作清绘或刻绘原图的工作，即出版前的准备工作。

出版准备阶段是将编绘原图复制加工成符合图式、规范、编图作业方案和印刷要求的出版原图；制作供制版、印刷参考的分色样图和试印样图。

（9）海洋地理信息系统（MGIS）。

地理信息系统（Geomatics Information System, GIS）在20世纪80—90年代得到迅速的发展和广泛的应用，它除了民用事业及商业应用以外，还为军事和战争解决空间数据处理和管理问题提供最新的武器。就地球科学而言，GIS是空间信息处理、分析、管理和显示的一种强有力的手段，这种手段已在陆地制图、地市及企业管理、建立空间数据分析模型等方面得到了广泛应用。近年来，由于全球环境变化研究及海洋资源与环境管理的需求，海量的海洋数据综合分析和管理促使海洋地理信息系统MGIS（Marine GIS）学科领域的兴起。

MGIS的研究对象包括海底、水体、海表面及大气、沿海人类活动5个层面，其数据标准、格式、精度、采样密度、分辨率及定位精度均有别于陆地，在发展MGIS过程中，对计算机应用软件的特殊需求为：能适应建立有效的数字化海洋空间数据库；使众多海洋资料能方便地转化为数字化海图；在海洋环境分析中可视化程度较高，除2-D、3-D功能以外，能通过4-D系统分析环境的时空变化和分布规律；能扩展海洋渔业应用系统和生物学与生态系统模拟；能增强对水下和海底的探测能力，能改进对海洋环境综合分析的效果；能作为海洋产业建设和其他海事活动辅助决策的工具。

一般GIS处理分析的对象大多是空间状态或有限时刻的空间状态的比较；MGIS则主要强调对时空过程的分析和处理，这是MGIS区别于一般GIS的最大特点。

1.2.4 特点及精度要求

对一般的海洋测量工作来说，其主要目的是在给定的坐标参考系中确定船舶的位置，或者在给定的坐标参考系中确定海底某点的位置。当然这里所指的位置即为三维坐标，包括平面位置和深度。

从图 1.2.1 所示情况可知，由于船舶是浮在不断运动着的海水表面上的，它的位置也在不断地变化之中；而海底的点，则是被海水所包围，其点位无法直接测定，只有通过船舶来测定。这就构成海洋测量的工作场所和工作对象有别于陆地上的测量工作，从而使其工作方式、使用的仪器设备和数据处理的方法，都具有明显的特殊性。

图 1.2.1　海洋测量工作环境

1. 海洋测量的特点

（1）在陆地上所测定点的三维坐标（平面坐标 x、y 和垂直坐标 z 即高程）是分别用不同的方法、不同的仪器设备分别测定的，但在海洋测量中垂直坐标（即船体之下的深度）是和船体的平面位置同步测定的。

（2）在海洋中设置控制点相当困难，即使利用海岛或设置海底控制点，其相隔的距离也是相当远的。因此，在海洋测量中测量的作用距离远比陆地上测量的作用距离长得多，一般在陆地中测量的作用距离为 5～30 km，最大的也不超过 50 km。但海上测量的作用距离一般为 50～500 km，最长的达 1 000 km。

（3）陆上的测站点与海上的测站点相比，可以说是固定不动的。但海上的测站点是在不断地运动过程中测定的，因此测量往往采取连续观测的工作方式，并随时要将这些观测结果换算成点位；而在陆地测量中，则无此必要。由于海上测站点处在动态中，其观测精度也不如陆上的高。

（4）由于作用距离的差别，陆上和海洋测量时所使用的传播信号也是不同的。在陆地测量中，一般必须使用低频电磁波信号，且其传播速度不能简单地作匀速处理；而在海水中，则应采用声波作信号源，这时声速将受到海水温度、盐度和深度的影响。

（5）陆地上测定的是高程，即某点高出大地水准面多少，而在海上测定的是海底某点低于大地水准面（可以近似地把海水面当作大地水准面）多少。但由于海水面经常受到潮汐、海流和温度的影响，因此所测定的水深也受到这些因素的影响。为了提高测深精度，有必要对这些因素进行研究，并对水深的观测结果进行改正。

（6）关于重复观测。陆地上的观测点往往通过多次重复测量，得到一组观测值，经平差后可得该组观测值的最或然值。但在海上，测量工作必须在不断运动着的海面上进行，因此就某点而言，无法进行重复观测。为了提高海洋测量的精度，往往在一条船上，采用不同的仪器系统，或同一仪器系统的多台仪器进行测量，从而产生多余观测，进行平差后提高精度。另外，整个海洋测量工作是在动态的情况下进行的，所以必须把观测的时间当作另一维坐标来考虑，或者用同步观测的办法将其消去。

对以上海洋测量工作特点的了解，是人们顺利地进行工作和继续深入研究的前提。

2. 海洋测量的精度要求

在海洋测量的各项工作中，定位测量是基础，因为一切观测值只有与观测点的平面坐标联系起来考虑，才有实际价值。所以，我们在讨论海洋测量的精度要求时，主要考虑定位的精度要求。

通常是采用两种精度指标来衡量定位精度的，其一是相对精度（也可称实测精度），它是一种内部复合精度，指的是同一个点进行复原的可能程度。绝对精度（也可称点位精度）指的是外部精度，其定义为确定的点相对于某一参考点或某一坐标系的可靠性。

各种学科对海洋测量提出的精度要求参见表 1.2.1。该表中所列的数据，是卡尔·林纳（Rinner，K.）根据穆雷德（Mourad）和富巴雷德（Fubarad，M.）的统计，于 1975 年在委内瑞拉举行的第一次专业会议上提出来的。在这些数字中，应引起我们注意的是，对于测定海底扩张（即近期地壳运动）提出三维坐标均应达到 ±0.1 m，而大地水准面在高程方面的测定精度也应达到 ±0.1 m，控制点的三维坐标均应达到 ±1 m 等高精度要求。随着现代测量技术的发展，现有的技术完全可以满足这些精度要求。

表 1.2.1　各类海洋测量点位精度要求（1975 年）

测量作用	测量精度/m			点位精度/m		
	±N	±E	±H	±N	±E	±H
控制点	1	1	1	10	10	5
试验网点	1	1	0.3	10	10	5
重力基本点	10	10	1	10	10	5
大地水准面	—	—	0.1	—	—	0.5
平均海水面	—	—	—	50~100	50~100	0.1
固定站浮标	10	10	—	10	10	10
漂移浮标	50~100	50~100	—	50~100	50~100	—
海底扩张	0.1	0.1	0.1	—	—	—
冰盖运动	1~5	1~5	—	—	—	—
探测、救护、打捞	1~10	1~10	—	20~100	20~100	—
地球物理测量	10~100	10~100	5	—	—	—
钻探	1~5	1~5	1~5	—	—	—
管线、电缆敷设	1~10	1~10	—	—	—	—
疏浚	2~10	2~10	—	—	—	—
跟踪站				10	10	

注：N、E、H 分别为北坐标、东坐标和高程。

项目 2　海上定位技术

知识目标

掌握海上 GNSS 卫星导航定位技术和水下声学导航定位技术。

能力目标

掌握星基增强系统和短基线定位系统的使用。

思政目标

通过介绍我国北斗卫星导航系统的发展,增强民族自信心和国家主权、国家安全意识。

在海洋测绘工作中,导航定位是一项不可或缺的基础性工作,无论进行何种测量工作,都必须固定在某一种坐标框架下。随着陆上定位与导航技术的飞速发展,海洋定位与导航技术也得到了长足的发展,精度越来越高,应用越来越广。由于海洋环境的特殊性,其定位和导航与陆上相比,具有动态性、不可重复性等特点,使得定位精度比陆上低、系统也较陆上复杂。海上定位根据定位和导航条件的不同,可分为水上和水下两种方式。对于船载的测深成像系统,为了将最终信息转换到地理坐标系中,必须获得测深成像瞬间的测船姿态和位置;对于在水下作为载体的拖鱼,同样也需采用高精度定位以获得海底三维信息。能否接收空中电磁波信号(如 GPS 信号)是这两种方式的根本区别。目前,在海上进行导航定位时,全球导航卫星系统(GNSS)是水上定位的主要技术手段,而声学定位系统则是水下定位的主要技术手段。下面从这两方面详细论述海洋定位和导航的特点、技术及发展概况。

任务 1　水面以上定位系统

水上定位与导航技术是指在海面上进行的定位和导航。按照技术手段的不同大致可分为天文定位、光学定位、推算导航、陆基无线电定位及卫星定位等。

2.1.1 天文导航

在茫茫大海中航行，没有导航定位无法安全到达目的地。为确定船的位置，古人利用星体在一定时间与地球的地理位置具有固定规律的原理，发展了通过观测星体确定船的位置的方法——文导航。天文定位是一套独立的定位系统，它借助天文观测，确定海上船只的航向以及经纬度，从而实现导航和定位。

中国古籍中有许多将天文应用于航海的记载。《淮南子》说：夫乘舟而惑者，不知东西，见斗极则悟矣。《抱朴子外篇》说：夫群迷乎云梦者，必须指南以知道；并乎沧海者，必仰辰以得反。东晋僧人法显从印度返回中国，见海上"不知东西，只有观看太阳、月亮和星辰而进"。宋代之前，航海中都是夜间看星星，白天看太阳，北宋时才开始在阴天看指南针。

元明时期，已经可以通过观测星体的高度来定地理纬度。这是我国古代航海天文学的蒿矢，称为"牵星术"。在明代，航海知识积累和应用达到鼎盛，此时出现了郑和下西洋。他和船队在航海过程中，仅靠星辰和指南针是不够的，而是采用了"过洋牵星"的技术，即用牵星板测量所在地的星辰高度，然后计算该地地理纬度，以此测定船只的具体航向。这标志着我国当时的天文导航技术达到相当高的水平，代表了15世纪初天文导航的世界水平。

欧洲在15世纪之前只能在白昼顺风沿岸航行。15世纪出现了用北极星高度或太阳中天高度求纬度的方法。当时只能先南后北到达目的地的纬度，再东西向到达目的地。16世纪虽然有观测月距（月星之间角距）求经度法，但不够准确，而且解算繁琐。18世纪出现了六分仪和天文钟（见图2.1.1），前者用于观测天体高度，大大提高了准确性；后者可以在海上用时间法求经度。1837年，美国船长T.H.萨姆纳发现天文船位线，从此可以在海上同时测定船体经纬度，奠定了近代天文定位的基础。1875年，法国海军军官圣依莱尔发明截距法，简化了天文定位线测定作业，至今仍在使用。

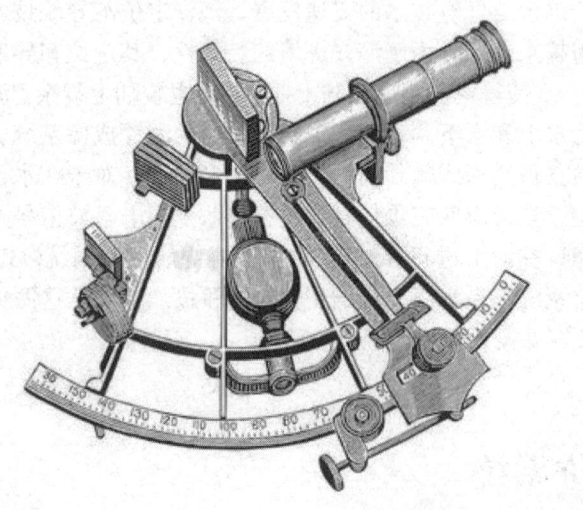

图 2.1.1 六分仪和天文钟

天文定位法主要局限于观测条件，阴天或是云层覆盖较为严重时，该方法无法实施。同时，因观测手段的局限性，该技术手段无法实现连续实时定位，因此，目前在海上作业中已基本被淘汰。

2.1.2 光学定位

光学导航是一种借助光学定位系统，通过测量距离、方位等几何量，交会确定船舶位置的一种导航定位方法，受测量距离、海面环境等因素影响，光学定位只能应用于沿岸和港口测址。一般使用光学经纬仪进行前方交会，如图 2.1.2 所示，或者采用六分仪在船上进行后方交会测量。六分仪受测量距离、海面环境、人为读数误差等因素影响，观测精度较低，目前已很少应用。近年来，随着电子经纬仪、高精度红外激光测距仪以及集二者于一体的自动测量全站仪（即测量机器人）的发展，全站仪按方位-距离极坐标法，可为近岸船舶实施快速跟踪定位和导航。由于其自动化程度高，使用方便、灵活，当前在沿岸和港口的设备校准、海上石油平台导管架的安装、水上测量和导航中使用较多。

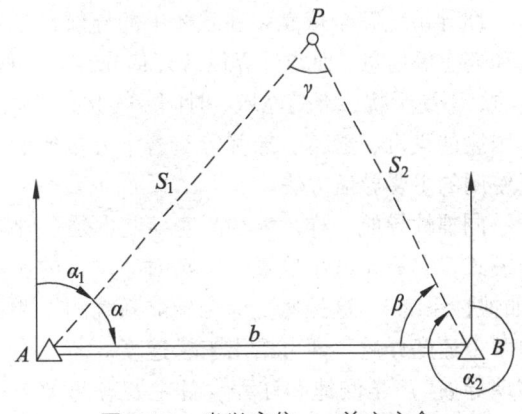

图 2.1.2 光学定位——前方交会

2.1.3 推算导航

推算导航是指根据船舶的航向和航程来计算一定时间内的船舶位置的方法，进行推算导航必须辅以航向及航速测量设备，最具代表性的为多普勒计程仪（DVI）及惯性导航系统（INS）。但是该方法随着推算时间延长而产生的定位误差会持续积累，因此长时间使用必须辅以精度较高的外部定位设备予以修正。

在众多导航系统中，惯导系统（Inertial Navigation System，INS）是一种真正意义上的自主式导航系统，是导航技术领域内的重要分支。其基本工作原理是以牛顿力学定律为基础的，即在载体内部测量载体运动加速度，经积分运算后得到载体的速度和位置等导航信息，是一种完全自主式的导航系统。20 世纪 80 年代以前所用的 INS 都是平台式的，它以陀螺为基础，形成一个不随载体姿态和载体位置而变动的稳定平台，保持着指向惯性坐标系或者东、北、天三个方向的坐标系（见图 2.1.3）。相应坐标系三个方向上的载体加速度由固定在平台上的加速度计分别测量出。通过对加速度进行一次和二次积分，可以导出载体的速度和所经过的距离。载体的航向及姿态由陀螺及框架构成的稳定平台输出。

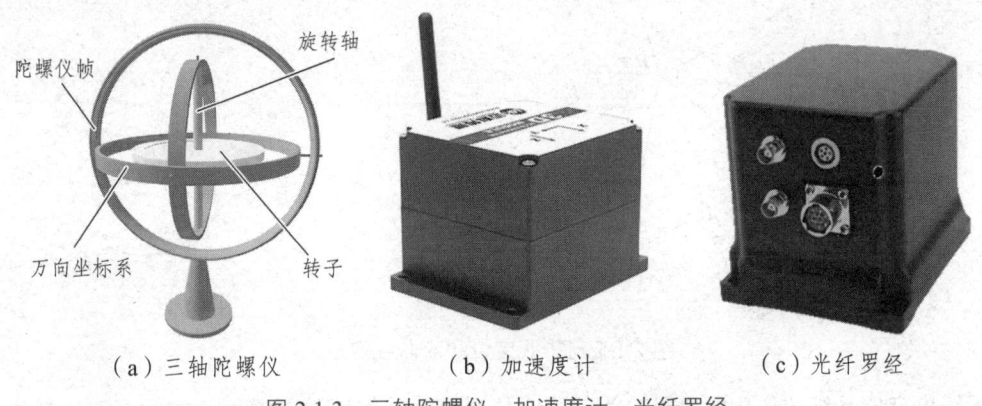

(a) 三轴陀螺仪　　(b) 加速度计　　(c) 光纤罗经

图 2.1.3 三轴陀螺仪、加速度计、光纤罗经

惯导系统完全依靠装在载体上的导航设备自主地提供运载体的加速度、速度、位置、角速度和姿态等信息，而与外界没有任何光或电的联系。相对于其他导航系统，它具有自主、隐蔽、实时，不受干扰，不受地域、时间、气候条件限制以及输出参数全面等诸多独特的优点，对于军事用途的飞机、舰艇、导弹等有着十分重要的意义，已成为航天、航空和航海领域中一种被广泛使用的主要导航方法。

同惯性导航一样，声学测速导航也是一种航位推算定位系统。而多普勒/惯性是一种速度综合模式，它只能减小位置误差随时间增长的速度值，不能改变位置误差随时间增长的基本特性（如惯性系统），这是速度综合导航系统的主要不足之处。声学测速设备可测量舰船的艏艉和横向两个速度分量，即可给出矢量速度。若用电罗经测出舰船的航向，便可进行航位推算，从而实现导航。声学测速和计程设备主要有两种：一种是多普勒速度计程仪（Doppler Velocity Log，DVL），也称测速声呐。其工作原理是基于多普勒效应测量载体相对于海底的绝对航速和航程，同时获得船舶后退及船舶艉艏横移速度，如图 2.1.4 所示。典型的产品如 SRD-331、ATLAS DOLOG20 系列、TD-501、MF-100 型和 MCDL-1 型等。另一种是声相关速度计程仪（Acoustic Correlation LOG，ACL），也称相关测速声呐。其特点是载体上的发射换能器波束较宽，且向正下方发射信号。接收时采用多个水听器接收海底回波，通过各接收器接收信号的相关特性推算载体速度。

图 2.1.4 多普勒声波测速仪（DVL）

2.1.4　无线电导航定位

无线电导航定位也称陆基无线电导航定位。通过在岸上控制点处安置无线电收发机（岸台），在船舶上设置无线电收发、测距、控制、显示单元，测量无线电波在船台和岸台间的传播时间或相位差，利用电波的传播速度，求得船台至岸台的距离或船台至两岸台的距离差，进而计算船位。

无线电多采用圆-圆定位方式或双曲线定位方式来实现导航定位，如图 2.1.5 所示。

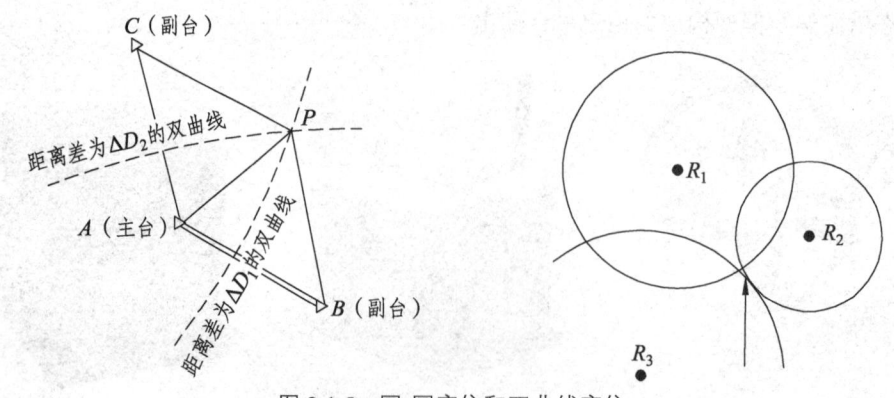

图 2.1.5 圆-圆定位和双曲线定位

无线电定位系统按作用距离可分为远程定位系统，其作用距离大于 1 000 km，一般为低频系统，精度较低，适合导航，如罗兰 C 系统；中程定位系统，作用距离 300~1 000 km，一般为中频系统，如 Argo 定位系统；近程定位系统，作用距离小于 300 km，一般为微波系统或超高频系统，精度较高，如三应答器（Trisponder）、猎鹰Ⅳ等。

由于导航精度低，加之卫星导航定位系统的出现，无线电导航系统目前已基本全部关闭。

2.1.5 卫星导航定位

卫星导航又称空基无线电导航，为目前海上导航的主要手段。目前，可用于全球导航的系统主要有 GPS（Global Positioning System）、GLONASS 系统、BDS（Bei Dou System）以及伽利略定位系统，统称 GNSS（Global Navigation Satellite System）系统，如图 2.1.6 所示。卫星导航具有全天候、全球覆盖、连续实时、高精度定位等特点。在全球任何地点，利用 GNSS，可获得导航精度优于 10 m，测速精度优于 0.1 m/s，计时精度优于 10 μs，相对世界协调时 UTC 的授时精度优于 1 μs，非常适合海上船舶作业。

图 2.1.6 GNSS 系统标志

1. GNSS 系统组成

全球导航卫星系统由三个部分组成：空间部分（GNSS 卫星）、地面监控部分和用户部分（见图 2.1.7）。GNSS 卫星可连续向用户播发用于导航定位的测距信号和导航电文，并接收来自地面

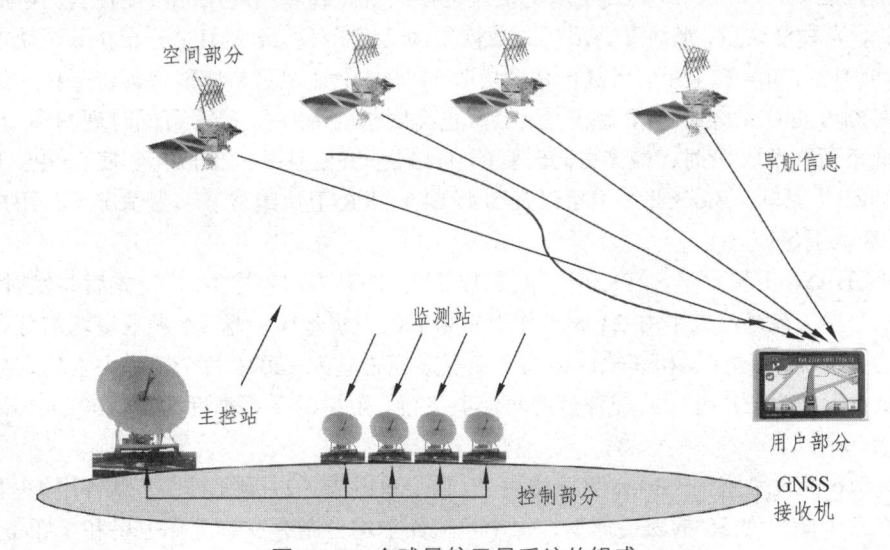

图 2.1.7 全球导航卫星系统的组成

监控系统的各种信息和命令以维持正常运转。地面监控系统主要用于跟踪 GNSS 卫星；确定卫星的运行轨道及卫星钟改正数；进行预报后再按规定格式编制成导航电文，并通过注入站送往卫星。地面监控系统还能通过注入站向卫星发布各种指令，调整卫星的轨道及时钟读数，修复故障或启用备用件等。用户则用 GNSS 接收机来测定从接收机至 GNSS 卫星的距离，并根据卫星星历所给出的观测瞬间卫星在空间的位置等信息求出自己的三维位置、三维运动速度和钟差等参数。

1）空间部分

（1）GNSS 卫星。

GNSS 卫星两侧有太阳能帆板，可自动对日定向。太阳能电池为卫星提供工作用电。每颗卫星都配备有原子钟，可为卫星提供高精度时间。卫星上带有燃料和喷管，可在地面控制系统的控制下调整自己的运行轨道。

GNSS 卫星的基本功能：接收并存储来自地面控制系统的导航电文；在原子钟的控制下自动生成测距码和载波；采用二进制相位调制法将测距码和导航电文调制在载波上播发给用户；按照地面控制系统的命令调整轨道，调整卫星钟，修复故障或启用备用件以维护整个系统的正常工作。

（2）GNSS 卫星星座。

发射入轨能正常工作的 GNSS 卫星的集合称为 GNSS 卫星星座。不同的卫星导航系统具有不同的卫星星座。

① GPS 卫星星座。最初的 GPS 卫星星座计划由 24 颗 GPS 卫星组成。这些卫星分布在三个倾角为 63°几乎为圆形的轨道上。相邻轨道的升交点赤经之差为 120°，每个轨道上均匀地分布 8 颗卫星。轨道的长半径为 26 560 km，卫星的运行周期为 12 h（恒星时）。美国国防部将 GPS 卫星的总数削减为 18 颗。卫星星座也相应修改为轨道倾角 55°，轨道 6 个，每个轨道上均匀分布 3 颗卫星，相邻轨道的升交点赤经之差为 60°，其余参数则保持不变。采用上述卫星星座后，某些地区在短时间内虽能同时观测到 4 颗 GPS 卫星，但由于卫星与用户间的几何图形太差，从而使定位精度降低至用户无法接受的程度，致使导航定位工作实际中断。这种改变大大损害了整个系统的性能和可靠性，影响到全球定位系统在民航等领域内应用的可能性。为解决上述问题，经反复研究和修改后，最终又将卫星总数恢复为 24 颗。这 24 颗卫星分布在 6 个轨道面上，每个轨道均匀地分布 4 颗卫星。当截止高度角取 15°时，上述卫星星座能保证位于任一地点的用户在任一时刻可同时观测到 4~8 颗卫星；当截止高度角取 10°时，最多可同时观测到 10 颗 GPS 卫星；当截止高度角取 5°时，最多可同时观测到 12 颗 GPS 卫星；2000 年年底，GPS 卫星星座由 23 颗 BlockⅡ卫星、BlockⅡA 卫星以及 5 颗 BlockⅡR 卫星组成。一般情况下，用户能同时观测到 6~8 颗卫星。

② GLONASS 卫星星座。1982 年 10 月 12 日至 1995 年 12 月 14 日，先后共发射了 73 颗 CLONASS 卫星，最终建成了由 24 颗工作卫星组成的卫星星座。这 24 颗卫星均匀分布在三个轨道倾角为 64.8°的轨道上。相邻轨道面的升交点赤经之差为 120°，每个轨道面上均匀分布 8 颗卫星。卫星在近似为圆形地面监控部分的轨道上飞行。卫星的平均高度为 19 100 km，运行周期为 11 h 15 min 44 s。

③ Galileo 卫星星座。Galileo 星座将由 30 颗卫星组成（27 颗工作，3 颗备用）。卫星将均匀地分布在三个倾角为 56°的轨道面上，每个轨道面上均分布有 9 颗工作卫星和 1 颗备用卫星。卫星轨道半径 29 600 km，运行周期 14 h 7 min，地面跟踪的重复时间为 10 天，10 天中卫星运行

17 圈。卫星设计寿命 20 年，质量为 680 kg，功耗为 1.6 kW。每颗卫星配 2 台氢原子钟和 2 台铷原子钟。

④ BDS 卫星星座。2003 年建成的"北斗一号"卫星导航系统由 3 颗同步静止卫星组成（其中 1 颗在轨备用），轨道倾角 0°，公转周期 24 h，轨道高度约为 36 000 km。在 2020 年建成的具有全球覆盖的 BDS 由 5 颗静止轨道卫星和 30 颗非静止轨道卫星组成，采用"东方红 3 号"卫星平台。30 颗非静止轨道卫星又细分为 27 颗中轨道（MEO）卫星和 3 颗倾斜同步轨道（IGSO）卫星组成，27 颗 MEO 卫星平均分布在倾角 55°的三个平面，轨道高度 21 500 km，运行周期约 12 h43 min。

2）地面监控部分

（1）主控站。

主控站是整个地面监控系统的行政管理中心和技术中心，作用是：

① 负责管理、协调地面监控系统中各部分的工作。

② 根据各监测站送来的资料，计算、预报卫星轨道和卫星钟改正数，并按规定格式编制成导航电文送往地面注入站。

③ 调整卫星轨道和卫星钟读数，当卫星出现故障时负责修复或启用备用件以维持其正常工作。无法修复时调用备用卫星去顶替，维持整个系统正常可靠运行。

（2）监测站。

监测站是无人值守的数据自动采集中心，其主要功能是：

① 对视场中的各 GNSS 卫星进行伪距测量。

② 通过气象传感器自动测定并记录气温、气压、相对湿度（水汽压）等气象元素。

③ 对伪距观测值进行改正后再进行编辑、平滑和压缩，然后传送给主控站。

（3）注入站。

注入站是向 GNSS 卫星输入导航电文和其他命令的地面设施。能将接收到的电文存储在微机中，卫星通过上空时再用大口径发射天线将这些导航电文和其他命令"注入"卫星。

（4）通信和辅助系统。

通信和辅助系统是指地面监控系统中负责数据传输以及提供其他辅助服务的机构和设施。全球定位系统的通信系统由地面通信线、海底电缆及卫星通信等联合组成。

3）用户部分

用户部分由用户及 GNSS 接收机等仪器设备组成。虽然用户设备的含义较广，除 GNSS 接收机外还可包括气象仪器、微机、钢卷尺、指南针等。

（1）GNSS 接收机。

能接收、处理、量测 GNSS 卫星信号以进行导航、定位、定轨、授时等项工作的仪器设备叫作 GNSS 接收机。GNSS 接收机由带前置放大器的接收天线、信号处理设备、输入输出设备、电源和微处理器等部件组成。根据用途的不同，GNSS 接收机可分为导航型接收机、测量型接收机、授时型接收机等。按接收的卫星信号频率数可分为单频接收机和双频接收机。

（2）天线单元。

天线单元由天线和前置放大器组成。接收天线是把卫星发射的电磁波信号中的能量转换为电流的一种装置。由于卫星信号十分微弱，因而产生的电流通常需通过前置放大器放大后才进入 GNSS 接收机。GNSS 接收天线可采用单极天线、微带天线、锥形天线等。微带天线的结构简单、坚固，既可用于单频，也可用于双频，天线的高度很低，故被广泛采用。这种天线也是安装在飞机上的理想天线。

① 天线平均相位中心的偏差。天线对中时是以其几何中心（位于天线纵轴的中心线）为参考的，而测量的却是平均相位中心的位置。由于天线结构方面的原因，平均相位中心与几何中心往往不重合，两者之差称为平均相位中心偏差，其值由生产厂商给出。

② 消除天线平均相位中心偏差的影响。由于天线平均相位中心偏差的存在，GNSS测量所测得的位置并非标石中心位置。解决上述问题可采用归心改正法或天线高消去法。

归心改正法：进行GNSS测量时若将天线指标线指北，则有

$$x_{标石中心} = x_{平均相位中心} - r\cos\theta$$

$$y_{标石中心} = y_{平均相位中心} - r\sin\theta$$

式中，x，y为地理坐标系下的坐标；r为标石中心至平均相位中心的水平距离；θ为标石中心至平均相位中心的水平方位角。

当基线两端使用不同类型的GNSS接收机天线时，可用上述方法分别进行改正，将成果归算至标石中心。

天线高消去法：进行GNSS测量时，若各站均已将指标线指北，且各站使用的均是同一类型的GNSS接收天线，由于目前的制造工艺已能保证同类天线的平均相位中心偏差均相同，因而在进行相对定位时这些偏差的影响可自行消去，而不会影响基线向量的质量，故无须另加改正。

（3）接收单元。

单元由接收通道、存储器、微处理器、输入输出设备及电源等部件组成。

① 接收通道。接收机中用来跟踪、处理、量测卫星信号的部件，由无线电元器件、数字电路等硬件和专用软件所组成，简称通道。一个通道在一个时刻只能跟踪一个卫星某一频率的信号。根据跟踪卫星信号方式的不同，可分为序贯通道（Sequencing Channel）、多路复用通道（Multiplexing Channel）和多通道（Multi Channel）等。

② 存储器。早期GNSS接收机曾采用盒式磁带记录伪距观测值、载波相位观测值及卫星导航电文等资料和数据，现在大多采用机内的半导体存储器来存储这些资料和数据。1Mbit的内存，当采样率为15 s，观测5颗卫星时，一般能记录16 h的双频观测资料。接收机的内存可根据用户的要求扩充至4 M、8 M、16 M，存储在内存中的数据可通过专用软件卸载到微机中。

③ 微处理器。微处理器的作用主要有两个：一是计算观测瞬间用户的三维坐标、三维运动速度、接收机钟改正数以及其他一些导航信息，以满足导航及实时定位的需要；二是对接收机内的各个部分进行管理、控制及自检核。

④ 输入、输出设备。GNSS接收机中的输入设备大多采用键盘。用户可输入各种命令，设置各种参数（如采样率、截止高度角等），记录必要的资料（如测站名、气象元素、仪器高等）。输出设备大多为显示屏。通过输出设备用户可了解接收机的工作状态（如正在观测的是哪些卫星，卫星的高度角、方位角及信噪比，余下的内存容量有多少）以及导航定位的结果等。接收机大多设有RS232接口，用户也可通过该接口用微机来进行输入输出操作。

⑤ 电源。GNSS接收机一般采用由接收机生产厂商配备的专用电池作为电源。一块电池一般能供接收机连续观测5~8 h。长期连续观测时可采用交流电经整流器整流后供电，也可采用汽车蓄电池等大容量电池供电。除外接电源外，接收机内部一般还配备有机内电池，在关机后为接收机钟和RAM存储器供电。

2. GNSS 卫星信号

GNSS 卫星发射的信号由载波、测距码和导航电文三部分组成。

1）载　波

可运载调制信号的高频振荡波称为载波。GPS 卫星所用的载波有两个，由于均位于微波的 L 波段，故分别称为 L1 载波和 L2 载波。GLONASS 卫星也采用 L1 载波和 L2 载波，但是频率不同。Galileo 卫星采用四个载波：E2-L1-E1、E6、E5b 和 E5a。北斗卫星采用三个载波：B1、B2、B3。采用两个或多个不同频率载波的主要目的是较完善地消除电离层延迟。采用高频率载波的目的是更精确地测定多普勒频移和载波相位，从而提高测速和定位的精度，减小信号的电离层延迟，因为电离层延迟与信号频率 f 的平方成反比。

在无线电通信中，为了更好地传送信息，往往将这些信息调制在高频载波上，然后再将这些调制波播发出去。在一般的通信中，当调制波到达用户接收机解调出有用信息后，载波的作用便告完成。但在全球定位系统中情况有所不同，载波除了能更好地传送测距码和导航电文等有用信息外，在载波相位测量中又被当作一种测距信号来使用。其测距精度比伪距测量的精度高 2~3 个数量级。因此，载波相位测量在高精度定位中得到了广泛的应用。

2）测距码

测距码是用于测定从卫星至接收机间距离的二进制码。GNSS 卫星中所用的测距码从性质上讲属于伪随机噪声码，看似为一组杂乱无章的随机噪声码，实则是按一定规律编排、可以复制的周期性的二进制序列，且具有类似于随机噪声码的自相关特性。测距码是由若干个多级反馈移位寄存器所产生的 m 序列经平移、截短、求模等一系列复杂处理后形成。根据性质和用途的不同，测距码可分为粗码和精码两类，各卫星所用测距码互不相同且相互正交。下面以 GPS 为例介绍不同测距码的特征。

（1）粗码。

用于进行粗略测距和捕获精码的测距码称为粗码，也称捕获码（Coarse/ Acquisition Code，C/A 码）。C/A 码的周期为 1 ms，一个周期中共含 1023 个码元。每个码元持续的时间均为 1 ms/1023 = 0.97 7517 μs，其对应的码元宽度为 293.05 m。

（2）精码。

用于精确测定从 GNSS 卫星至接收机距离的测距码称为精码。精码（Precision Code）也是一种周期性的二进制序列，其实际周期为一星期。一个周期中约含 6.2 万亿个码元。每个码元所持续的时间为 C/A 码的 1/10，对应的码元宽度为 29.3 m。

3）导航电文

导航电文是由 GNSS 卫星向用户播发的一组反映卫星在空间的运行轨道、卫星钟修正参数、电离层延迟修正参数、工作状态等重要数据的二进制代码，也称为数据码（D 码），是用户利用 GNSS 进行导航定位时一组必不可少的数据。GPS 导航电文的传输速率为 50 bit/s，以"帧"为单位向外发送。每帧的长度为 1500 bit，播发完一个主帧需 30 s。一个主帧包括 5 个子帧。每个子帧均包含 300 bit，播发时间为 6 s。每个子帧又可分为 10 个字，每个字都由 30 bit 组成。其中第四、第五两个子帧各有 25 个页面，需要 750 s 才能将 25 个页面全部播发完。第一、第二、第三子帧每 30 s 重复一次，其内容每隔 1 h 更新一次。第四、第五子帧每 30 s 翻转一页。12.5 min 完整地播发一次，然后再重复。其内容仅在卫星注入新的导航数据后才得以更新。

3. GNSS 定位的误差源与改正

1）GNSS 定位误差来源

GNSS 定位中出现的各种误差从误差源来讲大体可分为下列三类：

（1）与卫星有关的误差。

① 卫星星历误差。

由卫星星历所给出的卫星位置与卫星的实际位置之差称为卫星星历误差。星历误差的大小主要取决于卫星定轨系统的质量，如定轨站的数量及其地理分布、观测值的数量及精度、定轨时所用的数学力学模型和定轨软件的完善程度等。此外，与星历的外推时间间隔（实测星历的外推时间间隔可视为零）也有直接关系。

② 卫星钟的钟误差。

卫星上虽然使用了高精度的原子钟，但也不可避免地存在误差，这种误差既包含着系统性的误差（如钟差、钟速、频漂等偏差），也包含着随机误差。系统误差远较随机误差值大，而且可以通过检验和比对来确定，并通过模型来加以改正；而随机误差只能通过钟的稳定度来描述其统计特性，无法确定其符号和大小。

③ 相对论效应。

相对论效应是指由于卫星钟和接收机钟所处的状态（运动速度和重力位）不同而引起两台钟之间产生相对钟误差的现象。但是由于相对论效应主要取决于卫星的运动速度和所处位置的重力位，而且以卫星钟的钟误差形式出现，暂时将其归入与卫星有关的误差。上述误差对测码伪距和载波相位观测值影响相同。

（2）与信号传播有关的误差。

① 电离层延迟。

电离层是高度为 60~1 000 km 的大气层。在太阳紫外线、X 射线、γ 射线和高能粒子的作用下，该区域内的气体分子和原子将产生电离，形成自由电子和正离子。带电粒子的存在将影响无线电信号的传播，使传播速度发生变化，传播路径产生弯曲，从而使得信号传播时间 Δt 与真空中光速 c 的乘积 $\rho = \Delta t \cdot c$ 不等于卫星至接收机的几何距离，产生电离层延迟。

② 对流层延迟。

对流层是高度在 50 km 以下的大气层。整个大气层中的绝大部分质量集中在对流层中。GNSS 卫星信号在对流层中的传播速度 $v = cn$，其中 c 为真空中的光速，n 为大气折射率，其值取决于气温、气压和相对湿度等因子。此外，信号的传播路径也会产生弯曲。由于上述原因使距离测量值产生的系统性偏差称为对流层延迟。对流层延迟对测码伪距和载波相位观测值的影响是相同的。

③ 多路径误差。

经某些物体表面反射后到达接收机的信号如果与直接来自卫星的信号叠加干扰后进入接收机，会给测量值带来系统误差，即多路径误差。多路径误差对测码伪距观测值的影响要比对载波相位观测值的影响大得多。多路径误差取决于测站周围的环境、接收机的性能以及观测时间的长短。

（3）与接收机有关的误差。

① 接收机钟的钟误差。

与卫星钟一样，接收机钟也有误差。而且由于接收机中大多采用的是石英钟，因而其钟误差较卫星钟误差更为显著。该项误差主要取决于钟的质量，与使用时的环境也有一定关系。钟误差对测码伪距观测值和载波相位观测值的影响是相同的。

② 接收机的位置误差。

在进行授时和定轨时，接收机的位置是已知的，其误差将使授时和定轨的结果产生系统误差。该项误差对测码伪距观测值和载波相位观测值的影响是相同的。

③ 接收机的测量噪声。

使用接收机进行 GNSS 测量时，由于仪器设备及外界环境影响而引起的随机测量误差，其值取决于仪器性能及作业环境的优劣。一般而言，测量噪声值远小于上述的各种偏差值。观测足够长的时间后，测量噪声的影响通常可以忽略不计。

2）消除或削弱误差的方法和措施

以上 GNSS 各项误差对测距的影响可达数十米，有时甚至可超过百米，比观测噪声大几个数量级。因此，必须设法加以消除，否则将会对定位精度造成极大的损害。消除或大幅度削弱这些误差所造成的影响的主要方法有：

（1）建立误差改正模型。

GNSS 误差改正模型既可以是通过对误差的特性、机制以及产生的原因进行研究分析、推导而建立起来的理论公式，也可以是通过对大量观测数据的分析、拟合而建立起来的经验公式，有时则是同时采用两种方法建立的综合模型。

利用电离层折射的大小与信号频率有关这一特性而建立起来的双频电离层折射改正模型基本属于理论公式；而各种对流层折射模型则大体上属于综合模型。

误差改正模型的精度好坏不等。有的误差改正模型效果较好，如双频电离层折射改正模型的残余误差约为总量的 1% 或更小；有的效果一般，如多数对流层折射改正公式的残余误差为总量的 1%～5%；有的改正模型效果较差，如由广播星历所提供的单频电离层折射改正模型，残余误差高达 30%～40%。

（2）求差法。

分析误差对观测值或平差结果的影响，安排适当的观测纲要和数据处理方法（如同步观测、相对定位等），利用误差在观测值之间的相关性或在定位结果之间的相关性，通过求差来消除或大幅度地削弱其影响的方法称为求差法。例如，当两站对同一卫星进行同步观测时，观测值中都包含了共同的卫星钟误差，将观测值在接收机间求差后即可消除此项误差。同样，一台接收机对多颗卫星进行同步观测，将观测值在卫星间求差即可消除接收机钟误差的影响。

（3）选择较好的硬件和较好的观测条件。

有的误差，如多路径误差，既不能采用求差的方法来抵消，也难以建立改正模型。削弱该项误差简单而有效的办法是选用较好的天线，仔细选择测站，使之远离反射物和干扰源。

4. 动态绝对定位

绝对定位是以地球质心为参考点，确定接收机天线在地心地固空间直角坐标系中的绝对位置。由于定位作业仅需一台接收机工作，因此又称为单点定位。由于单点定位结果受卫星星历误差、信号传播误差及卫星几何分布影响显著，定位精度相对较低，一般适用于低精度导航。

GPS 绝对定位的基本原理是以 GPS 卫星和用户接收机天线之间的距离观测量为基准，根据已知的卫星瞬时坐标来确定用户接收天线所对应的位置。绝对定位的实质是空间距离后方交会。因此，在一个测站上只需 3 个独立距离观测量。由于 GPS 采用的是单程测距原理，同时卫星钟与用户接收机钟又难以保持严格同步，实际上观测的是测站至卫星之间的距离，由于受卫星钟和接收机钟同步差的共同影响，故又称伪距离测量。当然，卫星钟钟差是可以通过卫星导航电文中所提供的相应钟差参数加以修正的，而接收机的钟差，一般难以预先准确测定，所以可将其作为一个未知参数与观测站坐标在数据处理中一并解出。因此，在一个测站上，为了实时求解4个未知参数（3个点位坐标分量及1个钟差参数），至少应有4个同步伪距观测量，即必须同步观测至少4颗卫星，如图2.1.8所示。

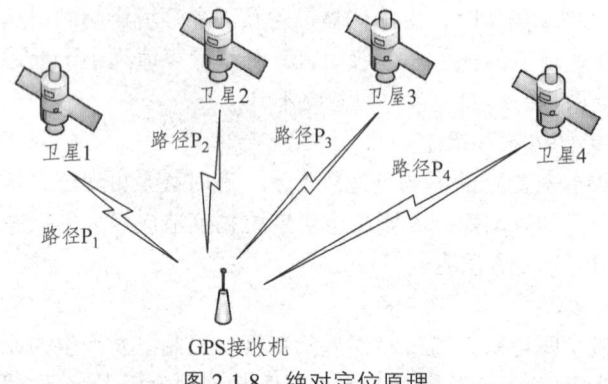

图 2.1.8　绝对定位原理

GPS 绝对定位，根据用户接收机天线所处的状态不同，又可分为动态绝对定位和静态绝对定位。当用户接收设备安置在运动的载体上，确定载体瞬时绝对位置的定位方法，称为动态绝对定位。动态绝对定位，一般只能得到没有多余观测量的实时解，被广泛地应用于船舶等运动载体的导航中。另外，在航空物探和海洋卫星遥感等领域也有广泛的应用。

单点定位最大的特点是仅需要单台 GNSS 接收机便可实现用户位置的确定，非常适合海上水面船舶导航。不足的是，因为考虑的影响因素相对较少，计算模型相对简单，定位的精度相对偏低，平面定位精度一般为 10~50 m，其高程解不可用。单基站差分 GPS 技术上已经非常成熟，特别适用于小范围内的差分定位作业，当用户距离基准站较近时（小于 20 km），这种方法的定位精度可以达到亚米级；但是当距离增加至 200 km 时，定位精度将下降为 5 m 左右（2σ）。

5. 精密单点定位

传统的单点定位采用测量伪距观测值（C/A 码或 P 码）进行定位，一般只能达到十几米或几十米甚至更差的精度，因此并不被认为是一种高精度的定位方法。精密单点定位（Precise Point Positioning，PPP）利用精密卫星轨道和精密卫星钟差改正，以及单台卫星接收机的非差分载波相位观测数据进行单点定位，可以获得厘米级的定位精度。

PPP 定位采用非差模式，不考虑测站间相关性。待估参数有测站三维坐标、接收机钟差、对流层参数、电离层参数（可以采用合适的观测值组合消除一阶真响）、模糊度等，因此需要精确的卫星轨道和卫星钟差，并在解算中将其当作固定值 PPP 的主要优势体现在如下两个方面：

（1）用户端系统更加简化，仅需要单个接收机；

（2）定位精度保持全球一致，平面解可以达到厘米级，垂直解可达到十几个厘米。

PPP 技术可用于远海各类高精度海上监测和施工的应用需求，但不足的是数据解算实时性需要改善。

6. 局域差分定位

1）按基准站数量分类

差分 GPS 根据其系统构成的基准站个数可分为单基准差分、多基准的局部区域差分和广域差分。而根据信息的发送方式又可分为伪距差分、相位差分及位置差分等。无论何种差分，其工作原理基本相同，都是由用户接收来自基准站的改正数，并对其测量结果进行改正以获得精密的定位结果。它们的区别在于提供的改正数内容不同。

局域差分按照基准站的不同，又可分为单站差分和多站差分。

单基准站差分是根据一个基准站所提供的差分改正信息对用户站进行改正的差分系统。该系统由基准站、无线电数据通信链、用户站三部分组成（见图 2.1.9）。基准站一般安放在已知点上，并配备能同步跟踪视场内所有卫星信号的接收机一台，还应具备计算差分改正和编码功能的软件。无线电数据链将编码后的差分改正信息传送给用户，它由基准站上的信号调制器、无线电发射机和发射天线以及用户站的差分信号接收机和信号解调器组成。用户站即流动台站，根据各用户站不同的定位精度及要求选择接收机，同时用户站还应配有用于接收差分改正数的无线电接收机、信号解调器、计算软件及相应接口设备等。

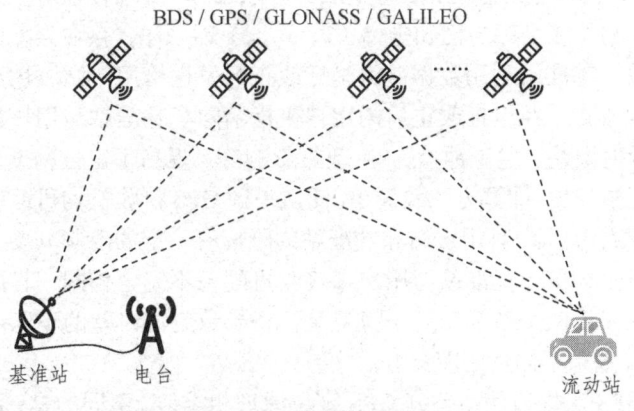

图 2.1.9 单站差分原理

单站差分系统的优点是结构和算法都较为简单，但是该方法的前提是要求用户站误差和基准站误差具有较强的相关性，因此定位精度将随着用户站与基准站之间的距离增加而迅速降低。此外，用户站只是根据单个基准站所提供的改正信息来进行定位改正，所以精度和可靠性均较差。当基准站出现故障，用户站便无法进行差分定位，如果基准站给出的改正信号出错，则用户站的定位结果就不正确。解决这一问题的方法是为长期工作的公用差分服务系统设置热备份，并在系统内设置监控站对改正信号进行检核，从而提高系统的可靠性。

多个基准站局部区域差分系统是在一个较大的区域布设多个基准站构成基准站网，其中常包含一个或数个监控站，用户根据多个基准站所提供的改正信息经平差计算后求得用户站定位改正数。

区域差分提供改正量主要有以下两种方法：

（1）各基准站以标准化的格式发射各自改正信息，而用户接收机接收各基准站的改正量，并取其加权平均，作为用户站的改正数。其中改正数的权，可根据用户站与基准站的相对位置来确定。由于应用了多个高速差分 GPS 数据流，因此要求多倍的通信带宽，效率较低。

（2）根据各基准站的分布，预先在网中构成以用户站与基准站的相对位置为函数的改正数的加权平均值模型，并将其统一发送给用户。这种方式不需要增加通信带宽，是一种较为有效的方法。区域差分系统较单站差分系统的可靠性和精度均有所提高。但数据处理是把各种误差的影响综合在一起进行改正的，而实际上不同误差对定位的影响特征是不同的，将各种误差综合在一起，用一个统一的模式进行改正，就必然存在不合理的因素影响定位精度，且这种影响会随着用户站到基准站的距离的增加而变得越大，导致差分定位的精度迅速下降。所以在区域差分 GPS 系统中，只有在用户站距基准站不太远时，才能获得较好的精度。因而基准站必须保持一定的密度（小于 30 km）和均匀度。

2）按差分信号分类

据基准站提供的差分改正信息的不同，将局域差分 GPS 分为伪距差分、位置差分和载波相位差分。

伪距差分是通过在基准站上利用已知坐标求出测站至卫星的距离，并将其与含有误差的测量距离比较，然后利用一个滤波器将此差值滤波并求出其偏差，并将所有卫星的测距误差传输给用户，用户利用此测距误差来改正测量的伪距，并解算出用户自身的坐标。

位置差分是一种最简单的差分方法。安置在已知点基准站上的 GNSS 接收机通过对 4 颗或 4 颗以上的卫星观测，便可求出基准站的坐标（x'，y'，z'）。由于存在着卫星星历、时钟误差、大气折射等误差的影响，该坐标与已知坐标（x，y，z）不一样，存在误差。基准站和已知坐标差值即为坐标改正数，基准站利用数据链将坐标改正数发送给用户站，用户站用接收到的坐标改正数对其坐标进行改正。经坐标改正后的用户坐标消除了基准站与用户站的共同误差，如卫星星历误差、大气折射误差、卫星钟差、SA 政策影响等，提高了定位精度。坐标差分的优点是需要传输的差分改正数较少，计算方法较简单，任何一种 GPS 接收机均可改装成这种差分系统，适用范围较广。其缺点为：① 对用户站和基准站的距离有一定的限制。要求基准站与用户站必须保持观测同一组卫星，由于基准站与用户站接收机配备不完全相同，且两个站观测环境也不完全相同，因此难以保证两个站观测同一组卫星，将导致定位误差的不匹配，从而影响定位精度。② 坐标差分定位效果不如伪距差分好。

载波相位差分 GPS 定位与伪距差分 GPS 定位原理相类似。不同的是，定位解算中采用的观测量为载波相位，而非伪距，定位精度为厘米级，远高于伪距差分定位。

RTK（Real - Time Kinematic，实时差分）定位中，在基准站上安置一台双频 GNSS 接收机，对卫星进行连续观测，并通过无线电实时将观测数据及测站坐标传送给用户站；用户站一方面通过接收机接收 GNSS 卫星信号，同时通过无线电接收基准站信息，根据相对定位原理进行数据处理，实时地以厘米级的精度给出用户站三维坐标。RTK 有改正法和求差法两种定位方法。

（1）改正法。与伪距差分相同，基准站将载波相位的改正量发送给用户站，以对用户站的载波相位进行改正实现定位，该方法称为改正法。载波相位观测值包括起始整周相位（起始整周模糊度）、相位的整周变化值以及测量相位的小数部分。由于波长已知，因此可将其转换为距离，采用前述伪距差分测量的思想，认为小区域范围内，电离层、对流层产生的相位（伪距）延迟量基本相同，并借助基准站上提供电离层延迟量、对流层延迟量、同颗卫星的钟差和轨道误差综合影响值，对用户站接收机相位观测数据进行改正。同步观测 4 颗或 4 颗以上卫星，联合解算获得用户站的位置以及接收机钟差。

（2）求差法。将基准站的载波相位观测信息及已知位置信息发送给用户站，并由用户站将观测值求差进行坐标解算，该方法称为求差法。求差的目的在于获得诸如静态相对定位的单差、双差、三差求解模型，并采用与静态相对定位类似的求解方法进行求解。

由于求差模型可以消除或削弱多项卫星观测误差，如消除了卫星钟差和接收机钟差，大大削弱了卫星星历、大气折射等误差，因此可显著提高实时定位精度。

3）在海上定位中的应用

差分定位最大的优点是无须考虑单个误差影响，只需顾及综合影响，便可实现流动出（用户站）的高精度定位，具有实施简单、方便等特点，广泛地应用于海上测量中。

相对伪距差分，坐标差分的优点是需要传输的差分改正数较少，计算方法较简单，任何一种 GNSS 接收机均可改装成这种差分系统，但因定位机理所致，定位精度要低于伪差分。

伪距差分定位的精度一般为 1~3 m，坐标差分定位的精度一般为 3~5 m。两种差分技术可应用于中小比例尺水下地形测量、海上船舶引航导航等。

无论伪距差分还是坐标差分，均需要无线电台将差分改正量从基准站发送到流动无线电的性能和传送距离也影响着最终用户站的定位精度。用户站接收机若接收到差分正信号，则实施差分改正，获得高精度的定位解；若接收不到，则实施单点伪距定位非伪距差分定位，定位精度因此会显著降低。

同样受公共误差相关性影响，载波相位差分定位中基准站和用户站间作用距离不应该过大，否则相关性会降低，定位精度因此会随之降低。一般情况下，基准站和用户站间距离应控制在 30 km 以内。

载波相位差分测量的平面和高程定位精度均在厘米级，可以满足海上高精度导航定位。RTK 因可以实时输出定位数据，所以可用于海上大比例尺水下地形测量中的定位和导航、施工作业中的动态监测、海上施工、海岸及海上放样等应用。其高精度高程解还可以用于 GNSS 实时潮位测量、浪高监测等应用。不足的是因受无线电作用距离限制，载波相位差分测量只适合近岸定位作业。

若无须提供实时定位服务，可采用 PPK（Post-Processing Kinematic）动态后处理技术实现以上 RTK 定位应用。相对 RTK，PPK 因不受无线电传播距离的影响，作用距离可扩展到 70~100 km，适合距离岸边较远海域的高精度定位和监测。

7. 广域差分定位与星基增强

1）广域差分定位系统简介

当差分 GPS 需要覆盖很大的区域时（如覆盖我国陆地和临近海域时），采用局域差分方法就会遇到许多困难，首先就是需要建立大量的基准站。例如，当用户至基准站最大距离规定为 200 km 时，覆盖我国陆地及临海的差分 GPS 系统中就需要建立约 500 个基准站。此外，由于地理条件和自然条件的限制，在很多地区无法建立永久性的基准站和信号发射站，从而会产生大片的信号空白区。广域差分 GPS（Wide Area Differential GPS System，WADGPS）就是在这种情况下发展起来的。

广域差分定位是针对局域差分定位中存在的问题，将观测误差按误差的不同来源划分成星历误差、卫星钟差及大气折射误差来改正，以提高差分定位的精度和可靠性。广域差分定位的基本思想是在一个相当大的区域中用相对较少的基准站组成差分 GNSS 网，各基准站将求得的距离改正数发送给数据处理中心，由数据处理中心统一处理，将各种观测误差源加以区分，然后再传送给用户。

广域差分通过对星历误差、卫星钟差及大气折射误差三种误差源加以分离，并进行"模型化"来实现对用户站的误差源改正，达到削弱误差，改善用户定位精度的目的。

（1）星历误差：广播星历是一种外推星历，精度较低，其误差影响与基准站和用户站之间的距离成正比，是 GNSS 定位的主要误差来源之一。广域差分依赖区域中基准站对卫星的连续跟踪，对卫星进行区域精密定轨，确定精度星历，并以之取代广播星历。

（2）大气延时误差（包括电离层和对流层延时）：普通差分提供的综合改正值，包含基准站处的大气延时改正，当用户站的大气电子密度和水汽密度与基准站不同时，对 GNSS 信号的延时也不一样，使用基准站的大气延时量来代替用户站的大气延时必然会引起误差。广域差分技术通过建立精确的区域大气延时模型，能够精确地计算出其对区域内不同地方的大气延时量。

（3）卫星钟差误差：普通差分利用广播星历提供的卫星钟差改正数，这种改正数近似反映卫星钟与标准 GNSS 时间的物理差异，残留的随机钟误差约有 ±30 ns，等效伪距为 ±9 m。广域差分可以计算出卫星钟各时刻的精确钟差值。

广域差分 GPS（WADGPS）主要由主站、监测站、数据通信链和用户设备组成。WADGPS 系统一般由一个主控站，若干个 GPS 卫星跟踪站，一个差分信号播发站，若干个监控站，相应的数据通信网络和若干个用户站组成。

主站：根据各监测站的 GNSS 观测量，以及各监测站的已知坐标，计算卫星星历并外推 12 h 星历；建立区域电离层延时改正模型，拟合出改正模型中的 8 个参数；计算出卫星钟差改正值及其外推值，并将这些改正信息和参数传送到各发射台站。

监测站：一般设有一台铯钟和一台双频 GNSS 接收机。各测站将伪距观测值、相位观测值、气象数据等通过数据链实时地发射到主站。测站的三维地心坐标应精确已知，监测站的数量一般不应少于 4 个。

数据链：广域差分的数据通信包括两部分，即监测站与主站之间的数据传递和广域差分 GNSS 网与用户之间进行的数据通信。数据通信可采用数据通信网，如 Internet 或其他数据通信专用网，或选用通信卫星。

用户设备：一般包括单站 GNSS 接收机和数据链的用户端，以便用户在接收卫星信号的同时，还能接收主站发射的差分改正数，并据之以修正原始观测数据，最后解出用户站的位置。

广域差分提供给用户的改正量是每颗可见 GNSS 卫星星历的改正量、时钟偏差修正量和电离层时延改正模型，其目的就是最大限度地降低监控站与用户站间定位误差的时空相关性和对时空的强依赖性，改善和提高实时差分定位的精度。与一般的差分 GPS 相比，广域差分 GPS 具有如下特点：

（1）主站、监测站与用户站的站间距离从 100 km 增加到 200 km，定位精度不会出现明显的下降，即定位精度与用户和基准站（监测站）之间的距离无关。

（2）在大区域内建立广域差分 GPS 网比区域 GPS 网需要的监测站数量少，投资小。例如，在美国大陆的任意地方要达到 5 m 的差分定位精度，使用区域差分 GPS 方式需要建立 500 个基准站，而使用广域差分 GPS 方式的监测站个数将不超过 15 个。

（3）具有较均匀的精度分布，在其覆盖范围内任意地区定位精度大致相当，而且定位精度较局域差分 GPS 系统高。

（4）可扩展到区域差分 GPS 不易发挥作用的地域，如海洋、沙漠、森林等。

（5）广域差分 GPS 系统使用的硬件设备及通信工具昂贵，软件技术复杂，运行和维持费用较局域差分 GPS 高得多。

2）广域增强系统（星基差分系统）

通行的 WADGPS 对通信的技术要求是：跟踪站需不间断（至少 3 s 间隔）地实时地向主控

站传输 GPS 卫星的跟踪数据。主控站要通过差分信号播发站对在 1000 km 范围内的用户不间断地发播差分改正值，其更新率大体是星历 3 min，星钟 6 s，电离层 1 h。这种传输首先必须是高速率的，否则差分改正的讯龄和时间差会变大进而降低导航和定位精度；同时必须是低误码率，否则不能保证用户定位的完备性。总之，WADGPS 系统对数据通信的要求是：① 传输数据量大；② 实时传输；③ 高速率；④ 传输距离长；⑤ 覆盖面广。因此，如何实现这一数据通信网络是建立 WADGPS 系统的技术关键。广域差分增强系统(Satellite-Based Augmentation System，SBAS，星基增强系统) 应运而生。

早期，美国联邦航空局（FAA）在广域差分 GPS 的基础上，提出利用地球同步卫星（GEO），采用 L1 波段转发差分 GPS 修正信号，同时发射调制在 L1 上的 C/A 码伪距的思想，称为广域增强 GPS 系统（WAAS）。其设计目标就是要增强 GPS 的可用性。WAAS 通过下述三种服务来增强 GPS：改善可用性和可靠性的测距功能；改善精度的差分 GPS 修正；改善安全性的完善性监测。WAAS 信号通过地球静止轨道卫星向用户广播完善性和修正信号以及测距信号，目前采用的是 Inmarsat-3 型卫星。RAIM（Receiver Autonomous Integrity Monitoring）是一种利用多余的伪距测量进行完善性检测的算法技术；局域和广域技术实质上是一种差分技术，用以提高导航精度；地球静止卫星用以提供附加的伪距源。一般所谓的广域增强系统实际上是广域差分技术、完善性监测和地球静止卫星测距三者的组合。这一系统完全抛弃了附加的差分数据通信链系统，直接利用 GPS 接收机天线识别、接收、解调由地球同步卫星发送的差分数据链。而且，该系统利用地球同步卫星发射的 C/A 码测距信号，以增加测距卫星源，提高该系统导航的可靠性和精度。近年来，通过地球静止轨道（GEO）卫星搭载卫星导航增强信号转发器，向用户播发星历误差、卫星钟差、电离层延迟等多种修正信息，实现对于原有卫星导航系统定位精度的改进的广域增强系统发展到全球。

目前，已经建成的广域差分增强系统主要包括美国的广域增强系统（Wide Area Augmentation System，WAAS）、欧洲的欧洲静地导航重叠系统（European Geostationary Navigation Overlay Service，EGNOS）、俄罗斯的差分改正和监测系统（System of Differential Correction and Monitoring，SDCM）、日本的多功能卫星增强系统（Multi-Functional Satellite Augmentation System，MSAS），印度 GPS 辅助型对地静止轨道扩增导航系统（GPS Aided Geo Augmented Navigation，GAGAN）。此外，正在建设或试运行的星基增强系统，包括日本的准天顶卫星系统（Quasi-Zenith Satellite System，QZSS，以及尼日利亚运用通信卫星搭载所实现的星基增强系统（NicomSat-1），韩国的星基增强系统（Korea SBAS，KASS），非洲及印度洋星基增强系统（SBSA for Africa and Indian ocean，A-SBAS）以及中国的北斗星基增强系统（Beidou Satellite-BasedAugmentation System，BDSBAS）。

总体来说，当我们遇到海洋、沙漠等无法建设基准站，或者投入产出比小的环境时，若想得到更高精度的定位结果，则需要采用广域增强系统，即星站差 GNSS 系统。目前，此类服务费用较为昂贵。星站差分系统由 5 部分组成，如图 2.1.10 所示，分别为：① 参考站；② 数据处理中心；③ 注入站；④ 地球同步卫星（INMARSAT）；⑤ 用户站。全球参考站网络是由双频 GPS 接收机组成的，每时每刻都在接收来自 GNSS 卫星的信号，参考站获得的数据被送到数据处理中心，经过处理以后生成差分改正数据，差分改正数据通过数据通信链路传送到卫星注入站并上传至 INMARSAT 同步卫星，向全球发布。用户站的 GNSS 接收机实际上同时有两个接收部分，一个是 GNSS 接收机，一个是 L 波段的通信接收器，GNSS 接收机跟踪所有可见的卫星然后获得 GNSS 卫星的测量值，同时 L 波段的接收器通过 L 波段的卫星接收改正数据。当这些改正数据被应用在 GNSS 测量中时，一个实时的高精度的点位就确定了。

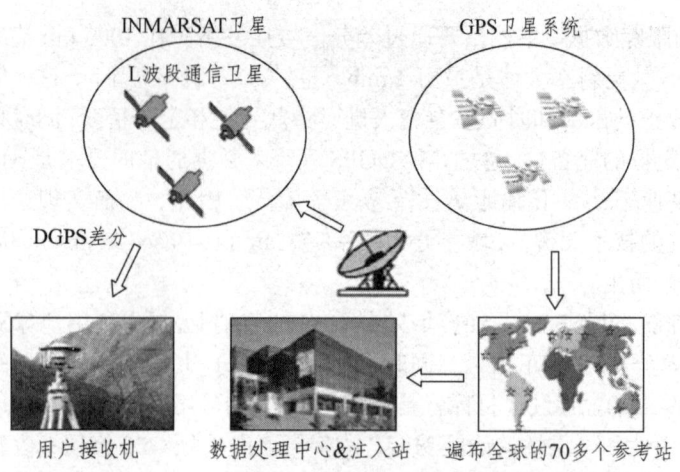

INMARSAT卫星　　　　　GPS卫星系统
L波段通信卫星

DGPS差分

用户接收机　　数据处理中心&注入站　　遍布全球的70多个参考站

图 2.1.10　星基增强系统组成与原理示意图

目前，国际上广泛应用的星站差分主要有三大系统：StarFire 系统、Omini STAR 系统和 Veripos 系统。我国首个星基高精度增强服务系统——"中国精度"基于我国北斗导航系统而生。目前，国内主要商用产品有中海达 Hi-RTP 和千寻系统的天音计划。此外，中国航天科技集团发布的"虹雁"系统和中国航天科工集团发布的"虹云"系统均能搭载导航有效载荷，既能为北斗系统提供增强改正数和完好性信息，又可以自主播发导航测距信号，增强 PNT 服务性能。中海达自主研发的 Hi-RTP 系统是一套可覆盖全球的实时精密定位服务系统，主要融合了星基（SBAS）、地基（GBAS）两种增强手段的技术优势，可实现 3 min 内快速收敛，且定位精度可达到 4 cm。天音计划是千寻系统提出的基于北斗的星基增强系统，由超过 2 200 个北斗地基增强站和全球范围内建设和接入了 120 个海外地基增强站点共同组成，可实现厘米级定位精度。

星基差分系统解决了海上作业，尤其是远海高精度定位难题，若满足收敛时间可提供厘米级，动态可提供分米级定位精度，在地球物理调查、钻探、物探油气、地矿勘探等海洋应用领域得到广泛应用。

任务 2　水下定位

由于电磁波在空气中传播衰减比较小，传统的陆地上距离、方位的测量都是依靠电磁波。但电磁波在水下衰减迅速，仅穿透数十米水深就损失了所有能量，故传统的陆上测量在水下无能为力。而声波在水中有较强的穿透力，水下测量可以采用声学系统，自 20 世纪 70 年代声学技术开始应用于水下测量。

声波是发声体的振动状态在介质中传播的一种物理现象。声波在真空中不能传播，必须借助介质本身的弹性和惯性，振动状态才可以得到传播。水是声波传播的良好介质，它能有效地传播振动的信息；在海水中利用超频声波，可以实现探测远距目标。但海洋环境的不均匀性和多变性，也强烈地影响着海洋声波的传播。在海洋中最重要的声学参数就是声波传播速度，一般平均声速近似等于 1 500 m/s，但海水的温度、盐度、密度、压力都影响声波在其中传播的速度，一般采用经验公式来对其进行描述。综上，由于声波在海水中传播能力很强，水声定位技术是目前水下目标定位与跟踪的主要手段。

对于水下目标位置的确定而言，目前较为常用的声学定位系统主要是超短基线定位系统（USBL），短基线定位系统（SBL）和长基线定位系统（LBL）以及各系统的组合导航定位系统。

2.2.1 声学导航定位

1. 水声定位系统分类

长基线（Long Baseline，LBL）、短基线（Short Baseline，SBL）、超短基线（Ultra-short Baseline，USBL）采用在海底安装能够发射声学信号的信标（Beacon）、应答器（Responder）、响应器（Transponder）单元或阵列，以其为参考点来确定水面船只和水体中目标的相对位置。这类声学导航定位系统与以岸台无线电信标为基准参考点的无线电导航系统有很大的相似性，通过测量参考点与运动载体间相位差或时延值，实现两者距离的确定，进而解算运动载体的位置，实现导航定位。这些系统都有多个基元（接收器或应答器），基元间的连线称为基线。根据基线的长度可以判断属于哪一类系统，见表2.2.1。

表2.2.1 水声定位系统分类

系统类型	基线长度
长基线（LBL）	100~6 000 m
短基线（SBL）	20~50 m
超短基线（USBL 或 SSBL）	<10cm

声学定位系统的作用距离和精度与工作频率有关，一般情况下频率越高精度越高，但作用距离却随之变短。如表2.2.2所示为根据水下声波传播特性划定的声学定位系统工作频率和作用距离的关系。

表2.2.2 声学频率波段与作用距离

类型	频率/kHz	作用距离/km
低频 LF（Low Frequency）	8~16	>10
中频 MF（Medium Frequency）	18~36	2~3
高频 HF（High Frequency）	30~60	1.5 左右
超高频 UHF（Ultra High Frequency）	50~110	<1
甚高频 VHF（Very High Frequency）	200~300	<0.1

低频波段适用于全海深水水域，如 Kongsberg Simrad 公司的 HiPAPl01，其频率为 13~15.5 kHz，作用距离为 10 000 m；OCEANO Technologies 公司的产品 POSI-DONIA6000，频率为 16 kHz，作用距离 6 000 m。中频波段适用于水深不超过 4 000 m 的水域，如 Kongsberg Simrad 公司的 HiPAP351、HiPAP501、HPR300、HPR400 等产品工作频率均为中频波段；Sonardyne 公司的 USBL 产品工作频率为 21~30 kHz，也属于中频波段的范畴。

2. 声学定位系统基本单元

1）换能器

换能器是一种声电转换器[见图2.2.1（a）]，它能根据需要使声振荡和电振荡相互转换，为发射（或接收）信号服务起着水声天线的作用。通常使用的是磁致伸缩换能器和电致伸缩换能器。磁致伸缩换能器的基本原理是当绕有线圈的镍棒通电后在交变磁场作用下通过形变或振动而产生声波，将电能转换成声能（发射模式）。磁化了的镍棒，在声波作用下产生振动，从而使棒内的磁场也相应变化，而产生电振荡，将声能转变为电能（接收模式）。

2）水听器

水听器[见图 2.2.1（b）]本身不发射声信号，只接收声信号，通过换能器将接收到的声信号转换成电信号，再输入船台或岸台的接收机中。

3）应答器

应答器[见图 2.2.1（c）]既能接收声信号，又能发射不同于所接收声信号频率的应答信号，是水声定位系统的主要水下设备，也能作为海底控制点的照准标志，即水声声标。

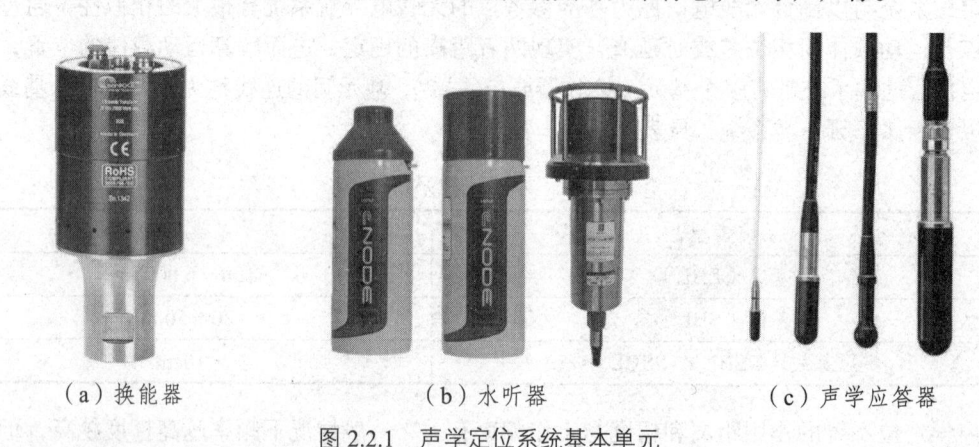

（a）换能器　　　　　（b）水听器　　　　　（c）声学应答器

图 2.2.1　声学定位系统基本单元

3. 水声定位基本原理

1）测距定位方式

水声测距定位原理如图 2.2.2 所示。它由船台发射机通过安置于船底的换能器 M 向水下应答器 P（位置已知）发射声脉冲信号（询问信号），应答器接收该信号后即发回一个应答声脉冲信号，船台接收机记录发射询问信号和接收应答信号的时间间隔，通过下式即可算出船至水下应答器之间的距离：

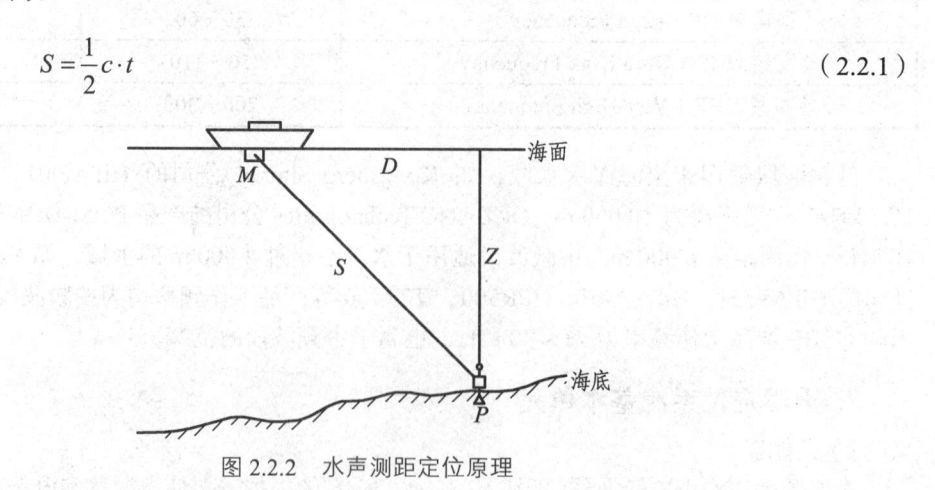

$$S = \frac{1}{2} c \cdot t \tag{2.2.1}$$

图 2.2.2　水声测距定位原理

由于应答器的深度 Z 已知，于是，船台至应答器之间的水平距离 D 可按下式求出：

$$D = \sqrt{S^2 - Z^2} \tag{2.2.2}$$

当有两个水下应答器，则可获得两条距离，以双圆方式交会出船位。若对三个以上水下应答器进行测距，就可采用最小二乘法求出船位的平差值。

2）测向定位方式

测向定位方式的工作原理如图 2.2.3 所示。船台上除安置换能器以外，还在船的两侧各安置一个水听器，即 a 和 b。P 为水下应答器。设 PM 方向与水听器 a、b 连线之间的夹角为 θ，a，b 之间距离为 d，且 $aM = bM = d/2$。

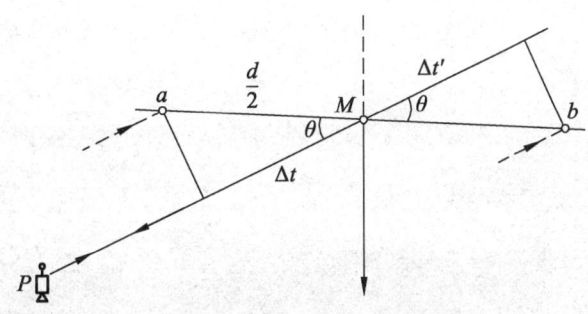

图 2.2.3 测向方式工作原理

首先换能器 M 发射询问信号，水下应答器 P 接收后，发射应答信号，水听器 a、b 和换能器 M 均可接收到应答信号，由于 a、b 间距离与 P，M 间距离相比甚小，故可视发射与接收的声信号方向相互平行。但由于 a，M、b 距 P 的距离并不相等，若以 M 为中心，显然 a 接收到的信号相位比 M 的要超前，而 b 接收到的信号相位比 M 的要滞后。设 Δt 和 $\Delta t'$ 分别为 a 和 b 相位超前和滞后的时延，那么由图 2.2.3 可写出 a 和 b 接收信号的相位分别为

$$\varphi_a = \omega \Delta t = -\frac{\pi d}{\lambda} \cos\theta \tag{2.2.3}$$

$$\varphi_b = \omega \Delta t' = \frac{\pi d}{\lambda} \cos\theta \tag{2.2.4}$$

式中 λ——声波波长。

于是水听器 a 和 b 的相位差为

$$\Delta \varphi = \varphi_b - \varphi_a = \frac{2\pi d}{\lambda} \cos\theta \tag{2.2.5}$$

显然当 $\theta = 90°$ 时，a 和 b 的相位差为零。这只有船艏线在 P 的正上方才行。所以只要在航行中使水听器 a 和 b 接收到的信号相位差为零，就能引导船至水下应答器的正上方。这种定位方式在海底控制点（网）的布设以及诸如钻井平台的复位等作业中经常用到。

2.2.2 长基线声学定位系统（LBL）

长基线系统包含两部分：一部分是安装在船只上或水下机器人上的收发器；另一部分是一

系列已知位置的固定在海底上的应答器，由这些应答器之间的距离构成基线。由于基线长度在百米到几千米之间，相对于超短基线和短基线，该系统被称为长基线系统。长基线定位系统能在宽广的区域提供高精度的位置信息，需要在海底安装至少 3 个应答器或信号标，按照一定的几何图形组成海底定位的基线阵，利用声波传播测距，采用空间交会原理进行定位。系统精度与深度无关，也不必安装姿态和电罗经设备，如图 2.2.4 和图 2.2.5 所示。用长基线进行目标点的定位求得的是相对于基线阵的相对坐标，计算公式如下：

$$(x_{T_i} - x)^2 + (y_{T_i} - y)^2 + (z_{T_i} - z)^2 = R_i^2 \tag{2.2.6}$$

$$R_i^2 = (ct_i)^2, \quad i = 1, 2, 3 \tag{2.2.7}$$

式（2.2.6）中，$(x_{T_i}, y_{T_i}, z_{T_i})$ 为海底应答器的坐标；(x, y, z) 为测量船的位置坐标；R_i 为应答器到船底换能器的距离。

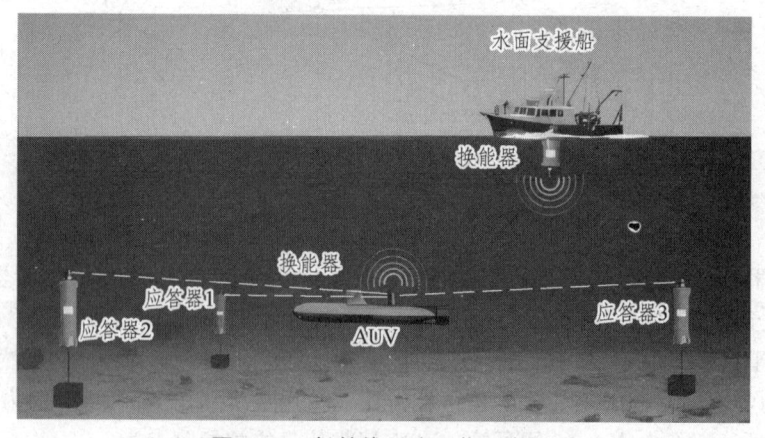

图 2.2.4 长基线系统工作示意图

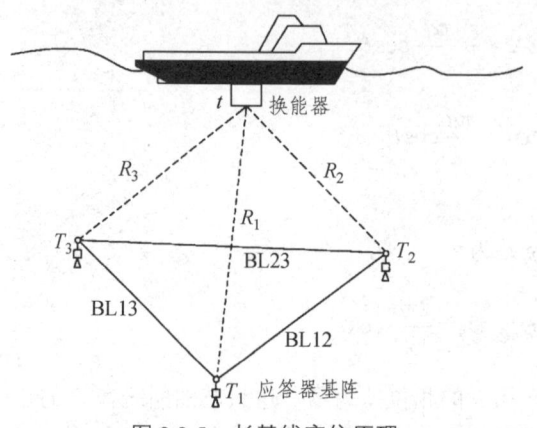

图 2.2.5 长基线定位原理

长基线定位系统独立于深度测量，所以精度非常高，但是很多产品的定位精度与系统使用的频率相关。中频段 7808 型工作水深 4 000 m，定位精度 0.15～1.0 m；高频段 7808 型工作水深 2 500 m，定位精度 0.02～0.15 m。由于系统本身的测量误差，长基线定位精度可以由式（2.2.8）评估：

$$\sigma_{LBL}^2 = \sigma_R^2 + \sigma_{clock}^2 + \sigma_{array}^2 \qquad (2.2.8)$$

式中，σ_{LBL} 为长基线定位的总误差；σ_R 为系统测距误差；σ_{clock} 为系统时间的飘移产生的误差；σ_{array} 为海底应答器校准误差。

小结：长基线定位系统由预先布设的参考声信标阵列和测距仪组成，通过距离交会解算目标位置。由于存在较多的多余观测值，因而可以得到非常高的相对定位精度。虽然长基线定位系统的换能器非常小，实际作业中易于安装和拆卸。但是系统复杂，操作繁琐，布设和回收数量较多的水下声学基阵耗时较长，此外由于长基线需要事先测阵、校准，作业成本高，且长基线定位系统的设备一般比较昂贵，因此主要应用于局部区域高精度定位。

长基线定位系统的应用：长基线定位技术是当前高精度定位唯一可靠的技术手段，是为深海、浅海海洋工程施工、模块安装、管线铺设和对接、高精度拖体定位跟踪、ROV 定位导航、DP 船声学定位参照、AUV 定位跟踪、遥控等提供厘米级定位的技术方案。广泛应用于海洋石油和天然气工业、军事领域等。还具有备数量更多的通道，对于大型的复杂的油田开发项目，能够满足多船、多 ROV 同时同地施工，而不相互干扰，同时也是唯一能够提供 USBL 兼容和高速数据遥测的声学技术。

2.2.3 短基线声学定位系统（SBL）

短基线声学定位系统（见图 2.2.6）由 4 个以上的换能器组成以便产生多余观测值，换能器组成的阵形为三角形或四边形，各换能器之间的距离一般超过 10 m。声基阵中的换能器之间的位置关系是已知的，应答器被安置在目标点的位置。声基阵之间构成声基阵坐标与测量船参考坐标的关系可以通过常规的测量方法得到。其中，一般船参考坐标系原点选择在换能器对称中心，船只横向左舷方向为 x 轴，船艏方向为 y 轴，船只铅锤向下为 z 轴。船参考坐标系是一种三坐标轴与船固定并随船只运动而运动的坐标系，声基阵坐标的指向是固定的，不随船的运动而运动。

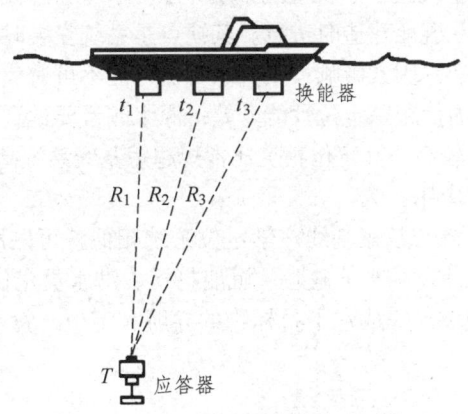

图 2.2.6 短基线定位系统原理

短基线声学定位系统是通过一个"应答器"发射信号，所有换能器接收，根据声波信号在水中的传播时间和声波信号在水中传播的速度，计算出所有换能器到水下目标点的多个斜距值，计算处理得到测量目标与测量船的相对坐标。然后，系统根据测量船参考坐标系和由换能器阵组成的坐标系之间的固定关系，及姿态传感器所获得的测量船的姿态数据，解算出目标点在声基阵坐标系下的坐标，再结合 GPS、电罗经等外围设备提供测量船的位置及测量船艏向，计算得到目标点的大地坐标。短基线定位系统的工作方式有距离—距离、距离—方位（时间差），下面以距离—距离工作方式为例，推导定位解算公式，计算公式如下：

$$R = vt/2 \tag{2.2.9}$$

$$\begin{cases} R_1 = \sqrt{(x_1-x_T)^2+(y_1-y_T)^2+(z_1-z_T)^2} \\ R_2 = \sqrt{(x_2-x_T)^2+(y_2-y_T)^2+(z_2-z_T)^2} \\ R_3 = \sqrt{(x_3-x_T)^2+(y_3-y_T)^2+(z_3-z_T)^2} \end{cases} \tag{2.2.10}$$

式中，R_1，R_2，R_3 为声波测量换能器到应答器的倾斜距离；(x_i, y_i, z_i) 为换能器位置坐标；(x_T, y_T, z_T) 为水下目标点位置坐标。

影响短基线定位系统的因素与影响超短基线定位系统的因素相似，主要有水下声波传播引起的误差，如声波的折射、反射、声线的弯曲等引起的测距误差，电罗经测定船艏向误差，GPS 测定位置误差及换能器安装引起的系统的误差。短基线定位精度由下式评估：

$$\sigma_{SBL}^2 = R\sigma_{GYRO}^2 + R\sigma_{MRU}^2 + \sigma_R^2 + \sigma_{GPS}^2 \tag{2.2.11}$$

式中，σ_{SBL} 为短基线的总误差；σ_{GYRO} 为电罗经测量船艏向误差；σ_{MRU} 为姿态传感器测角误差；σ_R 为超短基线测距误差；σ_{GPS} 为水面船只 GPS 测量误差。

小结：短基线定位系统由装载在载体上的多个接收换能器和声信标组成，通过距离交会获得目标位置。短基线的优点是集成系统价格低廉、换能器体积小，易于安装，作业简便。短基线系统无须布放多个应答器并进行标校（需要用一个应答器提供参考位置）一旦基阵安装好，定位导航作业就较为方便。

短基线声学定位系统的基线远小于长基线系统，多个水听器阵元需在船上或平台上仔细选择位置并分开安装，这最好是在舰船建造时进行。其缺点是系统安装时，换能器需在船坞上严格校准，且其精度易受到船体形变等因素影响；某些水听器可能不可避免地被安装在高噪声区，如靠近螺旋桨或机械的部位，从而使跟踪定位性能变差；深水测量要达到较高的精度，基线长度一般需要大于 40 m，对船只要求较高。其定位精度比常规超短基线系统高，但比长基线系统低。

短基声学线定位系统的应用：

（1）短基线声学定位系统与超短基线声学定位系统相似，可以用于海上纵向油水补给、水下油气管道铺设、水下电缆铺设、水下救险、沉船打捞、潜水员定位等方面。

（2）可以应用于军事领域，完成水下目标物的导航和定位，特别是不宜露出水面的运动物体，如潜艇等。

2.2.4 超短基线声学定位系统（USBL）

1. 超短基线声学定位简介

超短基线声学定位系统将水听器接收阵的多个单位安装在一个收发器中，组成声基阵，它们之间的距离只有几厘米（见图2.2.7）。按等边三角形（或直角）布阵，把三角形所在的平面当作计算基准坐标系的平面，与设置的声标（声学应答器）一起用于测量水下目标。超短基线定位系统是根据测量到目标点的距离和方位，得到水下目标相对于测量船的位置，然后结合测量船上的GPS设备接收的定位信息和电罗经的航向数据，通过软件实时计算出水下目标的大地坐标。

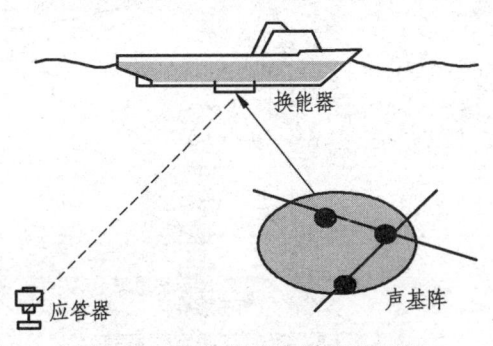

图2.2.7 超短基线定位系统原理

超短基线声单元之间的相互位置精确测定，组成声基阵坐标系。声基阵坐标系与船体坐标系之间的关系要在安装时精确测定，即需测定相对船体坐标系的位置偏差和声基阵的安装偏差角度（横摇角、纵摇角和水平旋转角）。系统通过测定声单元的相位差来确定换能器到目标的方位（垂直和水平角度）。换能器与目标的距离通过测定声波传播的时间，再用声速剖面修正波束线，确定距离。以上参数的测定中，垂直角和距离的测定受声速的影响特别大，其中垂直角的测量尤为重要，直接影响定位精度。所以，多数超短基线定位系统建议在应答器中安装深度传感器，借以提高垂直角的测量精度。

图2.2.8为超短基线定位解算图，其计算公式如下：

$$R = vt/2 \tag{2.2.12}$$

$$\cos\theta_x = \frac{\lambda\Delta\varphi_x}{2\pi b} \tag{2.2.13}$$

$$\cos\theta_y = \frac{\lambda\Delta\varphi_y}{2\pi b} \tag{2.2.14}$$

$$\cos\theta_z = \sqrt{1-\left(\cos\theta_x\right)^2-\left(\cos\theta_y\right)^2} \tag{2.2.15}$$

$$x_T = R\cos\theta_x \ ; \quad y_T = R\cos\theta_y \ ; \quad z_T = R\cos\theta_z \tag{2.2.16}$$

式（2.2.12）至（2.2.16）中：v为声波在水中传播速度；t为声波在水中传播时间；λ为声波波长；θ_x，θ_y，θ_z分别为声基线阵与声射线的夹角；$\Delta\varphi_x$，$\Delta\varphi_y$，$\Delta\varphi_z$分别为应答器到各个声基线单元的相位差；b为基线单元之间的距离，安装时设定的已知固定值；R为水听器到水下应答器的距离；x_T，y_T，z_T为水下应答器相对于测量船的三维坐标。这些测量数据经由通信电缆传输给数据采集处理设备，经过数据处理设备处理后，得到目标的大地坐标数据或相对测量船位置坐标值。

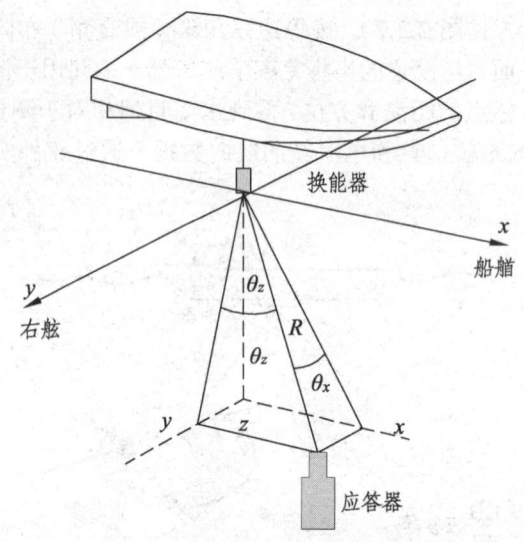

图 2.2.8　超短基线定位解算

2. 影响超短基线定位的因素

水下定位导航精度直接受载体物精度高低，GPS 定位系统的可靠性和稳定性，载体姿态传感器的稳定性和可靠性，声速剖面仪测量引起的测距误差以及基线阵安装的系统误差的影响。简单来说，主要有声速测定误差、GPS 定位误差、SSBL 测角、测距误差、电罗经测定船艏向误差。一般情况下频率越高精度越高，超短基线的定位精度可由式（2.2.17）评估：

$$\sigma_{USBL}^2 = R\sigma_\theta^2 + R\sigma_{GYRO}^2 + R\sigma_\varphi^2 + R\sigma_R^2 + \sigma_{GPS}^2 + R\sigma_{MRU}^2 \qquad (2.2.17)$$

式中，σ_{USBL} 为超短基线的总误差；σ_θ 为水平角测量误差；σ_{GYRO} 为电罗经测量误差；σ_φ 为超短基线仰角测量误差；σ_R 为超短基线测距误差；σ_{GPS} 为水面船只 GPS 测量误差；σ_{MRU} 为姿态传感器测角误差；R 为测量斜距。

超短基线定位系统则是由多元声基阵与声信标组成，通过测量距离和方位定位。其优点是尺寸小，且实施中只需一个换能器，作业简便；集成系统价格低廉；定位精度比较高。超短基线的缺点是系统安装后的校准需要非常准确，而这往往难以达到；测量目标的绝对位置精度依赖于外围设备（电罗经、姿态和深度）的精度；定位误差与距离相关，仅适用于大范围作业区域跟踪。

超短基线系统提供的定位精度一般比前两种系统差，它只有一个紧凑的、尺寸很小的声基阵安装在载体上。基阵作为一个整体单元，可以使其处在流噪声和结构噪声均较弱的某个有利位置处。此外，也无须布放标校应答器阵（但也需要一个应答器作为参考）。通过精心设计，系统的定位精度有可能接近长基线系统。

3. 超短基线定位系统主要应用

（1）服务于海洋工程，为海洋工程的进行提供准确的位置信息，在海洋工程调查中应用于海洋油气开发，海底光缆的铺设及维护等，为清楚地了解测区海底地质、地形、地貌的情况提供准确的位置信息，以便更好地进行设计、施工、开发、维护等活动。

（2）结合深拖设备，如无人潜水器、声呐相机、自主潜水器（ROV）、遥感等，探测水下沉船、建筑物，获取其准确的位置信息。

总之，在超短基线定位系统基础上利用水下拖体仪器设备，如海底光学探测设备、海底底层剖面仪器设备、水下声呐相机、电视结合 GPS 定位技术，形成立体的高精度定位，解决水下传感器和特殊地形高程的高精度定位问题。

2.2.5 组合定位系统

上述各类水声定位系统分别具有各自的优缺点。例如，长基线声学定位系统（LBL）因其基线较长，所以定位精度高。采用长基线定位系统跟踪潜水器或为其导航，最大的优点是在较大的范围和在较深的海水情况下，导航定位均具有较高的精度，但是机动性差。

因此上述三种定位系统，可单独应用，也可进行组合，构成组合系统，如声学定位系统之间联合，或者声学定位系统与其他传感器联合，甚至声学定位系统与其他定位方法联合。

1. 声学定位系统联合

声学定位系统之间的联合主要包括长基线和超短基线定位结合（LBL 与 USBL）、长基线与短基线结合（LBL 与 SBL）以及短基线与超短基线结合（SBL 与 USBL）等。工作方式主要是距离-距离式或距离-角度式。例如，LBL/USBL 组合定位既保证了定位精度独立于工作水深，又兼有超短基线定位系统操作简便的特点，组合系统能够实现载体连续的、高精度的导航定位。工作水深可以达到 6 000 m，作用范围超过 4 500 m，再结合其他外围传感器，系统定位精度可以达到作用距离的 0.2%。

2. 声学定位系统与其他传感器的结合

GPS 与声学定位系统结合，更多的是 GPS 与超短基线定位系统的结合。载体水面上安装 GPS 定位设备，以方便确定载体在 WGS-84 下的坐标。由于电磁波在水下衰减很快，无法进行水下目标的定位，因此借助声学定位系统，将 GPS 定位拖延到水下目标位置的确定。在此过程中还要借助其他的传感器，如姿态仪等仪器。

超短基线定位系统与水下拖体（ROV 或 AUV）、声呐相机结合，探测水下目标物地理坐标。该定位过程分为两个部分：首先探测船上安装的超短基线定位系统，ROV 上装有应答器，并且结合姿态补偿仪器，计算出 ROV 的地理坐标；其次以 ROV 为参考原点，根据需要在其上搭载传感器，如声呐相机，探测目标，经过图像的预处理、特征海洋地质调查技术提取目标识别后，可求出 ROV 相对于目标的距离，然后根据其他的传感器对系统误差进行校正，便可得到目标的地理坐标。

GAPS（Global Acoustic Position System，全球声学定位系统）是一种中心频率在 26 kHz 左右，使用多频键控技术的超短基线水下定位系统（系统组成见图 2.2.9），它的作用距离能达到 4 000 m，可以定位 2 000 m 以内的任何目标。它是一套无须标定的便携式、即插即用超短基线全球声学定位惯性导航系统，它给水下声学定位系统带来一场革命，因为它将高精度光纤陀螺惯性导航技术与水下声学定位完美结合在一起，并融入了 GPS 测量技术，减少了工作前的校正测试工作。该系统可以同时追踪多个水下目标，这使得多用的 GAPS 能最大限度地满足海面和水下定位及导航的要求。

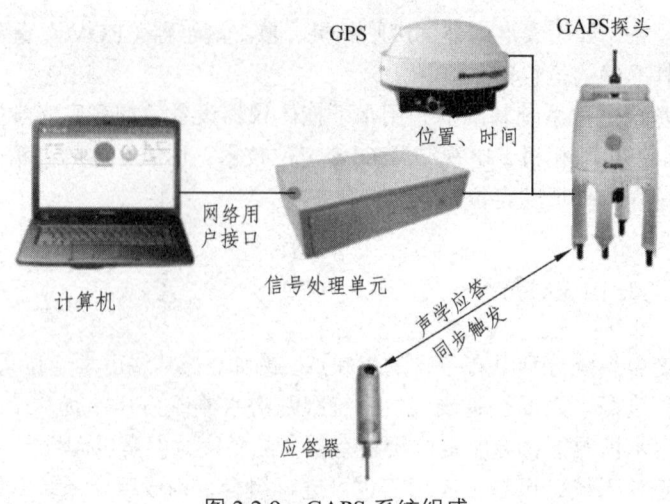

图 2.2.9 GAPS 系统组成

3. 匹配导航

　　海洋匹配导航是一种新型、自主海洋导航定位方法，借助海洋几何要素（如海底地形/地貌）或海洋物理要素（重力/磁力），通过实测要素与背景场要素匹配，从背景场中获得载体当前位置，从而实现海洋导航定位。匹配导航包括实测要素序列、背景场和匹配算法三个基本单元。匹配导航是一种辅助导航，常与惯导系统（INS）组合，形成组合导航系统。组合导航系统中匹配导航主要用于削弱 INS 的积累误差，而 INS 则为匹配导航提供当前载体的概略位置和匹配搜索空间。

项目 3　海洋水文观测

知识目标

掌握海水温度、盐度、密度、透明度等要素的观测方法。

能力目标

了解和掌握 CTD 的操作。

思政目标

通过对海水温度、盐度、密度、透明度和水色观测方法的介绍，培养学生专业、细致、求实和科学的工作态度，爱护自然。

发生在海洋中的许多自然现象和过程往往与海水的物理性质密切相关。人类要认识和开发海洋，首先必须对海洋进行全面深入的观测和调查，掌握其物理性质。在海洋调查中，观测海洋水文要素更有其重要的意义。人类的生存活动与海洋水文的关系、海洋能源的利用、海洋航运、造船、海洋工程、海洋渔业都迫切需要掌握海洋水文要素的变化规律。因此，海洋水文要素的观测就显得非常重要。

水文观测是指在江河、湖泊、海洋的某一点或断面上观测各种水文要素，并对观测资料进行分析和整理的工作。在海域中主要观测海流、潮流、潮汐、波浪、盐度、密度、温度以及气象等要素，为编辑出版航海图、海洋水文气象预报、海洋工程的设计与建筑以及海洋科学研究提供资料。海洋水文观测是指对海洋中水文要素进行测量和监测的过程，是海洋调查中重要的作业内容。

对于广阔的海洋而言，要全面掌握大量海洋环境参数在时间和空间上的变化特征，是一项十分艰巨而又复杂的工作。随着海洋科学的蓬勃发展和数字化技术的广泛应用，海洋观测仪器性能得到了不断改进和提高。目前，配备各类现代化海洋参数观测设备的海洋调查船、海道测量船、深海考察船、自动观测浮标、海洋观测卫星已形成了水下-水面-空间的立体海洋观测体系。

任务 1　海洋温度、盐度、透明度等概念

3.1.1　海洋温度

1. 概　念

温度是海洋的基本物理要素之一，很多海洋现象乃至地球现象都与海水温度有关。海洋测

量中，采用的很多设备是声学设备，而海水中声波的传播速度会受到温度、盐度和深度的影响。尤其在浅水测量中，海水温度是影响声速计算的首要因素。因此，海水温度不仅作为一个重要的海洋物理参数需要对其测量和研究，而且对海洋测深也有很大影响。

海水表层水温主要取决于太阳辐射，并受到海流等因素的影响。因此，海洋水温呈现明显的区域分布特征。其基本分布情况为：随着纬度的增高，温度不规则地逐渐下降，高、低纬度海区水温相差30℃；等温线大体是带状分布；在寒暖流交汇处，等温线密集，温度梯度最大；由于海流的作用，在北半球大洋西部的等温线密集，而东部则稀疏。在我国海域，海水温度整体呈现自北向南逐渐增高的趋势。

由于太阳辐射的影响和海洋垂直环流的作用，水温在垂直方向上的分布也是比较复杂的。海水温度一般随深度的增加而降低，在水深 1 000 m 处，水温为 4~5 ℃；水深 2 000 m 处，水温为 2~3 ℃；水深 3 000 m 处，水温为 1~2 ℃。水温随深度的分布除了有较浅的季节性温跃层外，一般都存在主温跃层。若以 10 ℃ 等温面作为主温跃层的特征值，经观测得知，它在赤道附近较浅，而在亚热带较深，在中纬度又较浅，到亚极地上升达海面。主温跃层以上为水温较高的暖水区，其下为水温低、垂直梯度很小的冷水区。

就全球海域而言，约75%的水体温度为 0~6 ℃，50%的水体温度为 1.3~3.8 ℃，整体水温平均为 3.8 ℃。其中，太平洋平均为 3.7 ℃，大西洋为 4.0 ℃，印度洋为 3.8 ℃。

当然，世界大洋水温因时因地而异，比上述平均状况要复杂得多，且一般难以用解析表达式给出。因此，通常多借助平面图、剖面图，用绘制等值线的方法，以及绘制铅直分布曲线、时间变化曲线等，将其三维时空结构分解成二维或者一维的结构，通过分析加以综合，从而形成对整个温度场的认识。这种研究方法同样适应于对盐度、密度场和其他现象的研究。

2. 海水温度观测

1）海水温度观测

测定海洋表层水温一般利用海水表面温度计、电测表面温度计及其他的测温仪器，其构造与普通水银温度计基本相同，不过装在特制的圆筒内，使得温度计提出水面时仍浸在水中，避免与外界空气接触而发生变化。同时，还可以利用水桶提取海水再用精密温度计测定水温。此外，卫星搭载红外辐射温度计、海洋浮标安装自记测温仪器也可直接测得海水表层水温。

深层水温的测定，主要采用常规的颠倒温度计、深度温度计、自容式温盐深自记仪（如 STD、CTD）、电子温深仪（EBT）、投弃式温深仪（XBT）等（见图 3.1.1）。我们可以直接从这些仪器上测得铅直断面上各个水层的海水温度。实际测量中，温度是以国际温标为依据，国际符号为 T（热力学温度）或 t（摄氏温度 ℃）；一般以摄氏温度表示。

（a）颠倒温度计　　　（b）投弃式温深仪　　　（c）自容式温盐深自记仪

图 3.1.1　深层水温测定仪器

2）海水温度图

海水温度图是海洋水文图的一种，是反映海水温度分布情况的专题海图，包括平面、垂直分布图两种（见图3.1.2）。平面分布图通常按月或季表示，有时还分别表示表层海水温度和各深度层的海水温度，大多用等高线表示。垂直分布图以剖面的形式表示，也可按照月、季绘制，并标示剖面的位置。

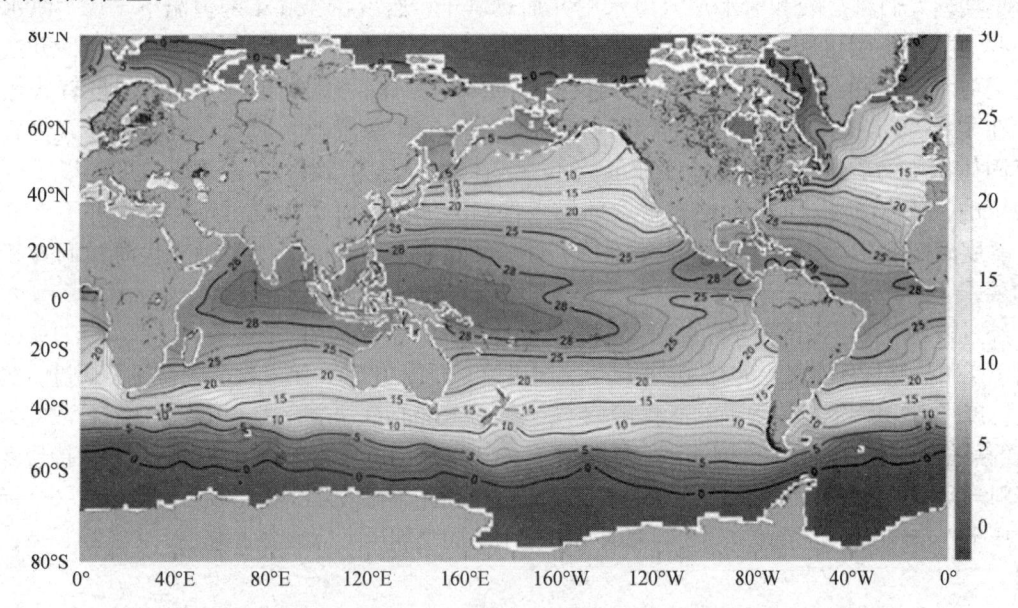

（a）平面分布图（引自杭州全球海洋Argo系统野外科学观测研究站）

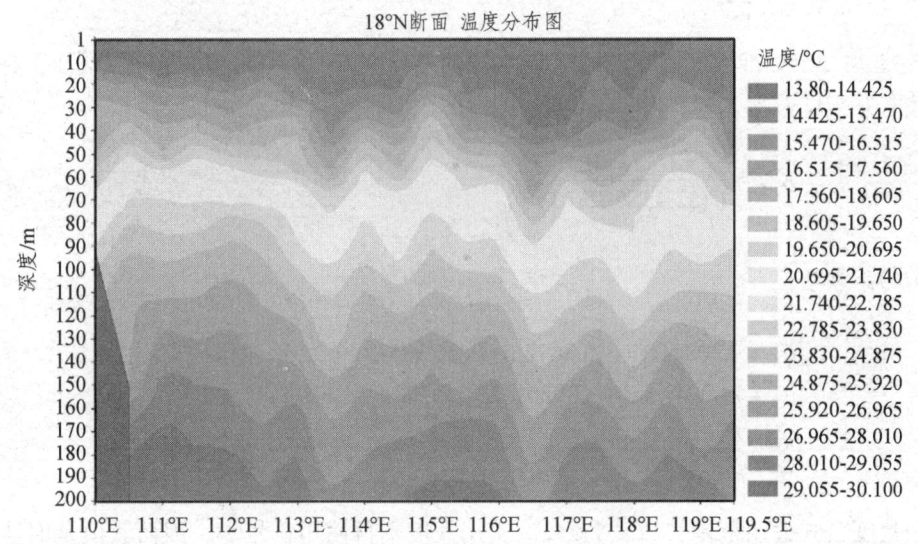

调查时间：2009年5月　　　　　　　　　项目：科技基础性工作专项
调查单位：中国科学院南海海洋研究所　　　南海海洋断面科学考察

（b）2009年5月南海海洋断面科学考察18°N断面200 m温度分布图（引自徐超等，2017）

图3.1.2　海水温度分布图

3.1.2 海洋盐度

1. 概　念

海水是一种含有复杂盐类的溶液，盐度是其所含盐量的标度，分绝对盐度和实用盐度。

早期，人们将盐酸和氯水加入海水中并加热烘干，然后在 480 ℃的恒温下干燥，海水中的一些盐类发生氧化和置换反应，其中的有机物也全部被分解和氧化。不过，用这种方法直接测定海水盐度相当费事，且难以得到精确的结果。因此，1902 年将海水的盐度首次定义为：在 1 kg 海水中，所有碳酸盐转化为氧化物，溴、碘-氯置换，而且有机物全部氧化后所含有固体物质的质量（以克为单位计），单位为 g/kg，符号为 S‰，也就是说盐度是以千分比来表示的，又称绝对盐度。但绝对盐度的局限性和所依据的海水组成恒定性理论并不十分可靠，氯度滴定测定海水盐度的方法不准确，现场测量也不方便，不能满足现代海洋调查和测量的要求。

经过国际海洋学常用表和标准联合专家小组及其所属电导小组的不懈努力，前人于 1976 年提出了实用盐度标度定义，并在 1978 年于法国巴黎召开的 JPOTS 第九次会议获得了通过。实用盐度标度"PSS78"不再依赖于"海水组成恒定性"和 Knudsen 盐度公式，而是选定一种浓度为精确值的氯化钾（KCl）溶液，用海水水样相对于 KCl 溶液的电导比来确定盐度值。为保持盐度历史资料与实用盐度标度的连贯性，规定 KCl 溶液的浓度精确值为 32.4356‰，该溶液在一个标准大气压下，15 ℃时的电导率 $C(32.4356,15,0)$ 与同温同压下标准海水电导率 $C(35,15,0)$ 相同。

$$S = \sum_{i=0}^{5} a_i K_{15}^{i/2}$$

式中，K_{15} 是在一个标准大气压下，15 ℃时水样的电导率 $C(S,15,0)$ 与同温同压下标准 KCl 溶液电导率 $C(32.4356,15,0)$ 的比值，即

$$K_{15} = \frac{C(S,15,0)}{C(32.4356,15,0)}$$

式中，a_i 为

$$a_0 = 0.0080, a_1 = -0.1692, a_2 = 25.3851,$$
$$a_3 = 14.0941, a_4 = -7.0261, a_5 = 2.7081,$$
$$\sum_{i=0}^{5} a_i = 35.0000$$

实用盐度公式适用范围为 $2 \leqslant S \leqslant 42$。实用盐度不再使用符号‰，因而其值是旧盐度值的 1 000 倍。显然，$K_{15}=1$ 时，水样的实用盐度 S 值为 35。

绝对盐度与实用盐度，两者概念有严格的区别。实用盐度完全是为了实际应用而提出来的，它摆脱了与氯度的关系，只存在盐度与电导率的关系，彻底实现了电导率法测盐。电导测盐方法具有精度高，简便、快速和能进行现场测量等优点，它比起氯度滴定法测定水盐度前进了一大步。

研究表明，全球各大洋盐度平均值以大西洋最高为34.90，印度洋次之为34.76，太平洋最低为34.62，但是其空间分布极不均匀。

海洋表层盐度与其水量收支有着直接的关系，其分布比水温分布更为复杂。基本上也具有纬线方向的带状分布特征，但从赤道向两极却呈马鞍形的双峰分布。在寒暖流交汇区域和径流冲淡海区，盐度梯度特别大；海洋中盐度的最高与最低值多出现在一些大洋边缘的海盆中，如红海、波罗的海等；冬季盐度的分布特征与夏季相似，只是在季风影响特别显著的海域，盐度有较大差异等。

盐度垂直分布，寒带、温带和热带海域在1 000 m以浅差异最大。寒带海域表层盐度低，盐度随深度增加，约200 m水层增加到极大值，在此以深几乎没有很大的变化。温带海域表层盐度有季节性变化，200～300 m以深的盐度随深度而变低，在1 000 m附近达到最小值，1 000～3 000 m水层稍稍增大。热带海域在100～200 m水层出现盐度最大值，再向下急剧降低，800～1 000 m层出现最小值，深度再增加时，又缓慢升高。4 500 m以深，寒带、温带和热带三个海域的盐度基本一致。

2. 海水盐度测量

除前述电导率测定法外，盐度测定还有如下几种方法。

1）光学测定盐度法

此法是利用光的折射原理测定海水盐度。不同盐度和不同温度的海水折射率是不同的。1967年，Rusby发表的折射率差值和盐度关系式为

$$S = 35.000 + 5.3302 \times 10^3 \Delta n + 2.274 \times 10^5 \Delta n^2 + 3.9 \times 10^6 \Delta n^3 + \\ 10.59 \Delta n(t-20) + 2.5 \times 10^2 \Delta n^2 (t-20) \tag{3.1.1}$$

式中，S为盐度；t为温度（℃），$\Delta n = n_t - n_{35}$；光的波长$\lambda = 5\,462.27$ m。

公式的适用范围：

$$\Delta n = -8.000 \times 10^{-4} \sim 7.000 \times 10^{-4}，S\text{为}30.9 \sim 38.8；t\text{为}17 \sim 30\ ℃ \tag{3.1.2}$$

目前，光学测定盐度法使用的仪器有通用的阿贝折射仪、多棱镜差式折射仪、现场折射仪等，不过精度折合成盐度最高也仅为0.001，不能满足现代海洋资料精度要求，且精度很难有所突破。

2）比重测定盐度法

其理论依据国际海水状态方程，当测得海水的密度、温度和深度时，能反算出海水盐度。比重法测定盐度的工具有比重计。虽然现场测定理论上可行，但其他参数的精度不高，所以测定的盐度精度也不高，一般仅在室内测定时用此方法。当然在一些盐度精度要求不高的场合，可以利用此法进行盐度测定，如制盐场和渔业系统。

3）声学测定盐度法

此法理论依据是基于声速与海水盐度、温度和压力的关系，利用声速仪测得声速，并测出海水温度和深度来反算盐度，其精度也不高。常用的经验公式为

$$c = 1449.2 + 4.6t - 0.055t^2 + 0.00029t^3 + (1.34 - 0.010t)(S-35) + 0.016D \tag{3.1.3}$$

式中，t为温度（℃）；S为盐度；D为深度（m）；c为声速（m/s）。

本公式适用范围：$0 \leq t \leq 35\ ℃$，$0 \leq S \leq 45$，$0 \leq D \leq 1000$。

目前，海水盐度测定以电导率测定法为主，其他方法在有些场合，如精确度要求不高或电导率测定盐度法不便使用时，可作为辅助方法。

我国从事海洋研究、调查和开发的单位引进和研制的主要现场盐度测量仪器有国产现场盐度计和进口温盐深剖面仪（见实训1）等。

4）海水盐度图

海水盐度图是海洋水文图的一种，是反映海水盐度分布情况的专题性海图，分平面、垂直分布两种（见图3.1.3）。平面分布按月或季表示，有时分别表示表层的海水盐度和各深度层的海水盐度，大多用等值线表示。垂直分布图也按照月或季表示，同时绘制出剖面的位置。

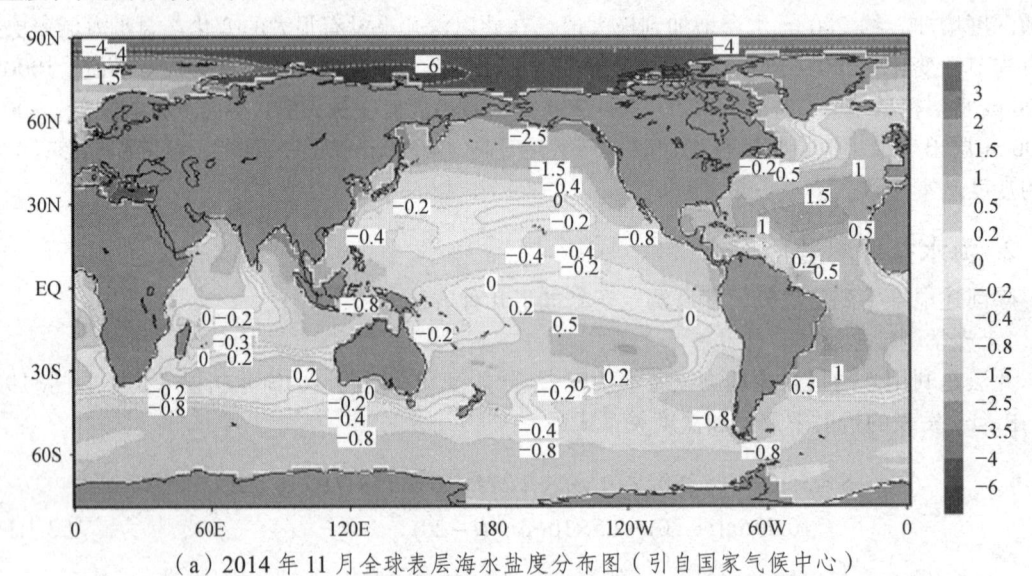

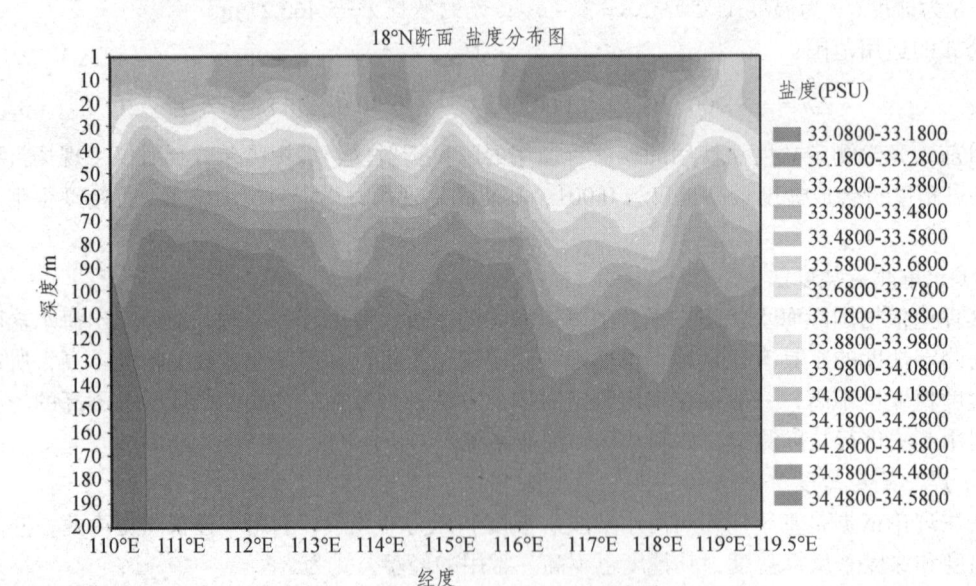

（a）2014年11月全球表层海水盐度分布图（引自国家气候中心）

调查时间：2009年5月　　　　　　　　　　项目：科技基础性工作专项
调查单位：中国科学院南海海洋研究所　　　南海海洋断面科学考察

（b）2009年5月南海海洋断面科学考察18°N断面200 m盐度分布图（引自徐超等，2017）

图3.1.3　海水盐度分布图

3.1.3 海洋密度

1. 概 念

海水密度是指单位体积海水含有的质量，单位为 kg/m³，符号为 ρ。海水密度是海水温度、盐度和压力的函数，常表示为 $\rho(S, t, P)$，用以表示在盐度 S、温度 t（℃）和压力 P（MPa）时的海水密度，又称现场密度。海水密度可用 6～7 位数据表示，如 $\rho = 1\,028.723$ kg/m³。

一切影响温度和盐度的因子都会影响到海水的密度。海水的密度随地理位置、海洋深度都有复杂的分布，并随时间而变化。

（1）海水密度随地理位置的变化主要表现在：由于太阳辐射和蒸发的作用，从总体来看，赤道地区海水密度低，向两极则逐渐增大；表层海水密度的水平分布受海流的影响较大，有海流的地方，密度的水平差异比较大。

（2）在垂直方向上，海水密度向下递增，在海洋的上层，密度垂直梯度较大；约从 1 500 m 开始，密度的垂直梯度便很小；在深层，密度几乎不随深度而变化。

大洋中，平均而言，海水温度的变化对密度变化的影响要比盐度大。因此，海水密度随深度的变化主要取决于温度。海水温度随着深度的分布而不均匀地递降，因而海水的密度随深度的增加而不均匀地增大，但至大洋底层则已相当均匀。

（3）密度随时间的变化主要是表面海水密度的日变化，此外还有年变化。不过大洋密度的日变化，由于影响因子的变化小，因此微不足道。

（4）海水密度与温度和盐度也存在着必然的联系，盐度高则密度大，温度高则密度小。

在海面，海水密度的分布和变化仅取决于温度和盐度。在盐度变化较小的海区，海水的密度主要决定于温度状况。在中国海近岸地区，特别是河口地区，海水的盐度变化较大，因而那里的密度分布和变化主要由盐度来支配。而在距河口较远的海区，海水密度主要由温度决定。中国近海表层海水密度分布的一般规律是：冬季普遍较高，夏季普遍降低，春秋季介于二者之间，而且随纬度增高而增大。

2. 海水密度的测定

1）海水密度测定

海洋表层密度的测定可以利用 Knudsen（1902）密度模型通过测定盐度 S 获得：

$$\rho = -0.093 + 0.8149S - 0.000482S^2 + 0.0000068S^3 \tag{3.1.4}$$

由于海水的密度是海水温度、盐度和压力的函数，将表层以下海水取至海面时，其因绝热膨胀而降低，压力减小，所以直接测定现场密度比较困难。因此，海洋表层以下不同深度的海水密度一般采用数值计算的方法，利用实测的盐度 S、温度 t（℃）和压力 P（MPa）求得。Millero 等人于 1980 年提出了一个与 1978 年实用盐标相一致的海水状态方程，反映海水 ρ 与 t、S、P 的关系，可用于计算海水密度：

$$\rho(S, t, p) = \rho(S, t, 0)\left(1 - 10 \times \frac{P}{K(S, t, p)}\right)^{-1} \tag{3.1.5}$$

式中，$\rho(S,t,0)$ 为一个标准大气压下（$P=0$）的海水密度，温度为 -2～40 ℃，盐度为 0～42；ρ_w 为标准平均大洋海水密度。

则实用海洋表层以下密度为

$\rho_w = 999.842594 + 6.793952 \times 10^{-2} t - 9.095290 \times 10^{-3} t^2 + 10001685 \times 10^{-4} t^3 - 1.120083 \times 10^{-6} t^4 + 6.536332 \times 10^{-9} t^5$

$A = 8.24493 \times 10^{-1} - 4.0899 \times 10^{-3} t + 7.6438 \times 10^{-5} t^2 - 8.2467 \times 10^{-1} t^3 + 5.3875 \times 10^{-9} t^5$

$B = -5.72466 \times 10^{-3} + 1.0227 \times 10^{-4} t - 1.6546 \times 10^{-6} t^2$

$C = 4.8314 \times 10^{-4}$

$K(S, t, 0) = K_w + aS + bS^{3/2}$

$A_1 = A_w + cS + dS^{3/2}$

$B_1 = B_w + eS$

$K_w = 19652.21 + 148.4206 t - 2.327105 t^2 + 1.360477 \times 10^{-2} t^3 - 5.155288 \times 10^{-5} t^4$

$a = 54.6746 + 0.603459 t + 1.09987 \times 10^{-2} t^2 - 6.1670 \times 10^{-6} t^3$

$b = 7.944 \times 10^{-1} + 1.6483 \times 10^{-2} t - 5.3009 \times 10^{-1} t^2$

$A_w = 3.239908 + 1.43713 \times 10^{-2} t + 1.16092 \times 10^{-3} t^2 - 5.77905 \times 10^{-6} t^3$

$c = 2.2838 \times 10^{-2} - 1.0981 \times 10^{-4} t - 1.0678 \times 10^{-5} t^2$

$d = 1.91075 \times 10^{-3}$

$B_w = 8.50935 \times 10^{-3} - 6.12293 \times 10^{-4} t + 5.2787 \times 10^{-6} t^2$

$e = -9.9348 \times 10^{-5} + 2.0816 \times 10^{-6} t + 9.1697 \times 10^{-8} t^2$

上述各式中，密度 ρ 的单位为 kg/m³，温度 t 的单位为 ℃，压强 p 的单位为 MPa。公式适用范围：盐度 0~42，温度 -2~40 ℃，压强 0~100 MPa。

2）海水密度图

海水密度图（见图 3.1.4）是海洋水文图的一种，是反映海水密度分布的专题海图。其通常按照月或季表示其平面分布情况，多采用等值线分布图，以 g/mL 为单位，有时表示为表层的海水密度和各层的海水密度。

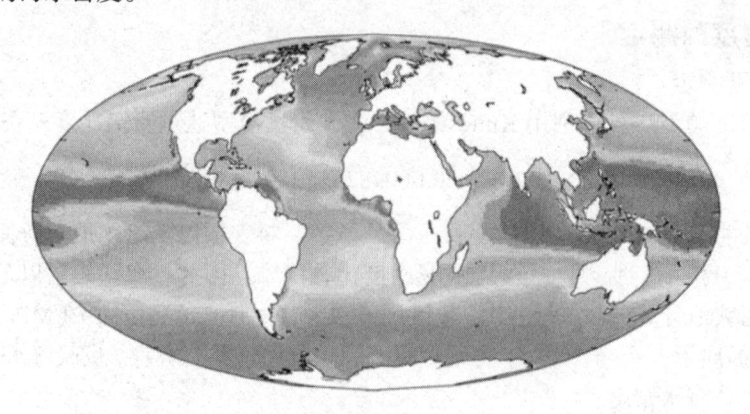

（a）海水密度平面分布图

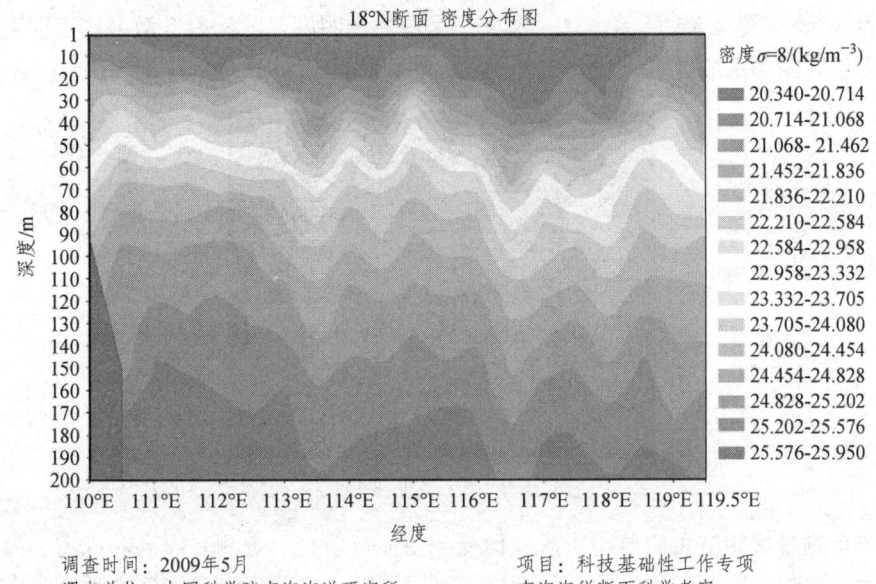

[图：18°N断面 密度分布图，横轴经度110°E–119.5°E，纵轴深度0–200 m，图例密度 σ=θ/(kg/m³) 范围20.340–25.950]

调查时间：2009年5月　　　　　　　　　项目：科技基础性工作专项
调查单位：中国科学院南海海洋研究所　　南海海洋断面科学考察

（b）2009年5月南海海洋断面科学考察18°N断面200 m密度分布图（引自徐超等，2017）

图3.1.4　海水密度分布图

3.1.4　海水透明度、水色

1. 概　念

海水透明度和水色决定着海洋测量中水深遥感以及机载激光测深的作用深度范围和精度，对海洋测量具有重要的作用。

透明度是表示海水能见程度的一个量度，即光线在水中传播一定距离后，其光能强度与原来光能强度之比。

水色是指海水的颜色，是由水质点及海水中的悬浮质点所散射的光线来决定的。太阳直射光从天空经海面进入海中，受到水体的光谱吸收和多次散射，这种光传输过程由海洋辐射传递规律决定，因此海面辐射光谱分布和海水水色不仅与海水固有的光学性质有关，还与海洋表面光学性质和海面受到辐射度有关。海水水色与海洋水体所包含的物质成分密切相关，故大洋和近海的水色有明显的差异。在清洁的大洋中，悬浮颗粒少、粒径小，分子散射起着重要的作用，使大洋的颜色呈深蓝色。近海中含有较多的有机和无机悬浮物，故近海水的颜色呈现蓝绿色甚至黄褐色。此外，海洋中有多种颜色的浮游生物，它们在海体中大量繁殖，影响了水域的颜色。在近岸和河口水域，因悬浮大量的泥沙，水色变黄。

水色与透明度之间存在着必然的联系，一般说来，水色高，透明度大，水色低，透明度小。决定水色和透明度分布和变化的主要因素是悬浮物质（包括浮游生物）。此外，海流的性质、入海径流的多少和季节变化等都将影响透明度和水色。

2. 海水透明度、水色的测定

1）海水透明度、水色的测定

海水透明度是指用直径为30 cm的白色圆盘，将其垂直沉入海水中，直至刚好看不见的深度（单位为 m），如图 3.1.5 所示。这一深度，是白色透明度盘的反射、散射和透明度盘以上水柱的散射光与周围海水的散射光平衡时的状况，所以称为相对透明度。

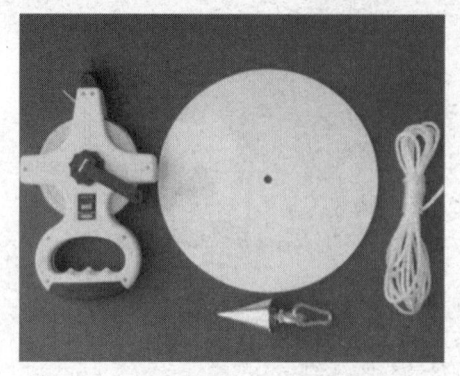

图 3.1.5　透明度盘

应用圆盘测量透明度虽简单、直观，但受到海面反射光、观测者眼高和视力、海水背景、海流等因素的影响，因此，测量的结果精度不高。同时，透明度盘只能测出垂直方向上的透明度，无法测出水平方向上的透明度。因此，国际上多采用透明度仪进行观测，并将透明度重新定义为：光线在水中传播一定距离后，其光能强度与原来光能强度之比。透明度 T（也称为透射率）是与衰减系数 c 和光在海水中的传播距离 z 有关的量，存在关系

$$T = e^{-cz}$$

在海洋调查中，水色通常采用弗雷尔-乌勒标准水色液配制的水色计目测确定，如图 3.1.6 所示。

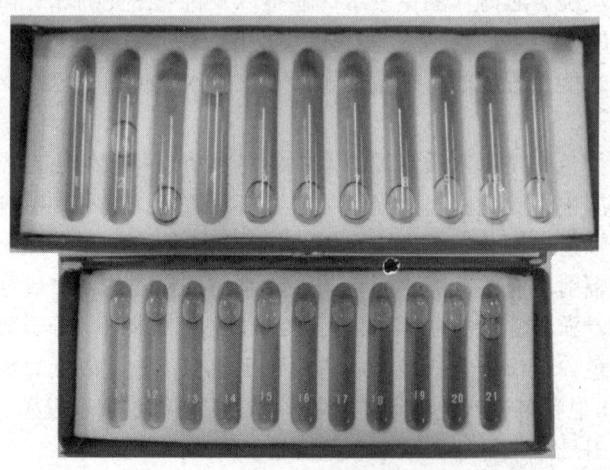

图 3.1.6　水色计

近年来，随着海洋遥感技术的发展，遥感观测方法可实现对海水透明度、水色、叶绿素浓度、悬浮物含量等要素的测定。

2）海水透明度、水色图

海水透明度图和水色图均属于海洋水文图，是分别反映海水透明度分布情况和水色分布情况的专题海图，均按照月、季绘制。海水透明度图以等值线表述（单位为 m）；水色是 1/2 透明

度处海水所呈现的颜色，通常用罗马数字表示，数值大则水色高，反之则水色低。由于海水透明度与水色关系密切，透明度图和水色图可在一幅图内表示。

任务 2　海洋温盐观测实训

海洋温盐观测基于中华人民共和国国家标准《海洋调查规范　第 2 部分：海洋水文观测》（GB/T 12763.2—2007）实施。

3.2.1　海水温度观测

1. 技术指标

1）水温观测的准确度

主要根据项目的要求和研究目的，同时兼顾观测海区和观测方法的不同以及仪器的类型，按表 3.2.1 确定水温观测的准确度。

表 3.2.1　水温观测的准确度

准确度等级	准确度/°C	分辨率/°C
1	±0.02	0.005
2	±0.05	0.01
3	±0.2	0.05

2）观测时次

大面或断面测站，船到站观测一次；连续测站，一般每小时观测一次。

3）水温观测的标准层次

标准观测层次见表 3.2.2 所示。

表 3.2.2　标准观测层次　　　　　　　　　　　　　　　　　单位：m

水深范围	标准观测水层	底层与相邻标准层的最小距离
<50	表层，5，10，15，20，25，30，底层	2
50～100	表层，5，10，15，20，25，30，50，75，底层	5
100～200	表层，5，10，15，20，25，30，50，75，100，125，150，底层	10
>200	表层，10，20，30，50，75，100，125，150，200，250，300，400，500，600，700，800，1 000，1 200，1 500，2 000，2 500，3 000（水深大于 3 000 m 时，每千米加一层），底层	25

注：1. 表层指海面下 3 m 以内的水层。
　　2. 底层的规定如下：水深不足 50 m 时，底层为离底 2 m 的水层；水深在 50～200 m 时，底层离底的距离为水深的 4%，水深超过 200 m 时，底层离底的距离，根据水深测量误差、海浪状况、船只漂移情况和海底地形特征综合考虑，在保证仪器不触底的原则下尽量靠近海底。
　　3. 底层与相邻标准层的距离小于规定的最小距离时，可免测接近底层的标准层。

2. 观测方法

1）温盐深仪（CTD）定点测温

（1）仪器设备。

CTD 仪分实时显示和自容式两大类。

（2）观测步骤及要求。

CTD 仪操作主要包括室内和室外操作两大部分。前者主要是控制作业进程，后者则是收放水下单元，但两者应密切配合、协调进行。具体观测步骤和要求如下：

① 观测期间首先应按表 3.2.3 格式记录有关信息，并在计算机中输入观测日期、文件名、站位（经度，纬度）和其他有关的工作参数。

表 3.2.3　CTD 观测记录表

调查船＿＿＿＿　　海区＿＿＿＿　　航次号＿＿＿＿
水深＿＿＿＿　　仪器型号＿＿＿＿　　探头号＿＿＿＿

观测日期		现场工作情况
站　号		
纬　度		
经　度		
取样间隔		
入水时间		
出水时间		
下放速度		
电池电压		
海　况		

CTD 采水记录

采水器号	层次	压力/MPa	温度/°C	电导率	盐度	采水瓶号	盐度计值	备注

观测者：　　　　　计算者：　　　　　校对者：

② 投放仪器前应确认机械连接牢固可靠，水下单元和采水器水密情况良好。待整机调试至正常工作状态后开始投放仪器。

③ 将水下单元吊放至海面以下，使传感器浸入水中感温 3~5 min。对于实时显示 CTD，观测前应记下探头在水面时的深度（或压强值）；对于自容式 CTD，应根据取样间隔确认在水面已记录了至少三组数据后方可下降进行观测。

④ 根据现场水深和所使用的仪器型号确定探头的下放速度。一般应控制在 1.0 m/s 左右。在深海季节温跃层以下下降速度可稍快些，但以不超过 1.5 m/s 为宜。在一次观测中，仪器下放

速度应保持稳定。若船只摇摆剧烈，可适当加快下放速度，以避免在观测数据中出现较多的深度（或压强）逆变。

⑤ 为保证测量数据的质量，取仪器下放时获取的数据为正式测量值，仪器上升时获取的数据作为水温数据处理时的参考值。

⑥ 获取的记录，如磁盘、记录板和存储器等，应立即读取或查看。如发现缺少数据、异常数据、记录曲线间断或不清晰，应立即补测；如确认测温数据失真，应检查探头的测温系统，找出原因，排除故障。

⑦ CTD仪测温注意事项。

a. 释放仪器应在迎风舷，避免仪器压入船底。观测位置应避开机舱排污口及其他污染源。

b. 探头出入水时应特别注意防止和船体碰撞。在浅水站作业时，还应防止仪器触底。

c. 利用CTD测水温时，每天至少应选择一个比较均匀的水层与颠倒温度表的测量结果比对一次，如发现CTD的测量结果达不到所要求的准确度，应及时检查仪器，必要时更换仪器传感器，并应将比对和现场标定的详细情况记入观测值班日志。

d. CTD的传感器应保持清洁。每次观测完毕，须冲洗干净，不能残留盐粒和污物。探头应放置在阴凉处，切勿暴晒。

2）走航测温

（1）仪器设备。

抛弃式温深仪（XBT）、抛弃式温盐深仪（XCTD）和走航式CTD（MVP300）等皆可按观测要求，在船只以规定船速航行下投放。

（2）观测步骤和要求。

① XBT和XCTD观测。

a. 仪器探头投放前，输入探头编号、型号、时间、站号、经纬度，并进入投放准备状态。

b. 应用手持发射枪或固定发射架（要求良好接地），将探头投入水中。带有仪器控制器的专用计算机便开始显示采集数据或绘制曲线。

c. 探头的投放，最好选在船体后部进行，以免导线与船舷摩擦。

② 走航式CTD（MVP300）观测。

a. 绞车系统自检、数据采集及通信软件自检、GPS数据检测。

b. 按观测要求，船只以规定船速航行。

c. 投放CTD拖鱼，并储存数据。

d. 回收CTD拖鱼。

3）颠倒温度表测温

颠倒温度表测温方法见《海洋调查规范　第2部分：海洋水文观测》（GB/T 12763.2—2007）附录B。

4）标准层水温的观测

标准层的水温可利用CTD、XBT、XCTD和走航式CTD（MVP300）等仪器测得的标准层上、下相邻的观测值通过内插求得；也可利用颠倒温度表测得。

3. 资料处理

1）CTD仪观测记录的整理

CTD资料的处理原则上按照仪器制造厂商提供的数据处理软件或通过鉴定的软件实施。其基本规则和步骤如下：

（1）将仪器采集的原始数据转换成压力、温度及电导率数据。
（2）对资料进行编辑。
（3）对资料进行质量控制，主要包括剔除坏值、校正压强零点以及对逆压数据进行处理等。
（4）进行各传感器之间的延时滞后处理。
（5）取下放仪器时观测的数据计算温度，并按规定的标准层深度记存数据。

2）现场 XBT、XCTD 和走航式 CTD（MVP300）资料处理

走航测温资料处理的规则如下：

（1）XBT、XCTD 和走航式 CTD（MVP300）探头测量的原始数据，通过厂家提供的数据处理软件或经过鉴定的软件进行转换和处理。
（2）XBT 的资料信息也可通过发射机向有关卫星发射。
（3）XCTD 应通过它的校准系数计算出温度等要素。

3）颠倒温度表资料处理

颠倒温度表观测记录的整理方法见《海洋调查规范　第 2 部分：海洋水文观测》（GB/T 12763.2—2007）附录 B。

3.2.2　海水盐度观测

1. 技术指标

1）盐度的准确度

主要根据项目的要求和研究目的，同时兼顾观测海区和观测方法的不同以及仪器的类型，按表 3.2.4 确定盐度测量的准确度。

表 3.2.4　盐度测量的准确度

准确度等级	准确度	分辨率
1	±0.02	0.005
2	±0.05	0.01
3	±0.2	0.05

2）观测时次

盐度与水温同时观测。大面或断面测站，船到站观测一次；连续测站，每小时观测一次。

3）盐度观测的标准层次

盐度测量的标准层次与温度相间，见表 3.2.2。

2. 观测方法

1）温盐深仪（CTD）定点测量盐度

基本步骤和要求如下：

（1）利用 CTD 测量盐度与测量温度是在同一仪器上实施，其观测步骤和要求基本相同，见 3.2.1 节中相应的部分。
（2）利用 CTD 测盐度时，每天至少应选择一个比较均匀的水层，与利用实验室盐度计对海水样品的测量结果比对一次。深水区测量盐度时，每天还应采集水样，以便进行现场标定。如

发现 CTD 的测量结果达不到所要求的准确度，应及时检查仪器，必要时更换仪器传感器，并应将比对和现场标定的详细情况记入观测值班日志。

（3）CTD 的电导率传感器应保持清洁。每次观测完毕，都须用蒸馏水（或去离子水）冲洗干净，不能残留盐粒或污物。

2）走航式测量盐度

利用 XCTD 和走航式 CTD（MVP300）测盐度与利用这些仪器测温度的观测步骤和要求相同，见 3.2.1 节中相应的部分。

3）实验室盐度计测量

实验室盐度计测量海水样品盐度见《海洋调查规范　第 2 部分：海洋水文观测》（GB/T 12763.2—2007）附录 A。

3. 资料处理

1）CTD 仪测盐度资料的处理

CTD 测得的盐度记录，可照 CTD 仪海水温度观测记录整理的方法进行整理。测量的电导率值换算成盐度后，如在跃层中有明显的"异常尖锋"存在，应将电导率或温度测量值进行时间滞后订正，然后再重新计算盐度。

2）XCTD 和走航式 CTD（MVP300）资料处理

XCTD 和走航式 CTD（MVP300）资料处理见前文走航测温资料处理的方法。

3）实验室盐度计测量海水样品盐度资料处理

实验室盐度计测量海水样品盐度资料处理见《海洋调查规范　第 2 部分：海洋水文观测》（GB/T 12763.2—2007）附录 A。

3.2.3　常见 CTD 产品介绍与操作规程

1. 常见 CTD 产品介绍

1）Hydrocat CTD

Hydrocat CTD（见图 3.2.1）是专用于长期在线监测的水质仪，主要用于沿海生态系统中生物地球化学参数的长期在线观测（可长期在线监测长达一年）。其测量参数包括温度、电导率、压力、盐度、深度、溶解氧。

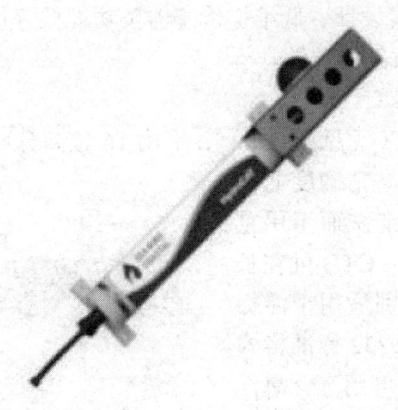

图 3.2.1　Hydrocat CTD

2）OCEAN SEVEN 304 CTD

OCEAN SEVEN 304 CTD（见图 3.2.2）采用独特的深海无泵低维护传感器和高精确度七铂环石英电导探头设计，具有体积小、性能高、功耗低等特点，可方便集成到浮标系统、ROV 和 AUV 等第三方平台上。

图 3.2.2　OCEAN SEVEN 304 CTD

3）OCEAN SEVEN 310 CTD

OCEAN SEVEN 310 CTD（见图 3.2.3）是一款小型化、高集成度及高精度的温盐深系统。最多可集成化 14 个模拟传感器和两个数字传感器。其最大采样频率可达 28 Hz。运用高精度七铂环石英电导探头，采用了大直径（8 mm）和短长度（46 mm）设计理念，确保在微生物活动频繁的海域中长时间工作后完成自清洗避免堵塞传感器，支持在现场对传感器进行快速清理，不用再次校准。除此之外，集成了紫外防污灯的电导率传感器可以更好地避免微生物附着现象，确保传感器长时间稳定工作。

图 3.2.3　OCEAN SEVEN 310 CTD

OCEAN SEVEN 310 CTD 可方便地集成到浮标、海洋锚系及 ROV 或 AUV 等第三方搭载平台中，具有全海深应用、无泵式设计、低维护传感器及功耗低等优点，而且采用无漂移传感器前置放大器，提高了数据的长时间稳定性。

4）OCEAN SEVEN 316Plus CTD

OCEAN SEVEN 316Plus CTD（见图 3.2.4），采用 16 位高分辨率，传感器稳定性好，可用于在线剖面及测量锚系自记。高精确度七铂环电导率传感器，可以在现场清洗而不用重新校准。OCEAN SEVEN 316Plus CTD 可在长句或短语模式下工作，后者特别适用于浮标和 ROV 的系统整合，数据以 RS232 标准格式输出，并有 ASK/FSK 遥测选项可用于全海洋深度的数据传输。OCEAN SEVEN 316Plus

图 3.2.4　OCEAN SEVEN 316Plus CTD

CTD 有最多达 32 个传感器通道供选择，包括 2 个数字通道。

5) Micro 系列 SVP/CTD

Micro 系列产品机身直径 33 mm，机身长 124 mm，Micro P 压力传感器精度高，响应快速，机身小巧，适合配置在 AUV 或 ROV 上。仪器需要外部电源供电。Micro SV（见图 3.2.5）使用环鸣法测量声速，高采样率，响应时间快，仪器需要外部电源供电。Micro T 温度传感器精度高，响应快速，仪器需要外部电源供电。

图 3.2.5　Micro 系列 CTD

2. CTD 操作规程

以 OCEAN SEVEN 304 CTD 为例，其操作规程主要包括以下 6 个步骤：

1) 连接设备

将 CTD 与计算机通过电缆线进行连接，打开 ITERM 软件，打开机器上的物理开关。此时，软件视窗将显示设备的基本信息及设置指令。

CTD 常规操作规程

如果 COM 口需要进行设置则需要先 port 菜单下的 close，然后点击 set paremeters 进行 COM 的设置，将 COM 设置为与电脑相应端口一致即可。计算机的 COM 口号可在控制面板的设备管理器中查询。其他参数保持以下默认值即可，通信的默认值为 38400 波特率，8 位数据位，1 位停止位，无奇偶校验。设置完毕点击 port 菜单下的 open 重新打开端口。

2) 时间同步

依次点击 probe→set time→local time→send 命令将设备的时间与计算时间进行同步。

3) 校准压力传感器

通过视窗中的指令进行压力校准，输入 3 回车打开校准菜单，输入 001 回车选择压力校准，通过回车键将新的参数写入，最后输入 1 回车确认即可。设置完输入 255 回车退回主菜单。

4) 选择测量模式

此处以连续模式为例进行说明。输入 1 回车，输入 4 回车，然后再输入需要设定的采样间隔即可，图例中设置的为 1 000 ms，即 1 s 的采样间隔。设置完仪器自动关闭，关闭软件，断开连接后，关闭仪器上的物理开关。将水密堵头装好旋紧。需要进行测量时只需打开物理开关，仪器就将按照此前设定的 1 s 的采样间隔开始工作，并将数据保存至内存中。关闭物理开关可结束本轮采样工作。再次打开物理开关，仪器将进行下一轮的采样工作并将数据保存至另一个新的数据文档中。

5) 结束取样

运行 ITERM 程序。用通信电缆连接 CTD 和计算机，打开磁性开关。CTD 启动信息出现。

- 73 -

键入<CTRL-C>直到主菜单出现。自容式操作取样结束。等待设定新的指令进行下次操作。

6）数据导出

运行 ITERM 软件。用通信电缆连接 CTD 和计算机，打开磁性开关。

屏幕上出现主菜单。点击 ITERM 选项中的"Probe"，然后点击"identify"。识别 CTD 后，点击 ITERM 选项中的"Probe"，运行"upload cast"选择所要导出的数据并导出。

注：如果需要退回主界面可通过多次按 Ctrl+C 退回主界面。

CTD 常规操作规程视频展示，可参见中国科学院海洋科学考察船队网站发布的视频。

任务 3　潮流概念及相关理论

3.3.1　潮流概念

潮流是海水质点随潮汐垂直运动的同时，还在做水平运动，即潮流（见图3.3.1）。和潮汐一样，潮流主要起因是月亮和太阳的引力，即引力作用使海面海水升降的同时还让海水进行堆积和扩散运动。但由于引力的周期性变化，潮流呈现着周期性的往复流动，其流速和流向也随之发生变化。事实上，潮汐与潮流是共生的，同时又产生相互作用，海洋潮流不仅是水平引潮力的作用，还存在海面潮高的不同产生的水平压强梯度力的作用，以及海水运动过程中受到的科氏力的影响。潮流是不同地点间潮汐变化的纽带，在研究潮汐动力学问题时，需将它们统一考虑，以通过数值方法求得潮汐场的分布。

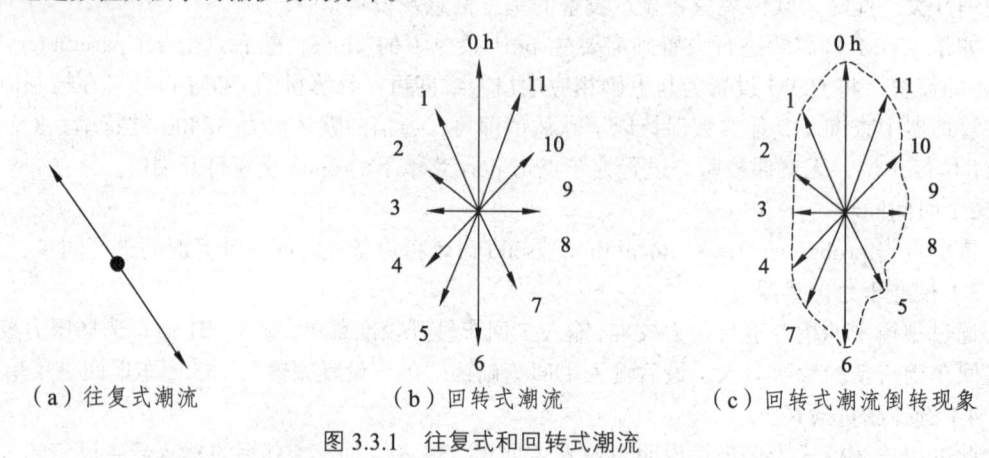

（a）往复式潮流　　　　（b）回转式潮流　　　　（c）回转式潮流倒转现象

图 3.3.1　往复式和回转式潮流

通常，在大洋中部潮流的影响相对较小，流速较小（2～3 cm/s）；在浅海区和海峡、海湾入口处，潮流的影响较为显著，流速较大。潮流在局部环流中起着十分重要的作用。例如，在局部有混合作用的河口中，潮流比非潮流至少要强 10 倍。因此，在沿岸区域研究潮流更具有意义。

在我国多数海区，潮汐的升降与潮流进退两者的周期是相同的，表明潮汐的上涨使外海海水涨潮潮流流入，潮汐的下落是海水流向外海的结果。但也有些海区潮汐的升降与潮流进退两者的周期是不相同的。例如，在秦皇岛附近的海区，潮汐属于规则日潮性质，而潮流则属于半日潮流性质。对于潮汐与潮流的异同，可以用各海区的潮波运动理论解释。总之，不同地点的潮流性质是不同的，需要实际观测和计算才能深入认识和了解。

3.3.2 潮流的分类

潮流的典型形式有往复式潮流和回转式潮流两种。

1. 往复式潮流

往复式潮流又称直线式潮流，在海峡、水道、河口或狭窄港湾内的潮流，受地形限制，潮流一般为往复式交换，如图3.3.2（a）所示。在外海某些海区，若处于右回旋式或左回旋式潮流的交界处，也会出现往复式潮流。

往复式潮流的特点是流向只有两个，如东西向或南北向对流，流速是变化的。在半日周期的往复式潮流，流速变化在每一涨潮潮流或落潮流约为6 h，以憩流时间为准，在憩流后3 h左右的流速为最强。潮流在每半个月大潮和小潮时间的变换约为

$$大潮流速 = 2 \times 小潮流速 = \frac{4}{3} 平均流速$$

2. 回转式潮流

回转式潮流又称八卦流，若海区内同时有几个潮波存在时[见图3.3.2（b）]，便可产生相互干扰作用，因此可形成回转式潮流。例如，有两个往复式潮流呈斜交时，潮流可形成回转式潮流。

如图3.3.2所示，图中 A 及 B 分别为两往复式潮流系统，在 C 点合成后形成回转式潮流。在北半球回转式潮流的方向是顺时针方向旋转；在南半球其方向是逆时针方向。产生这种现象是由于地球自转效应的结果。例如，我国长江口的潮流，属于回转式潮流，流向也是顺时针方向变动，流速较大，对船只航行很有影响。潮流的回转现象，不仅在广阔的海上观测得到，就是在某些较宽的海峡也能观测得到。在这样海区形成回转式潮流的原因，可以这样理解，若海峡在高潮与低潮时的中间时刻转流，由于潮高下降，在落潮的半潮面转流，则纵向的潮流停止，可是潮高仍然下降，就发生从岸边由横向来补充海峡中央的潮流；在涨潮的半潮面时，当纵向停止流动，则海峡中央有横向流动，故由于出现横向补充流再加上受科氏力的作用，也可以形成回转式潮流。当海峡或水道的回转式潮流的椭圆长轴比短轴长得多，回转式潮流就接近往复式潮流。

潮流运动是复杂的。表层潮流矢量端点的轨迹接近椭圆形状，但表层和底层的流矢量变化方向相反，表层的为顺时针方向，底层的逆时针方向；在总体上是沿顺时针方向变化，但在某一段时间里出现沿逆时针方向变化[见图3.3.2（d）]，然后又恢复为沿顺时针方向变化。这种与潮流矢量总体变化方向相反的变化，称之为旋转潮流中的"倒转现象"。

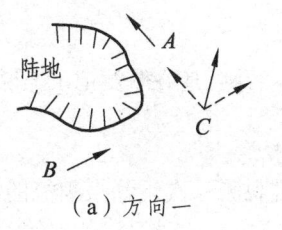

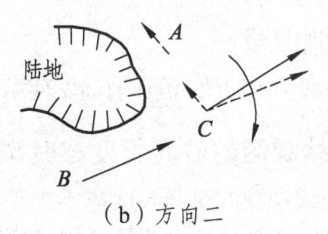

（a）方向一　　　　　　　　　　（b）方向二

（c）方向三　　　　　　　　　　（d）方向四

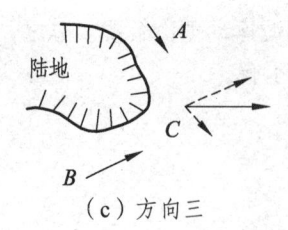

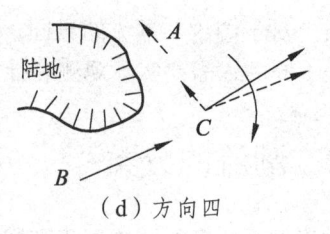

图 3.3.2　回转潮流的形成

任务 4　海洋潮流观测实训

海洋潮流观测主要观测要素为流速和流向，主要基于《海洋调查规范　第 2 部分：海洋水文观测》（GB/T 12763.2—2007）实施。辅助观测要素为风速和风向，辅助要素的观测应符合 GB/T 12763.3—2020 的有关规定。

3.4.1　技术指标

1. 测量的准确度

海流观测方式多种，有定点测流、漂流浮标和走航测流。对于定点测流，应达到表 3.4.1 中规定的准确度。

表 3.4.1　潮流观测精度要求

流速/（m/s）	水深/m	准确度 流速	准确度 流向
<100	≤200	±5 m/s	±5°
<100	>200	±3 m/s	±5°
≥100	≤200	±5%	±5°
≥100	>200	±3%	±5°

2. 观测层次

观测层次参考水温观测层次表，标准观测层次见表 3.2.2。

3. 观测时段

流向一般为瞬时值；流速值通常使用 3 min 的平均流速。否则，应在观测记录上说明取样时段。

4. 连续观测的时间长度与时次

海流连续观测的时间长度应不少于 25 h，至少每小时观测一次。预报潮流的测站，一般应不少于 3 次符合良好天文条件的周日连续观测。

3.4.2 观测方法

1. 海表面漂移浮标测流

1）仪器设备

目前使用较为普遍的仪器设备是卫星跟踪海表面漂流浮标。

2）观测步骤和要求

（1）布放前，应提前租用有关卫星的接收通道。

（2）投放前，应用信号感应器测试发射机工作情况。发射机工作正常，能连续工作，方可投放。

（3）漂流浮标最好在停船前或开船后 1 kn 的航速下，在船艉部的左侧或右侧投放。投放时，先放漂流袋，后放漂流体。

（4）投放结束后，应及时填写漂流浮标观测记录表（表3.4.2）。

表 3.4.2　漂流浮标记录表

海区＿＿＿＿＿＿＿　　调查船＿＿＿＿＿＿＿

航次号＿＿＿＿＿＿　水深＿＿＿＿＿＿＿　漂流浮标器号＿＿＿＿＿＿

	日　期		现场情况记录
开机时间	北京时间		
	GMT		
	日　期		
投放时间	北京时间		
	GMT		
投放位置	经　度		
	纬　度		
海面温度			
海　况			
风　速			
风　向			

观测者：　　　　　计算者：　　　　　校对者：

2. 船只锚碇测流

1）仪器设备

在锚碇船上，用以测流的仪器大致可分为直读和自记两大类。目前常用的主要有直读海流计（非自记）和安德拉海流计（自记）等。

2）观测步骤和要求

以锚碇船为承载工具，观测海流的基本步骤和要求如下：

（1）观测期间首先应按《海洋调查规范　第2部分：海洋水文观测》（GB/T 12763.2—2007）规定的格式记录观测日期、站位（经度纬度）等有关信息（表3.4.3）。

表 3.4.3 船只锚碇测流记录表

调查船_____ 海区_____ 磁偏差_____ 仪器型号_____
站 号_____ 经度_____ 纬 度_____ 水 深_____

观测日期			仪器工作情况
投放位置	经度		
	纬度		
直读/自记			
入水时间			
出水时间			
海况			
风速			
风向			

观测者：　　　　　计算者：　　　　　校对者：

（2）利用直读等类型非自记海流计测海流时，待海流计沉放至预定水层后，即可进行流速和流向的测量。室内终端设备直接显示观测数据，可采用手工记录，也可采用记录仪记录。

（3）安德拉等类型自记海流计观测海流时，可根据绞车和钢丝绳的负载，以及观测任务的具体要求，串挂多台海流计同时测多层海流。测流时应记录观测开始时间和结束时间。观测结束后取出内存记录板，使用厂家配套的交换器与计算机通信口相连，在计算机上读取观测数据。

（4）当施放海流计的钢丝绳或电缆的倾角超过 10°时，应对仪器沉放深度进行倾角订正。

（5）在锚碇船上进行海流连续观测时，应每 3 h 观测一次船位。如发现船只严重走锚（超过定位准确度要求），应移至原位，重新开始观测。

（6）周日连续观测一般不得缺测。凡中断观测 2 h 以上者，应重新开始观测。

3. 锚碇潜标测流

1）潜标的组成

潜标系统的组成参见图 3.4.1（a）(b）所示实例，常用的海流计有 ADCP（声学多普勒流速剖面仪）和安德拉海流计等。

2）观测步骤和要求

以锚碇船为承载工具，观测海流的基本步骤和要求如下：

（1）任务的准备。

① 根据研究目的和任务要求，同时参考收集到的观测海区风场、流场、水深、地形和海底底质及船只设备状况，确定锚碇系统的系留方式[见图 3.4.1（a）(b）]并拟定详细的布放方案。

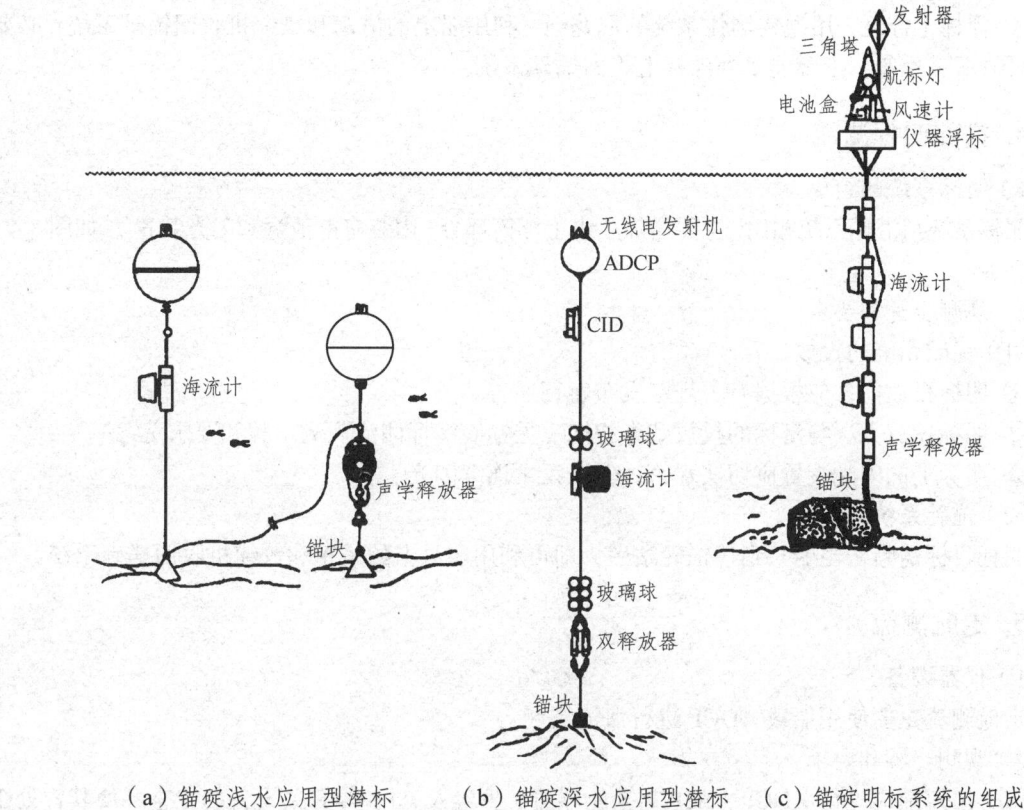

（a）锚碇浅水应用型潜标　（b）锚碇深水应用型潜标　（c）锚碇明标系统的组成

图 3.4.1　锚碇潜标和明标

② 出海前进行仪器的实验检查，使海流仪和声学释放器处于正常工作状态。

③ 按锚碇系统设计、计算，准备好全部器材。

（2）锚碇系统的投放。

① 船只到达锚碇投放点前，进行海流仪的采样设置，再次检查海流仪和声学释放器的工作状态，尤其是无线电发射机的状态。

② 在甲板上连接各部件。

③ 船只到达测点后，最好抛锚并用 GPS 进行准确定位；如果水深太大，船只无法抛锚，则应随时定位，确保锚碇仪器的准确位置。同时，注意调整船向，使作业一舷迎风向。

④ 布放步骤：在浅水海区（水深小于 200 m）一般应按"先锚后标"的顺序，首先放沉块，然后顺次下放声学释放器、海流计、浮力球；在深水海区，则应按"先标后锚"的顺序，首先顺次下放浮力球、海流计、声学释放器，然后释放沉块，沉块拉着锚碇系统直沉海底。

⑤ 以上各步骤都应详细记录，内容包括海流仪采样设置，开始工作时间，下水时间，沉块着落海底的时间，锚碇的精确位置及有否异常情况等。

（3）锚碇系统的回收。

① 回收船只应有 GPS 或其他定位设备，并备有工作艇。

② 回收应尽量在良好海况下的日间进行。

③ 当船只到达锚碇站后，把声学应答器放至海面下 5～10 m 处发射指令信号同时注意搜索上浮的浮标。

④ 浮标上浮后，用抛钩钩住系统的尼龙绳，利用船上的吊车和绞缆机收回锚碇系统；必要时亦可放下工作艇，把缆绳系到浮标上收回锚碇系统。

4. 锚碇明标测流

1）明标系统的组成

明标系统与潜标系统相比，主要增加了水上浮筒部分（内装有电池盒和闪光装置），如图3.4.1(c)所示。

2）观测步骤和要求

（1）锚碇系统的投放。

① 明标投放前，应根据有关规定发布航行通告。

② 明标投放方法与潜标的投放基本相同（见锚碇潜标测流观测步骤和要求）。

③ 明标上的闪光装置应切实水密，保证正常连续闪光。

（2）锚碇系统的回收。

明标目标清晰，当船只到达锚碇站后，即可利用船只上的吊车和绞缆机收回锚碇系统。

5. 走航测流

1）仪器设备

走航测流主要使用船载 ADCP 进行海流观测。

2）观测步骤和要求

（1）出海前应进行 ADCP、ADCP 换能器舱、罗经及 GPS 等有关设备的检查，使其皆处于正常工作状态。

（2）运行 ADCP 自检程序，记录测试程序的运行结果。

（3）检查计算机，并清理硬盘，留出足够的空间，以便存储 ADCP 观测数据。

（4）准确校准电罗经，设置 ADCP 的罗经初始角。同时校准时间，将计算机和 ADCP 的时钟与 GPS 时钟校准，校准误差应小于 1.0 s。

（5）按照技术设计书的要求，设置 ADCP 的测层间隔、数据平均方式和航次识别符等参数，建立设置文件。

（6）对新安装的 ADCP，应根据底跟踪资料，计算出 ADCP 换能器的方向修正角，并输入设置文件。

（7）启动数据采集程序，调入配置文件，检查基本参数，当一切正常后开始采集数据。采集过程中，应记录原始数据文件、平均数据文件、导航数据文件等。更改 ADCP 设置后，要及时存储新的设置文件。

（8）观测过程中，应确保值班人员在位。值班人员应随时观测 ADCP 系统的工作状态，详细填写值班日记，如发现异常，应及时处理，并将处理过程和处理结果详细记录在值班日记中。

（9）在航测中，调查船应尽可能保证匀速直线航行，并保证航速不超过 ADCP 观测的临界速度。结束 ADCP 观测后，要及时备份硬盘上的观测数据。在条件许可情况下，不使用压缩方式备份数据，以避免解压失败。

（10）结束 ADCP 观测后，要重新校准计算机和 ADCP 的时钟与 GPS 时钟，并在值班日记中详细记录时钟的差值。同时，应详细填写 ADCP 观测记录表（表3.4.4）。

表 3.4.4　声学多普勒测流记录表

调查船_____　海区_____　磁偏差_____　仪器型号_____
站　号_____　经度_____　纬　度_____　水　深_____

文件名		仪器工作情况
层数		
层厚/m		
平均间隔		
输入盐度		
输入温度		
开始 Ping 日期		
开始 Ping 时间		
直读/自记		
入水时间		
出水时间		

　　　　　　　　　　　观测者：　　　　　计算者：　　　　　校对者：

3.4.3　资料处理

1. 海表面漂移浮标测流资料处理

绘制浮标漂流轨迹时间序列图，并从原始数据中剔除明显错误的数据（一般认为，在位置资料中加速度大于 0.0034 cm/s^2 的数据为不合理数据），然后获取流速和流向。

2. ADCP 测流仪的资料处理

ADCP 观测数据的处理应使用通过鉴定的软件进行，其基本规则和步骤如下：
（1）首先应对原始采集数据进行以下几方面的质量控制：
① 剔除良好率较低的数据。
② 剔除由于船速过快或仪器发生故障等原因产生的坏数据。
③ 标识受干扰层，剔除来自鱼群等物体的干扰。
（2）剔除 ADCP 观测资料中的船速，计算得到真实流速。
（3）插值计算出各标准层的流速，并将处理结果按规定格式存入数据文件。
（4）绘制流的时间序列矢量图和垂直分布图。
（5）其他类型海流计测流资料的整理，按以下规则和步骤实施：
① 利用以数字显示、记录纸带或直读等记录方式的海流计测流时，应按仪器的技术性能所

要求的方法和程序对所测数据进行整理，求得实际流速和真流向。

② 利用内存记录板的自容式海流计测流时，记录板可通过厂家配套的交接器与计算机通信口相连，在计算机上读取观测值或直接打印出流速和流向值。

3.4.4　常见海流计产品介绍与操作规程

1. 常见海流计产品介绍

1）RIV-300/600/1200 型声学多普勒流速剖面仪（ADCP）

RIV-600 型 ADCP 是中国科学院声学所研究的新型测流设备（见图 3.4.2），由 ADCP 主机、数据通信电缆和 IOARiver 流量测验软件组成，通常用于垂线流速、剖面流速和断面流量的测量，可以安装在测船和三体船上进行走航测量，并能够外接罗经、GPS 和无线电台等多种设备。

2）iFlow RH600 型 ADCP

iFlow RH600 型 ADCP 是在线式 ADCP 产品（见图 3.4.3），体积小巧，适用于固定式安装测量，流速精度高达 $0.25\% v \pm 0.2$ cm/s，在宽带工作模式下，可测量的流速剖面高达 120 m。该产品具有大量程、高精度、低功耗、高可靠性等特点，可广泛应用于海洋平台、水文水利、环保、灌渠的流速、流量长期在线测量。

图 3.4.2　RIV-1200 型 ADCP　　　　图 3.4.3　iFlow RH600 型 ADCP

3）iFlow RP600/1200 型 ADCP

iFlow RP600/1200 型 ADCP 是走航式 ADCP 产品（见图 3.4.4），具有大量程、高精度、低功耗、高可靠性等特点。在宽带工作模式下，iFlow RP1200 测量流速剖面可达 35 m，iFlow RP600 可达 80 m；内置高精度温度、姿态、水深、压力传感器，功耗低、效率高。可广泛应用于海洋、河流、航道的流速、流量测验工作。

4）ISM-2001 系列电磁式海流计

ISM2001 系列是利用电磁原理来测量海流的一款仪器（见图 3.4.5），具有成本低廉、耐用的优点，能适应各种复杂的环境，如多相的海流、气泡和沉积层环境。它能简单地集成到数据采集单元，适用于 2001 系列的多参数探头。系统还具备较好的防污性。ISM2001F 可以和 CTD 探头或记录器的底部相连。

图 3.4.4　iFlow RP600/1200 型 ADCP　　　　图 3.4.5　ISM-2001 系列电磁式海流计

2. 海流计操作规程

以走航式声学多普勒流速剖面仪（ADCP）为例，其操作规程通常包括以下 5 步：

1）安装与调试

将 ADCP 安装在测量船上，并确保设备稳定且换能器完全浸入水中。进行必要的调试，确保设备正常工作。

2）设置参数

根据测量需求，设置合适的测量深度和频率等参数。这些参数的设置将影响测量的精度和范围。

3）开始测量

启动设备，开始测量水流速度。在测量过程中，设备会不断发送声波并接收回波，通过处理回波信号来获取水流速度数据。

4）数据记录与分析

设备会将测量数据实时记录下来，并可以通过相关软件对数据进行分析和处理。用户可以获取水流速度的剖面图、流速分布等信息。

ADCP 操作规程

5）设备维护与保养

在使用完毕后，需要对设备进行必要的维护和保养，以确保其长期稳定运行。

任务 5　潮汐相关理论

3.5.1　潮汐的相关概念

受月球和太阳吸引力的作用，海水产生一种规律性的升降运动，称之为海洋潮汐。海洋潮汐是海水的一种长周期性运动，经过一段时间以后，又反复地变化着。在多数的情况下，潮汐运动的平均周期为 0.5 d 左右，一昼夜内约有 2 次海面涨落运动。古人常把白天的涨落称为潮，夜间的涨落称为汐，合称为潮汐。认识和了解海洋潮汐是人类开发利用海洋资源、进行军事和科学研究的基础。

产生潮汐现象的主要原因是地球上各点距离月球(主因)和太阳的相对位置不同(见图3.5.1)。通过在海边水中设立一固定垂直标尺，观测海面高度在数天内的变化并展绘到潮高-时间坐标平面上，可以得到如图3.5.2所示曲线，该曲线即为海面潮汐变化曲线，其形态可以用下面的一些术语描述。

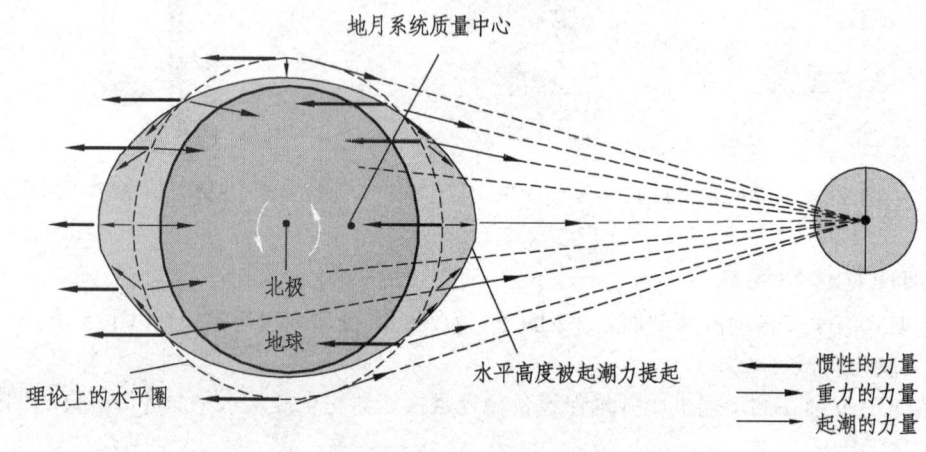

图 3.5.1　月球引潮力示意图

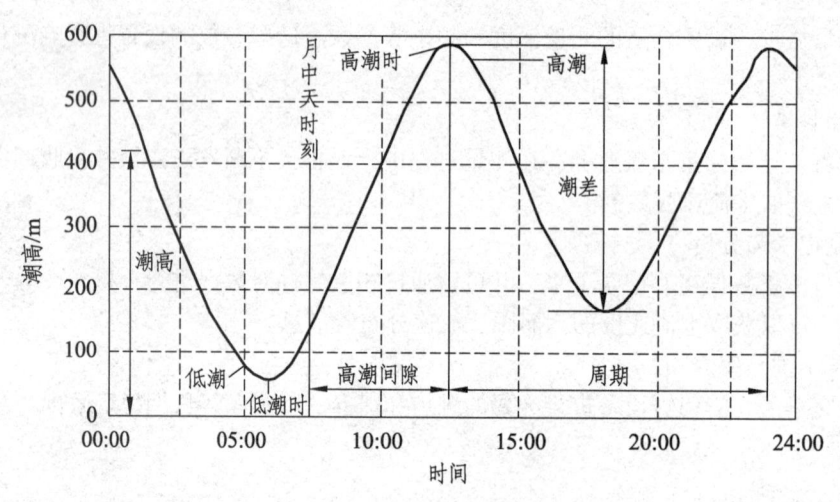

图 3.5.2　某地潮汐水位变化曲线

1. 潮　高

从某一基准面量至海面的高度，称为潮高。

2. 月中天

月球经过某地子午线圈的时刻称为月中天(见图3.5.3)。月球每天经过子午线圈两次，离天顶较近的一次为月上中天，离天顶较远的一次为月下中天。地球绕太阳公转一周为一年，地球自转一周为一天，月球绕地球公转一周约为一月。

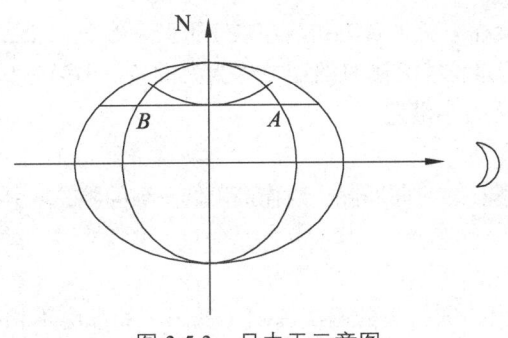

图 3.5.3 月中天示意图

3. 高潮和低潮

在海面升降的每一个周期中，海面上涨到不能再升高时称为高潮或满潮；海面下降到不能再下降时，称为低潮或干潮。

4. 涨潮和落潮

海面从低潮上升到高潮的过程中，海面逐渐上升，称为涨潮。从高潮至低潮的过程中，海面逐渐下落，称为落潮。从低潮时刻至高潮时刻所经过的时间间隔称为涨潮时间，从高潮时刻至低潮时刻所经过的时间间隔称为落潮时间。

5. 平潮和停潮

当海面达到高潮时，在一段时间内海面暂时停止上升，此时称为平潮。当海面达到低潮时候，在一段时间内海面暂时停止下降，此时称为停潮。有时将平潮和停潮合称为平潮。平潮（停潮）时间的长短，一般因地而异，有的地方几分钟或几十分钟，最长的可达 1~2 小时。高潮时和低潮时，一般取平潮（停潮）中间时刻为高潮时（低潮时）。

6. 潮 差

两个相邻的高潮和低潮的水位高度差，称为潮差。潮差的大小因地因时而异，我国最大的潮差在杭州湾，有 8 m 左右（著名的钱塘潮）；世界上最大潮差在北美芬地湾（Bay of Fundy），约有 18 m，取一段时间内潮差的平均值叫平均潮差。

7. 周 期

两个相邻高潮或两个相邻低潮之间的时间间隔，称为周期。有的地方潮汐的周期约半天，其平均值是 12 h 25 min；有的地区是一天，其平均值为 24 h 50 min；有的地方潮汐的周期是一个月内既有半天的也有是一天的，属于混合潮地区。

8. 潮汐不等现象

通过长时间的水位观测，可以从其记录曲线上看出，每日的潮差是不等的，这种现象称为潮汐日不等现象。这主要是由太阳、月球、地球之间的相对位置的不同引起的。这里介绍几种特殊的潮汐不等现象。

1）大、小潮

经过长时间观测发现潮差是随着日期变化的，潮差最大这一天的潮汐称为大潮。每月有两次大潮，一般在朔（农历初一）望（农历十五）后二三日出现。潮差最小的这一天的潮汐称为小潮。每月有两次小潮，一般在上弦（农历初八左右）下弦（农历二十二、三）后二三日出现。大潮时，海面涨得最高，落得最低，大潮时的潮差称为大潮差。小潮时，海面涨得不是很高，落得也不太低，小潮时的潮差称为小潮差。

2）高（低）潮间隙

从月中天至高（低）潮时的时间间隔，叫作高（低）潮间隙，取其平均值作为平均高（低）潮间隙。

3）分点潮和回归潮

从潮汐曲线上可以看出，同一天的两次高潮（低潮）的高度不相等，较高的一次高潮叫作高高潮，较低的一次高潮叫作低高潮，较低的一次低潮叫作低低潮，较高的一次低潮叫作高低潮。这种现象是由月球赤纬的变化而引起的。当月球在赤道附近，则两高潮（低潮）的潮高约相等，这时候的潮汐称为分点潮，如图 3.5.4（a）所示。

若在春、秋分前后的分点潮时，此间潮差比通常大潮的潮差约大 10%。这种一日内两次高潮或低潮潮高不等现象，称为日潮不等（潮汐日不等）。日潮不等主要是由月球赤纬变化产生的，当月球在最北或最南附近时，所产生的日潮不等为最大，此时潮汐叫作回归潮，如图 3.5.4（b）所示。回归潮与分点潮都是随着赤纬变化而变化的，所以又称回归不等，其周期为半个回归月（一个回归月等于 27.321582 个平太阳日）。

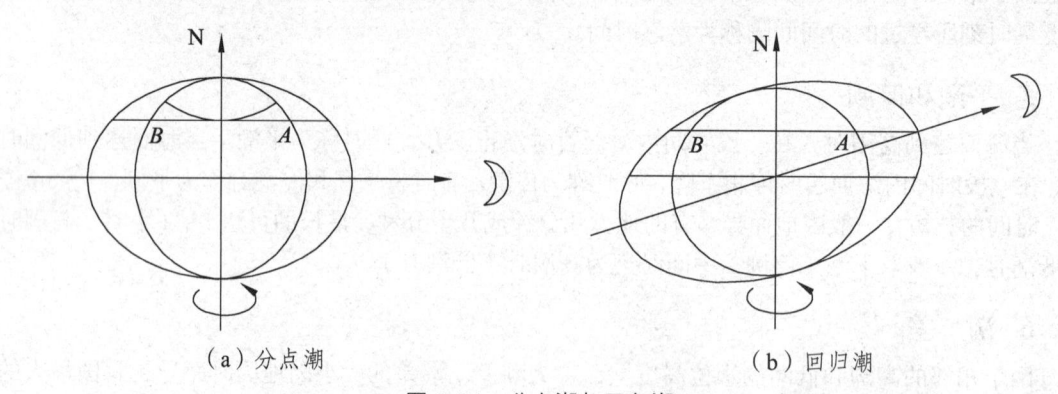

（a）分点潮　　　　　　　　　　　　　（b）回归潮

图 3.5.4　分点潮与回归潮

潮差的大小是随着月球与地球的距离不同而变化的，月地距离近时，潮差较大。通常在月球经过近地点两天后，其潮差为最大，而在月球经过远地点两天后，其潮差为最小。此种潮汐不等现象叫作视差不等。视差不等的周期为一个近点月（一个近点月等于 27.55455 个平太阳日）。

3.5.2　潮汐类型

不同的地方其潮汐变化曲线不同，最为明显的就是其变化周期是不同的。根据此特点，一般将潮汐类型分为 4 类：

1. 正规半日潮

一个太阴日（约 24 h 50 min）内，有两次高潮和两次低潮，相邻的高、低潮之间的潮差几乎相等，此类潮汐称为正规半日潮。

2. 不正规半日潮

一个太阴日内,也有两次高潮和两次低潮,但相邻的高、低潮之间的潮差不等,涨落潮时间也不等,且是变化的。

3. 不正规日潮

一个朔望月内大多数天是不正规半日潮,但有几天会出现一日一次高潮和一次低潮的日潮类型。

4. 正规日潮

一个朔望月内大多数天是日潮的性质,少数天发生不正规半日潮。

潮汐变化及其特征如图 3.5.5 所示。

此外,随着气候的变化,近年来我国很多地区出现风暴潮。风暴潮亦称气象海啸或风暴增水,是来自海上的一种巨大的自然灾害现象。由热带气旋、温带气旋和冷锋过境强风作用以及气压剧变等天气系统引起的海面异常升降现象。风暴潮往往伴随着狂风巨浪,淹没乡村、城镇,造成巨大损失。风暴潮多发生在夏秋季节。

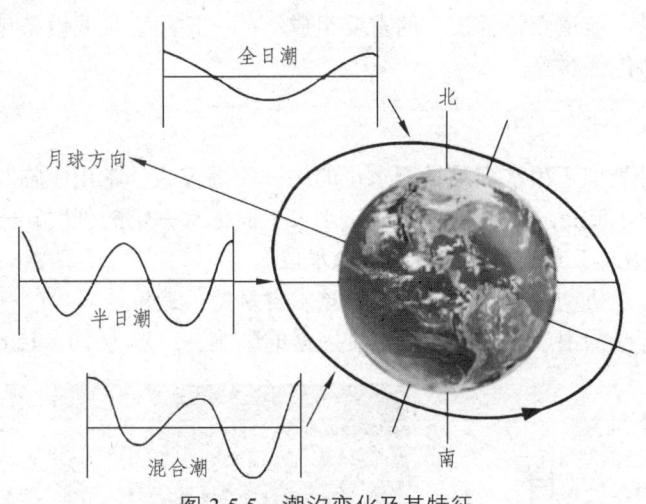

图 3.5.5 潮汐变化及其特征

按照诱发风暴潮的大气扰动特征来分类,通常把风暴潮分为两类:一类是由热带风暴引起的,另一类是由温带气旋所引起的。此外,我国渤海、黄海还存在另一种类型的风暴潮。在春、秋过渡季节,渤海和北黄海是冷、暖气团角逐较激烈的地域,由寒潮或冷空气所激发的风暴潮非常显著,其特点为水位变化持续但不急剧。因寒潮或冷空气没有低压中心,故有人称此类风暴潮为风潮。

风暴潮的演变一般经历三个阶段(见图 3.5.6)。首先是"初振",它是由于风暴系统的移动小于风暴所引起的自由长波的传播速度,这些比风暴系统来得早的先兆波的到达造成沿岸海面的缓慢上升和下降;其次"主振"随之到来,发生水位急剧上升(增水),持续时间数小时;最后,当风暴离去时,水位高峰虽过,但仍然出现一系列余振,水位缓慢下降,直至恢复正常。

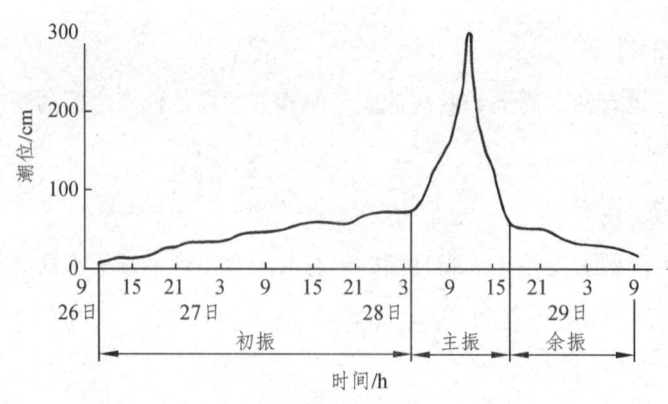

图 3.5.6　中国汕头港 6903 号台风暴潮过程曲线（1969 年 11 月 27 至 29 日）

3.5.3　潮汐观测

通常称为水位观测，在海道测量中习惯上又称验潮，其目的是了解当地的潮汐性质，应用所获得的潮汐观测资料，计算该地区的潮汐调和常数、平均海平面、深度基准面、潮汐预报以及提供测量不同时刻的水位改正数等，供有关军事、交通、水产、盐业、测绘等部门使用。潮汐观测是海洋工程测量、航道测量等工作的重要组成部分，常用工具或设备包括水尺、井式自记验潮仪、声学或压力传感器等。

1. 水尺验潮

水尺验潮是一种类似于用水准尺量测水位的一种验潮方式，常用于临时验潮。水尺一般固定在码头壁、岩壁、海滩上，如图 3.5.7 所示。水尺上面标有一定的刻度，长度为 3~5 m，一般最小刻度为 cm，利用人工方法在任意时间读取水位。

优点：工作简单、机动性较强、易操作、技术含量低、造价低。

缺点：观测精度受涌浪、观测误差等多种因素的影响，一般为 10~15 cm。

图 3.5.7　水尺验潮

2. 井式自记验潮仪验潮

井式自记验潮仪的主要结构包括验潮井、浮筒、记录装置。

工作原理是通过在水面上随井内水面起伏的浮筒带动上面的记录滚筒转动，使得记录针在装有记录纸的记录滚筒上画线，来记录水面的变化情况，达到自动记录潮位的目的。目前，这种通过机械运动获得潮位的过程可以通过数字记录仪完成。井式验潮结构如图 3.5.8 所示。

优点：坚固耐用，滤波性能良好。

缺点：连通导管易阻塞，成本高，机动性差。

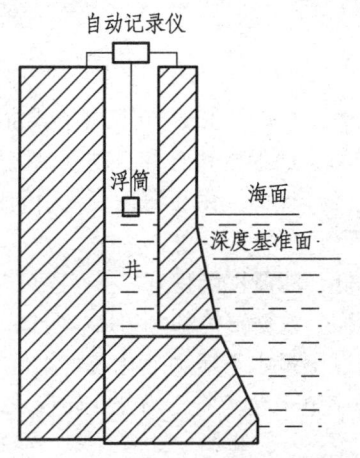

图 3.5.8 井式验潮站

3. 超声波潮汐计验潮（声学水位计）

超声波潮汐计主要由探头、声管、计算机等部分组成，如图 3.5.9 所示。其主要特点是利用声学测距原理进行非接触式潮位测量。基本工作原理是通过固定在水位计顶端的声学换能器向下发射声信号，信号遇到声管的校准孔和水面分别产生回波，同时记录发射接收的时间差，进而求得水面高度。

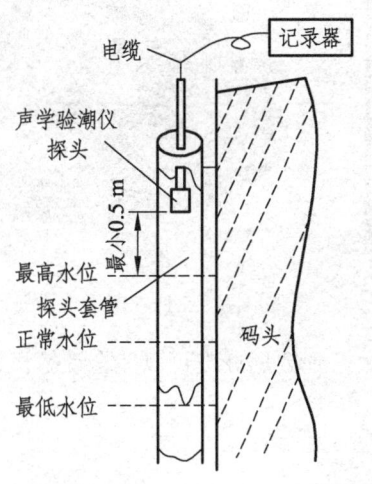

图 3.5.9 声学水位计

优点：使用方便，工作量小，滤波性能良好，适于测量。

缺点：在声学测量中，温度的影响是产生测量偏差的主要原因，温度变化 1 ℃，将影响声速变化约 0.18%。为了在不均匀的声场进行准确测量，采集水位的同时，还要采集声程中的温度，修正声速，对水位测量值进行温度补偿，减小温度梯度造成的测量误差，提高测量精度。

按上述非接触原理，此类型仪器已发展成多种类型。将发射声波换成电磁波（或激光），虽然计时精度要求高（其在空气中的传播速度远大于声波传播速度），但不易受气压、湿度和水密度的影响，是目前正在发展的验潮设备，如雷达验潮仪已在世界上多个长期验潮站使用，加之数字化观测数据和与数据传输网络的连接，取得了较好的应用效果。另外，将声波换能器安置在水底，向海面发射声波通过接收海面回波而获得瞬时海面高度，此种手段也在国外某些研究和应用领域中得到应用。

4. 压力式验潮仪验潮

压力式验潮仪按照结构可以分为机械式水压验潮仪（见图 3.5.10）和电子式水压验潮仪（见图 3.5.11）。机械式水压验潮仪主要由水压钟、橡皮管、U 形水银管和自动记录装置组成。其基本原理是通过测量水下或与海水相联系的水面以上某一界面上由于海面变化引起的压力变化来测量水位。

优点：无验潮井、坚固耐用、调整方便、成本低、滤波性能良好。

电子式水压验潮仪主要由水下机、水上机、电缆、数据链等部分组成（见图 3.5.11）。其测量水位的原理与机械式水压验潮仪基本相同，即通过测量水下压力变化获得水位变化。只不过其利用压力传感器代替水压钟和 U 形管，又利用数字电子技术将压力变化转换成水位变化，从而达到水位观测的目的。

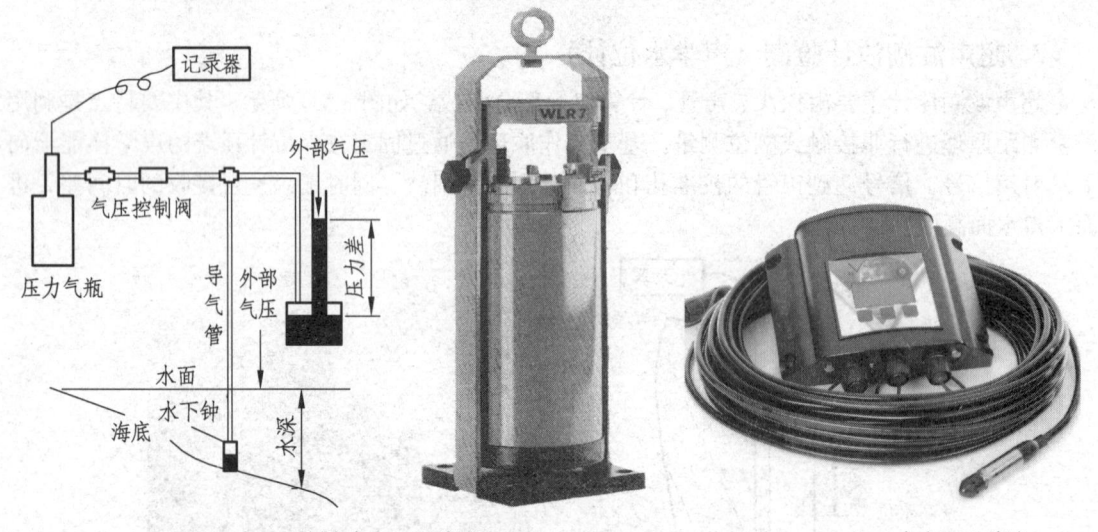

图 3.5.10　机械式水压验潮仪　　　　图 3.5.11　电子式水压验潮仪

优点：安装方便、精度高、携带方便，从观测数据到数据处理可以完全计算机自动化，高效率，滤波性能良好，还可以做近距离遥控。

5. GPS 在航潮位测量

利用卫星测高差分 GPS（实时动态测量，real-time kinematic，RTK）、后处理单点定位（post-processed point positioning，PPP）、动态后处理（post processing kinematic，PPK）、星基差分技术也可以进行水位观测，国内外许多实验已经取得很好的效果，是目前研究的重点，也为远海潮汐观测提供了新的手段。

任务 6　潮汐观测实训

潮汐观测（即水位观测）基于中华人民共和国国家标准《海洋调查规范　第 2 部分：海洋水文观测》（GB/T 12763.2—2007）实施。

3.6.1　技术指标

1. 需测的量

（1）总压强，它是气压与水压的总和。由水位计的压力传感器测得，单位为 kPa。
（2）现场水温，由水位计的温度传感器测得，单位为 ℃。
（3）现场气压，由自记气压表测得，单位为 kPa。

2. 水位测量的准确度

水位测量的准确度规定为三级：一级为 ±001 m；二级为 ±005 m；三级为 ±0.10 m。

3. 取样时间间隔

连续观测 30 d 以内时，取样时间间隔为 5 min；连续观测超过 30 d 时，取样时间间隔为 10 min。

3.6.2　观测方法

1. 仪器设备

可采用压力式和声学式等水位计进行观测。

2. 观测步骤和要求

（1）观测水位通常采用锚碇系留方式（见图 3.4.1 实例）。
（2）测量水位锚碇系统的投放和回收步骤见海流观测中的锚碇潜标测流的观测步骤和要求，以及锚碇明标测流的观测步骤和要求。
（3）观测前应检查水位计的取样间隔开关是否在正确位置上，上好内存记录板，打开主机开关，记下第一次取样时间。
（4）水位观测应防止仪器下陷，确保仪器在垂直方向没有变动。
（5）观测结束收回仪器后应先用淡水冲洗，然后打开仪器。如仪器工作正常，待仪器再工作一次并记录完毕，记下结束时间，关上主开关，取出记录板，并应放入盒中妥善保存。

3.6.3　资料处理

（1）记录板可通过厂家配套的交接器与计算机通信口相连，在计算机上读取观测值或直接打印出原始数据。
（2）根据打印的数据、记录的起止日期和时间，检查数据的总数是否正确，有无误码以及资料是否正常。

（3）经审查确认数据无误后，可用U盘上机，并同时输入现场气压值、海水密度值和重力加速度值进行计算，求得水位的变化值和逐时值，水位的计算公式如下所示。

$$H = 10^3(p - p_a)\frac{1}{\rho g}$$

式中，H——水位（m）；

p——总压强（kPa）；

p_a——现场气压（kPa）；

ρ——海水密度，由海水盐度与温度的关系曲线查得，或根据历史温、盐资料算得（kg/m^3）。

g——重力加速度，根据测站所在纬度算得（m/s^2）。

3.6.4 常见水位计产品介绍及其操作规程

1. 常见水位计产品介绍

1）RBRduet3 T.D tide16 潮位仪

RBRduet3 T.D tide16 是一款体积小巧、重量轻、使用灵活的双通道测量仪，如图3.6.1所示。用户可以对仪器进行简单灵活的测量设置，获取较长时间范围内压力读数的平均值，并以高达16 Hz的采样速率来提供准确的潮位读数，同时还可以获得温度的数值。每次布放之前，用户可以更换干燥剂，操作简单。

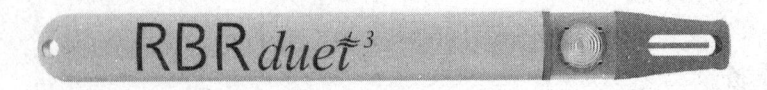

图 3.6.1　RBRduet3 T.D tide16 潮位仪

RBRduet3 T.D tide16 温度潮位仪可以很方便地进行固定安装，非常适合近岸浅水区的压力和潮位长期观测，常用于海洋、湖泊、近岸港口工程以及海岸带的潮位测量。

该设备具有2个测量通道，温度和压力（水深）。双通道温度潮位仪具有大容量存储，可进行长期投放部署，USB-C数据下载。跟其他所有RBR仪器一样，校准系数存储在仪器内部。可将数据输出为Matlab、Excel、OceanDataview以及TXT格式，便于用户进行后处理。

2）DCX-22/25 潮位仪

DCX-22/25 潮位仪（见图3.6.2）是根据中国海域海水的特点而研发的自容式潮位仪，它采用了高精度的哈氏合金材质的压力传感器，在保证精度的前提下抗腐蚀性更强。同时，外壳采用工程塑料，克服了金属容易腐蚀生锈的缺点，更好地保证了内部电路及存储器的安全性。DCX-25自容式潮位仪采用独立的温度传感器，保证了压力的温度补偿效果。

图 3.6.2　DCX-22/25 潮位仪

DCX-25 潮位仪采用绝压压力传感器，工作时全部没入水中。可采用如固定时间间隔记录、时间标志记录、事件标志记录等多种方式来采集记录数据，采用非易失性存储芯片，并且可以循环使用。可以很方便地对多次采集的数据进行平均计算，将因波浪产生的数据波动进行数据平滑。所配套的设置和数据处理软件，可以方便地将采集存储的水位和水温数据生成表格和曲线，并输出为单独的文件。

3）SV40 潮位仪

SV40 潮位仪是一款小巧的自容式潮位仪，能够准确测量温度和压力的变化情况，如图 3.6.3 所示。产品精度高，体积小，采用内部电池供电，能方便地安装在如海底、栈桥、码头、锚系各种物体上，广泛应用于海洋研究、港口、大坝监测等的长期水下压力工作。SV40 潮位仪测量时无须外部线缆，可以使用安全线缆的悬挂，当需要下载记录的数据时，可以很容易地从测量点取回使用配套的数据线下载数据。

4）JD-WL1 型声学水位测量仪

JD-WL1 型声学水位测量仪由传感器和采集器组成，如图 3.6.4 所示。

图 3.6.3　SV40 潮位仪　　　　图 3.6.4　JD-WL1 型声学水位测量仪

（1）CSI SR50A 水位传感器。

SR50A 是利用超声波进行测距的水位传感器，通过测量超声波脉冲发射和返回的时间差来测量水位的变化情况。同时，用户可另外配备一个空气温度传感器，来进行温度修正，以降低环境温度对声速变化产生的影响，以保证测量的精确性。

（2）CSI CR300 系列数据采集器。

CR300 是一款多功能、紧凑型、高性价比的入门级数据采集器。它拥有丰富的指令集，兼容大多数水文、气象、环境以及工业方面的传感器，可以通过多种方式采集数据，并根据更适合用户的通信协议进行传输。CR300 也可以进行本地或远程的自动化操作，控制和 M2M 通信，适用于需要长期监测，远程监控的小型系统。

2. RBR 自容式潮位仪操作规程

以 RBR 潮位仪为例，其操作流程通常包括以下五个步骤：

1）部署潮位仪

将潮位仪放置在需要监测的位置，如海底或河床。确保仪器安装牢固，以免被水流冲走或损坏。

2）启动潮位仪

按照潮位仪的使用说明书，启动仪器并确保其正常运行。涉及连接电源、校准传感器或设置采样参数等步骤。

3）数据采集

一旦潮位仪启动，它会开始记录水下的压力变化。根据预设的采样频率，潮位仪会定期记录数据，并将其存储在内部存储器中或通过无线传输发送到接收设备。

4）数据处理和分析

在数据采集完成后，可以将记录的数据从潮位仪中导出，并使用相应的软件进行处理和分析。这些数据可以包括水位高度随时间的变化曲线、潮汐周期和振幅等信息。

5）结束测量

当采集到足够的数据后，可以结束潮位仪的测量。这一过程涉及关闭仪器、断开电源并进行必要的维护保养。

8800S 自容式水位水温计潮位计操作

项目 4　水深测量

知识目标

掌握水深测量原理、深度基准面概念、单波束测深仪、多波束测深系统的观测方法。

能力目标

了解和掌握单波束测深的数据采集和数据处理,掌握多波束测深系统的数据采集和数据处理。

思政目标

通过单波束、多波束水深测量,理解水深测量对国家海洋权益维护、重大海洋战略实施和国防的重要性,培养学生爱党爱国、热爱海洋测绘、精益求精的工匠精神。

任务 1　水深测量概念及原理

4.1.1　水深测量概念

测定水底各点平面位置及其在水面以下的深度,是海道测量和水下地形测量的基本手段。其任务是完成海洋或江河湖泊的水下地形图测绘工作。水下地形测量为各种海洋活动提供基础地理信息,主要为港口建设、海洋资源勘查开发、海底管道敷设、海上风电等海洋工程开发提供技术服务;为编制各种航海图、绘制水下地形图及构建水下三维地形等提供基础性信息数据;为维护国家海洋权益、海洋军事活动、海洋界线划定等提供重要信息技术保障;为研究地球形状、水下地质构造、大洋勘探等地球科学研究提供基础数据。

水深测量的方法和手段多种多样,但陆地测量中常使用的基于光学、电磁波等信号原理的测量设备在水下地形测量中无法使用,因为光波、电磁波在水中衰减很快,传播距离有限。在回声测深技术用于水深测量以前,主要用测深杆、测深绳等获取海域和水域的深度。20世纪初,人们发明了用高频声波探测潜艇的方法,发现声波在水体中传播时衰减比较慢,并且其在水体中的传播速度相对稳定,后来这种方法应用到海洋测深中,即回声测深方法,利用声波信号从水面传播到水底的单程传播时间乘以声波信号传播速度来计算得到水深。

水深测量需要同时获得水下地形各点的平面位置和水深值，平面位置的获得早期的定位手段主要有光学定位和陆基无线电定位。目前主要使用 GNSS 定位。水深值获取目前主要有单波束（单频、双频）测深仪、多波束测系统等测深设备。

近年来，机载激光海洋测深技术作为一种先进的探深技术逐渐应用在水深测量工作中，其具有覆盖面广、测点密度高、测量周期短、所需人员少、低消耗、易管理、高机动性，对实施船只无法到达海域进行水深测量等特点，在沿岸浅水测图工作中已经得到成功的应用。

4.1.2　回声测深原理

通过垂直向下发射单一波束的声波，并接收自水底返回的声波，利用收发时间差根据已知的声速，确定深度。所谓单一波束的声波，是指声波的能量聚集在一定的波束宽度范围内，声波波阵面上任一点接触目标物发射后被接收单元接收，不顾及在波束范围内回波点的位置差异，声波传播满足射线声学的特性。该原理简单地描述为回声测深原理，所依据的过程为时深转换。

若声波传播速度 c 为已知的常量，声波的收发装置合一，单次声波发射和接收的时刻分别为 t_1 和 t_2，声波在水介质中的传播（旅行）时间为 $\Delta t = t_2 - t_1$，则观测点到水底的回声距离为

$$Z = \frac{1}{2}c(t_2 - t_1) = \frac{1}{2}c\Delta t \tag{4.1.1}$$

实际上，声在水介质中的传播环境是可变的，声的传播速度亦为变量，因此水声距离将严密地表示为

$$\int_{t_1}^{t_2} c(t)\mathrm{d}t \tag{4.1.2}$$

在不考虑声波收发装置与瞬时海面的垂直差异时，可粗略地将测定的回声距离称为瞬时水深，因此这一过程称回声测深。

任务 2　单波束水深测量

4.2.1　单波束测深仪

回声测深仪由发射机、接收机、发射换能器、接收换能器、显示设备和电源部分组成，如图 4.2.1 所示。

发射机在中央控制器的控制下周期性地产生一定频率、一定脉冲宽度、一定电功率的电振荡脉冲，由发射换能器按一定周期向海水中辐射。发射机一般由振荡电路、脉冲产生电路、功放电路组成。

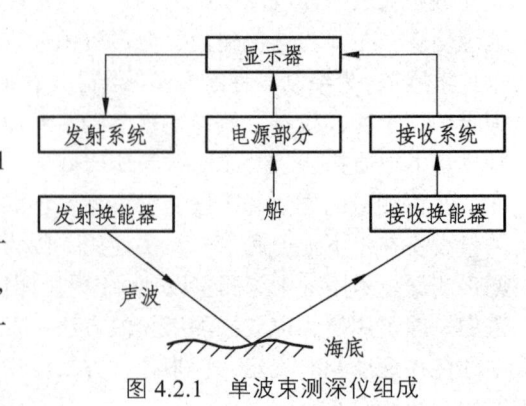

图 4.2.1　单波束测深仪组成

接收机将换能器接收的微弱回波信号进行检测放大，经处理后送入显示设备。在接收机回路中采用了现代相关检测技术和归一化技术、回波信号自动鉴别电路、回波水深抗干扰电路启动增益电路、时控放大电路，使放大后的回波信号能满足各种显示设备的需要。

发射换能器是一个将电能转换成机械能，再由机械能通过弹性介质转换成声能的电-声转换装置。它将发射机每隔一定时间间隔送来的有一定脉冲宽度、一定振荡频率和一定功率的电振荡脉冲，转换成机械振动并推动水介质以一定的波束角向水中辐射声波脉冲。

接收换能器是一个将声能转换成电能的声-电转换装置。它可以将接收的声波回波信号转变为电信号，然后再送到接收机进行信号放大和处理。

现在单波束测深仪一般都采用发射与接收合为一体的换能器。

显示设备直观地显示所测得的水深值。显示设备的另一功能是产生周期性的同步控制信号，控制与协调整机的工作。

电源部分主要为全套仪器提供所需要的各种电源。

4.2.2 单波束测线布设

1. 单波束测深测线布设原则

单波束测深线布设方向的基本原则如下：

（1）有利于完善地显示海底地貌。近岸海区海底地貌的基本形态是陆地地貌的延伸，加上受波浪、河流、沉积物等的影响，一般垂直海岸方向的坡度大、地貌变化复杂；而平行海岸方向的坡度小、地貌变化简单。因此，在平直开阔的海岸，主测深线方向应垂直等深线。

（2）有利于发现航行障碍物。平直开阔的海岸，测深线垂直海岸总方向，减小波束角效应，有利于发现水下沙洲、浅滩等航行障碍物；在小岛、岬角、礁石附近，等深线往往平行于小岛、岬角的轮廓线，该区以布设辐射状的测深线为宜；锯齿形海岸，一般取与海岸总方向约成45°的方向布设测深线。

（3）有利于工作。在海底平坦的海区，可根据工作上的方便选择测深线的方向，以利于船艇锚泊与比对、减少换线航渡时间。

2. 单波束测线布设

1）主测线布设

参照上述原则，当用单波束测深仪测深时，主测线方向应垂直于等深线的方向；对狭窄航道，测深线方向可与等深线成45°角，如图4.2.2所示。

图4.2.2 狭窄航道测线布设图

在下列特殊情况下，布设主测深线的要求如下：

（1）沙嘴岬角、石陡延伸处，一般应布设辐射线，如布设辐射线还难以查明其延伸范围，则应适当布设平行其轮廓线的测深线[见图4.2.3（b）]。

（2）重要海区的礁石与小岛周围应布设螺旋形测深线[见图4.2.3（a）]。

（3）锯齿形海岸，测深线应与岸线总方向成45°角[见图4.2.3（c）]。

2）检查测线的布设要求

（1）检查线应与主测线垂直；检查线应分布均匀，与主测线相互交叉验证，检查线总长度不少于主测线总长的5%，且至少布设一条跨越整个测区的检查线，如图4.2.4所示。

（a） （b） （c）

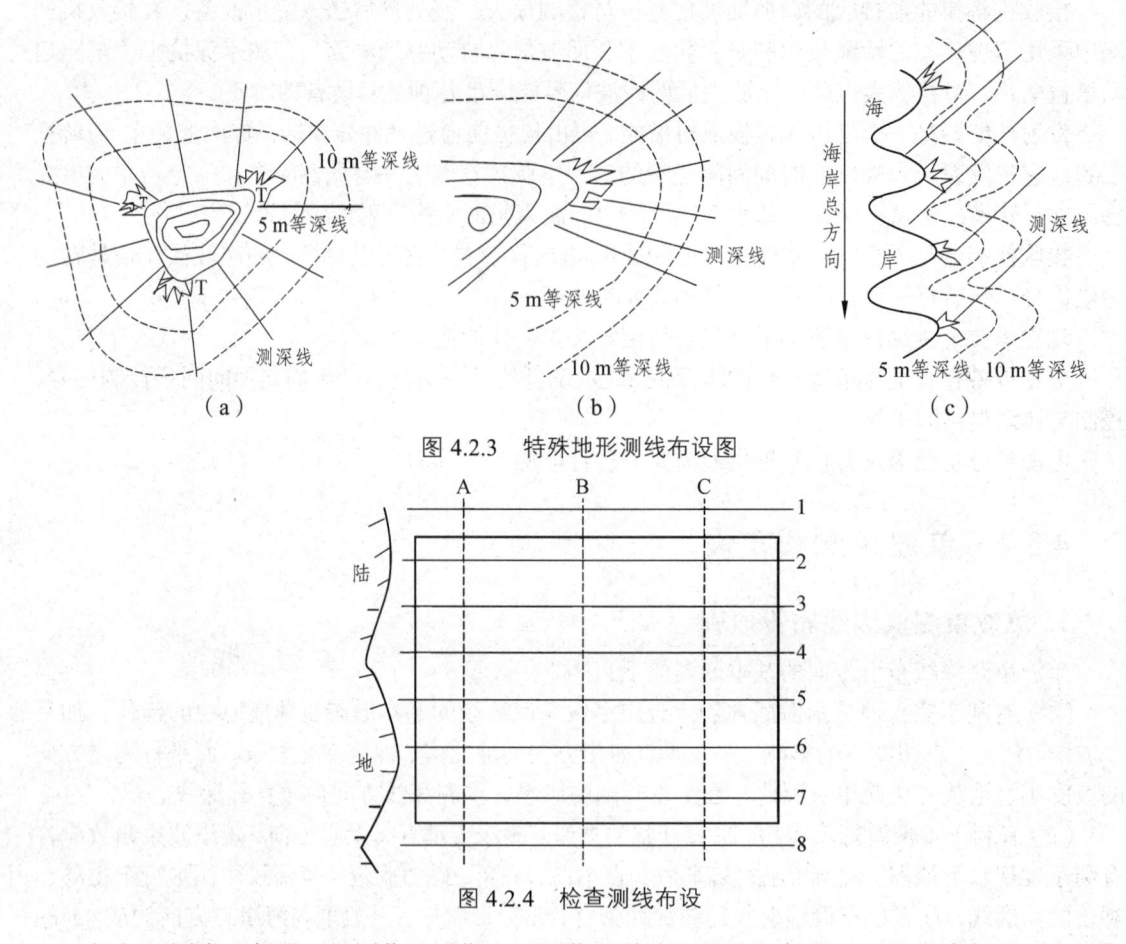

图 4.2.3 特殊地形测线布设图

图 4.2.4 检查测线布设

（2）不同类型仪器、不同作业时期、不同作业单位之间的相邻调查区块结合部分，应进行测量成果重复性检验，应至少有一条重复检查测线。

4.2.3 单波束回声测深改正

1. 回声测深改正

单波束测深就是测深仪器在一个测深周期内仅发射一个声脉冲。安装在测量船下的发射机换能器，垂直向水下发射一定频率的声波脉冲，在水中传播到水底，经反射或散射返回，被接收机换能器所接收。记录声波发射到接收的时间间隔，根据声速值就可测得换能器底部到水底的深度，如图 4.2.5 所示。

单波束测深仪测得的水深值是换能器至水底的深度值。由于回声测深仪设计转速、声速与实际的转速、声速不同，以及换能器安装等原因，还需要对其进行改正。

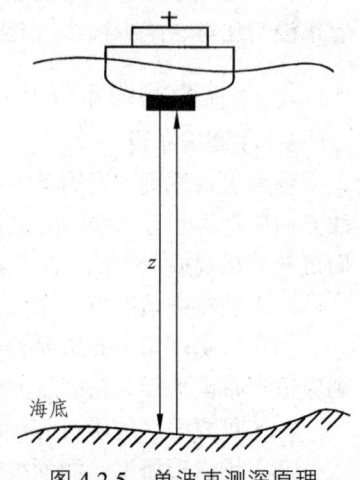

图 4.2.5 单波束测深原理

回声测深仪总改正数的求取方法主要有水文资料法和校对法。前者适用于水深大于 20 m 的水深测量，后者适用于小于 20 m 的水深测量。

水文资料法改正包括吃水改正、转速改正及声速改正。

1）吃水改正

测深仪换能器有两种安装方式：一种是固定式安装，即将体积较大的换能器固定安装在船底；另一种是便携式安装，即将体积较小的换能器进行悬挂式安装。无论哪种换能器，都安装在水面下一定的距离，如图 4.2.6 所示。

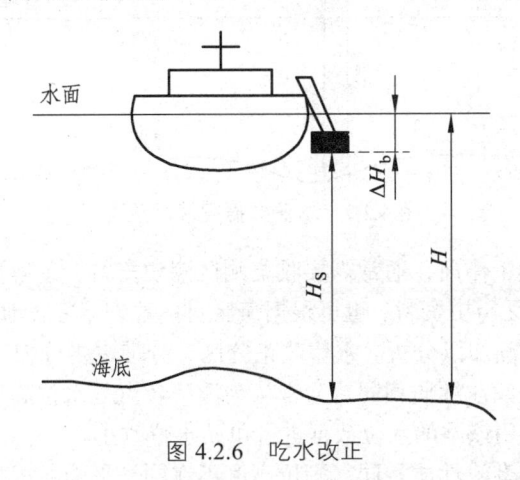

图 4.2.6 吃水改正

由水面至换能器底面的垂直距离称为换能器吃水改正数 ΔH_b。若 H 为水面至水底的深度，H_S 为换能器底面至水底的深度，则 ΔH_b 为

$$\Delta H_b = H - H_S$$

2）转速改正

转速改正面是由于测深仪的实际转速不等于设计转速造成的。记录器记录的水深是由记录针移动的速度与回波时间所决定的，当转速变化时，则记录的水深也将改变，从而产生转速误差。

3）声速改正

声速改正是因为输入测深中的声速 c_p，不等于实际声速 c_m，造成的测深误差。其改正值：

$$\Delta Z = \frac{t}{2}(c_p - c_m)$$

实际声速的测定有以下两种方法：

（1）声速计直接测定。

声波速度计是一种声学仪器，在已知长度的发射器和接收器之间测量短声脉冲传播的时间，计算声波的传播速度。声波速度计可直接测定水深任一点的声速值。

（2）解析法。

由于声速是温度、盐度和静水压力的函数，许多学者通过试验发表了不同的经验公式。我国一般采用经验公式（3.1.3），通过测量作业区域的水温、盐度和水深带入计算声速值。

2. 水深数据归算

水深数据归算是将测得的瞬时深度转化为一定深度基准面上稳定数据的过程，主要消除测深数据中的海洋潮汐影响（见图 4.2.7），将测深数据转化为以当地深度基准面为基准的水深数据。在实际测量过程中不可能观测测区内每一点的潮汐变化，因此，水位观测过程中采用以点带面的水位改正方法，这在一定区域（验潮站有效范围）内符合潮汐变化规律。

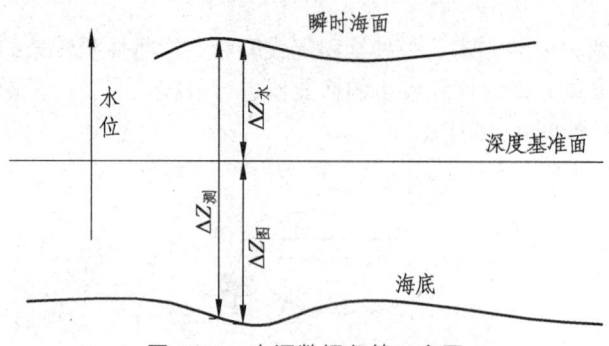

图 4.2.7 水深数据归算示意图

在开展海洋水深测量工作前，通常需要收集测区潮汐资料，了解潮汐性质，由此来对测区进行水位分区、分带。若无历史资料，也可根据海区自然地理（海底地貌、海岸形状等）条件，或布设临时验潮站短期验潮加以分析。水位改正分区、分带主要分为以下三种情况：

（1）测区范围较小且潮汐性质相同。通常认为测区各点处水位高度在同一平面，可在测区附近设立单一验潮站，并用该站的水位数据进行单站水位改正。

（2）测区范围较大且潮汐性质相同，潮位高度不在同一平面。根据潮汐传播规律，可采用分带法进行水位改正。

（3）测区范围内潮汐性质存在不同。如果测区范围较大，存在各处潮汐性质不同的现象。这种情况下，应将测区按潮汐性质划分为各个子区，使其潮汐性质相同，再根据情况采用内插法、分带法等方法，对各子区进行水位改正。

1）单站水位改正法（时间内插法）

当测区位于一个验潮站的有效范围内，可认为测区所有点水位变化与该站相同，因此可用该站的水位资料来进行水位改正，单站水位改正法是实际野外数据处理中最为常用的一种潮汐内插方法。图 4.2.8 中，$\Delta Z_水$ 表示观测时刻的水位改正值（从深度基准面起算的潮高），$Z_测$ 表示瞬时水深观测值，则图载水深 $Z_图$（从深度基准面起算的水深）为

$$Z_图 = Z_测 - \Delta Z_水 \tag{4.2.1}$$

图 4.2.8 单站改正法

验潮站水位观测数据为离散值（一般整点观测），而水位改正需要水深测量时段内任意时刻的水位值，为了求得不同时刻的水位改正数，需要对观测水位值进行时间内插，一般采用图解

法和解析法。图解法就是绘制水位曲线，以横坐标表示时间，纵坐标表示水位改正数，如图 4.2.8 所示，可求得任意时刻的水位改正数。解析法就是利用计算机以观测数据为采样点进行时间内插来求得测量时间段内任意时刻水位改正数的方法，常用的内插方法有线性内插、多项式插值、样条插值等。

2）双站改正法（空间线性内插法）

测区范围不大，并假定测区内所有测点的水位处于同一直线或平面内，确定该直线或平面后，即可求得测点任意时刻的水位。距离加权内插法也是比较常用的一种水位改正方法。如图 4.2.9 所示，测区位于 A、B 两验潮站之间，任何测点的水位可根据 A、B 两站的水位观测资料进行距离加权内插。

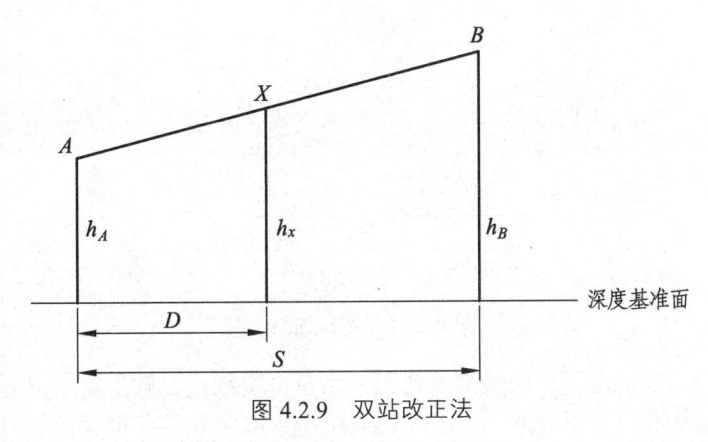

图 4.2.9　双站改正法

双站距离加权内插法的数学公式：

$$h_x = h_A + \frac{h_B - h_A}{S} D \qquad (4.2.2)$$

3）分带法改正法

当测点距验潮站超出了验潮站有效控制范围时，可采用分带法进行水位改正。水位分带的实质是根据验潮站的位置和潮汐传播的方向将测区划分为若干条带，内插出各条带的水位变化曲线。对位于验潮站有效作用距离内的测点，可直接用该验潮站水位观测值进行水位改正；对不在验潮站有效作用范围内的测点，可内插出其条带的水位变化曲线，再根据该曲线进行水位改正（见图 4.2.10）。分带所依据的假设条件是测区内潮汐性质相同，两站间的潮波传播是均匀的，即两站间的同相潮时和同相潮高的变化与其距离成比例。

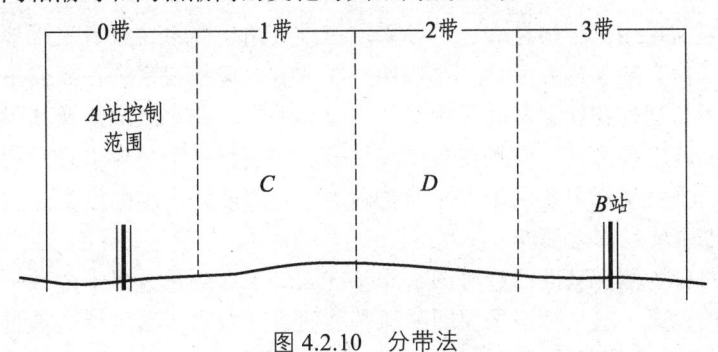

图 4.2.10　分带法

假如测区 A 和 B 在观测站 A、B 的控制范围内，则采用 A、B 站的水位观测资料进行水位改正。而测区 C 和 D 在观测站 A、B 的控制范围之外，不能利用 A、B 站的水位观测资料，可根据 A、B 站的水位观测资料，使 A、B 两站的深度基准面重合。绘出 A、B 两站的水位曲线图，如图 4.2.11 所示，按等分内插求得 A、B 的水位曲线，由它来改正测区 C、D 的测深数据。此法称为水位分带改正法，它适用于带状水域。

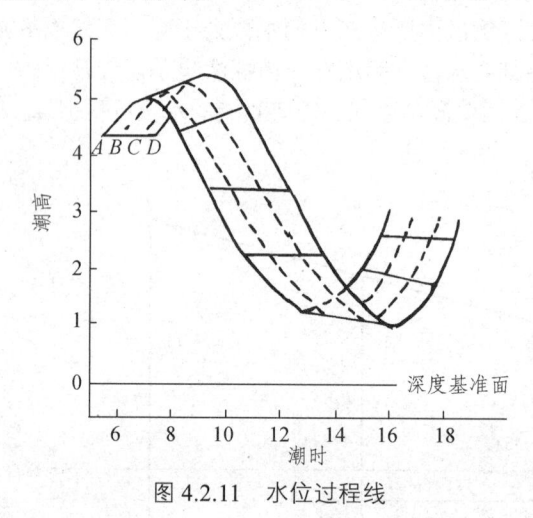

图 4.2.11　水位过程线

在潮波传播均匀的情况下，两验潮站之间的水位分带数，也就是要求出每一条水位曲线适用的范围，也就是每带的控制范围。如图 4.2.10 所示，如 A 站控制的范围为 0 带，则 C、D 两端控制的范围分别为第 1 带、第 2 带，B 站控制的范围为第 3 带。在每一带的控制范围内，瞬时水面（从深度基准面起算）的最大差值不应超过测深读数精度（δ_z）。因此，两站间需分多少带，完全取决于从深度基准面起算的瞬时水面的最大差值 Δh，取

$$K = \Delta h / \delta_z \tag{4.2.3}$$

式中　K——分带的数目；
　　　δ_z——测深读数精度；
　　　Δh——从深度基准面起算的两站间瞬时水面的最大差值。

4.2.4　深度基准面

空间点的位置需采用三维坐标表达，如采用三维直角坐标系，或者采用地理坐标和高程来表达。在陆域空间信息的表达方面，主要选用与地球重力场相联系的正高或正常高系统，而且陆地测量也提供了与这种物理意义高程测量的方法和手段，即水准测量及其附加的重力测量。由于海洋上无法实施水准测量，而且在数据成果表示方面相对于大地水准面的深度没有直接的应用需求，因此，垂直坐标主要用于水深的精确表达。深度即水层的厚度是主要的测定量，海洋测量的垂直基准主要是深度基准。

深度基准又可分为测深基准面和海图水深基准面。水深测量过程中由某一特定平面垂直测量至海底而获得的距离，这一特定平面即测深基准面，一般取测量区域的瞬时海面。瞬时海面因为受潮汐、海流、风浪等多种因素的影响，海面处于动荡不定的状态，尤其是受潮汐的影响，

海面随时在升降。高潮和低潮之差，小的差 1~2 m，大的差 3~4 m。因此，海洋测量外业测得的水深只是当时当地的瞬时深度，同一地点、不同时间测得的水深是不一样的。

如果选取瞬时海面附近的稳定基准面作为深度基准面，则可以将水深测量成果表达为稳定的深度（不随潮汐发生变化）。稳定的深度基准面可选为平均海面或与当地潮差直接相关的最低潮面附近。选择平均海面为基准表达的水深具有平均深度含义。选择以接近最低潮面的基准面表达的水深具有保守深度的含义，从航行安全的角度考虑，海道测量成果的深度基准面取为后者，称为海图深度基准面。海图指为保证船舶航行安全需要而测制的航海图，通常所称的深度基准面都是指海图深度基准面，如图 4.2.12 所示。

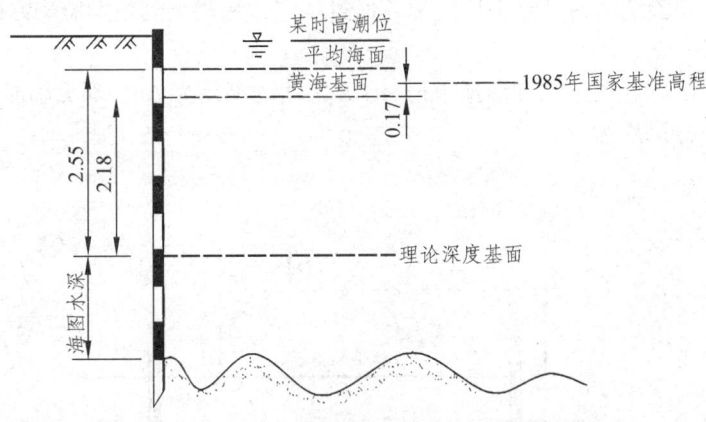

图 4.2.12 1985 高程基准与理论深度基准面的关系

深度基准面定义为以特定算法计算的相对于当地平均海面的可能最低潮面，即在当地平均海面下一定的位置，称为深度基准值。它反映了平均海面和海图深度基准面之间的关系，因为海图深度基准值取决于当地的潮差，显然深度基准具有明显的局域特征。

深度基准面本身的参考面为当地平均海面，海图深度基准面相对于当地平均海面表达，因此，无论陆地高程基准还是海洋水深基准都与具有足够稳定性的平均海面有关。

1. 平均海面的定义与算法

平均海面是由验潮站观测得到的一定潮汐周期内水位记录的平均值。验潮站的水位记录装置有其自身的记录零点，记录零点在水下的深度随地点的不同而不同，随记录装置的设立而定，这里统称为水尺零点，得到的最原始的水位观测值即相对于该零点。假如水位观测是连续曲线 $h(t)$，则 T 时间内的平均海面可表示为

$$MSL = \frac{1}{T}\int_0^T h(t)dt \qquad (4.2.4)$$

式中，MSL——对应时段 T 的平均海面高度。

一般情况下，验潮站的水位观测值取为时间间隔为 1 h 的连续观测时间序列。因此，实际计算时常用的方法是直接对一定时间周期的观测值直接取算术平均。这样，直接计算平均海面的公式为

$$MSL = \frac{1}{n}\sum_{i=1}^{n} d_i \qquad (4.2.5)$$

式中　　h——为水位观测值；

　　　　n——观测个数，对于一天的观测取其值为 24，1 个月、1 年和多年均取实际观测个数，

也可以由短期平均海面计算长期平均值，即在日平均海面的基础上计算月平均海面。而由月平均海面求年平均海面及由多个年平均海面求多年平均海面。这些平均海面分别称为日、月、年和多年平均海面，一般来说观测时间越长，平均海面的稳定性越好。

短期验潮站是指根据局部水域水下测量的需要而临时设置的验潮站。根据长期验潮站的观测资料统计分析，采用一个月的验潮资料计算平均海面，将有 20～50 cm 的误差。为此，可以假设视外界条件基本相同的海区，其平均海面的日变化、月变化和年变化规律基本是一致的。这样，把邻近的长期验潮站的多年平均海面，通过一定方法联测到短期验潮站确定平均海面。

1）水准联测法

如图 4.2.13 所示，若通过水准测量求得 A、B 之间的高差为 Δh，那么临时验潮站多年平均海面在水准点 B 下的高度为

$$h_2 = h_1 + \Delta h \quad (4.2.6)$$

图 4.2.13　水准联测法示意图

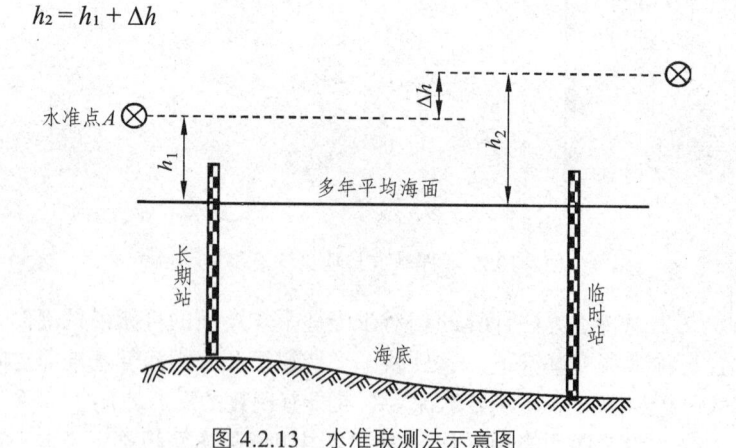

2）同步改正法

同步改正方法是让长期验潮站和短期验潮站同步观测潮汐，求出短期平均海面在两站水位零点以上的高度，然后将长期验潮站多年平均海面转换为短期验潮站的多年平均海面，如图 4.2.14 所示。

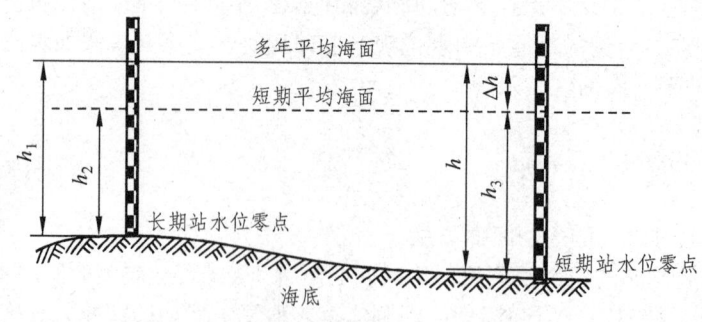

图 4.2.14　同步改正法示意图

已知长期验潮站的多年平均海面和同步观测求得短期平均海面之差 Δh 为

$$\Delta h = h_1 - h_2 \quad (4.2.7)$$

如在同步观测期间（见图 4.2.14），短期验潮站的短期平均海面在其验潮站零点的高度为 h_3，那么短期验潮站的多年平均海面在该验潮站零点上的高度为：

$$h = h_3 + \Delta h \tag{4.2.8}$$

长期平均海面具有良好的稳定性，因此长期平均海面本身是理想的深度起算面。水深测量和绘制海图的目的主要为船舶航行安全和海洋工程设计施工服务，因此，深度基准面确定的基本原则是：既要考虑到舰船航行安全，又要照顾到航道利用率。海图深度基准面可描述为：定义在当地稳定平均海平面之下，使得瞬时海平面可以但很少低于该面。

$$航行保证率 = \frac{高于基准面的低潮次数}{低潮总次数} \times 100\% \tag{4.2.9}$$

航行安全保证率一般要求为 95%。

2. 常见海图深度基准面简介

世界各个沿海国家根据其潮汐性质的不同，选择不同的数学模型来计算深度基准面。在实际海道测量中，应根据不同国家的实际工程要求或法定要求采用适当的深度基准面。

1）平均大潮低潮面

考虑 M_2 和 S_2 两分潮，采用公式 $L = HM_2 + H_s$ 计算基准面与平均海面的差距。采用的国家有意大利、德国、阿尔巴尼亚、希腊、加拿大（大西洋沿岸）、丹麦（北海）、比利时、挪威、印度尼西亚、阿根廷和巴拿马等。

2）平均低潮面

以 M_2 分潮的振幅确定深度基准面在平均海面下的位置，采用公式 $L = HM_2$ 计算。采用的国家有美国（大西洋）、古巴、多米尼加、墨西哥（大西洋）、巴拿马（大西洋）、哥伦比亚（大西洋）、哥斯达黎加（大西洋）、海地等。

3）最低低潮面

考虑 M_2、S_2 和 K_2 这三个分潮，采用公式 $L = 1.2(H_{w2} + H_{s2} + H_k)$ 计算。采用的国家有法国、摩洛哥、阿尔及利亚、西班牙和葡萄牙等。

4）平均低低潮面

考虑 M_2、K_1 和 O_1 这三个分潮，采用公式 $L = H_{w2} + (H_{k1} + H_{o2})\cos 45°$ 计算与平均海面的差值。采用的国家有美国（太平洋沿岸、阿拉斯加）、菲律宾等。

5）略最低低潮面（印度大潮低潮面）

考虑 M_2、S_2、O_1 和 K_1 这四个分潮，采用公式 $L = H_{w2} + H_{s2} + H_{k1} + H_{o1}$ 计算。采用的国家有巴西、埃及（红海）、苏丹、印度、伊朗、伊拉克、日本、朝鲜、肯尼亚等。

6）平均海面

采用公式 $L = O$ 计算。采用的国家有罗马尼亚、保加利亚、芬兰、瑞典、土耳其（黑海）、波罗的海和黑海沿岸国家、丹麦（波罗的海）、波兰等。

7）理论最低潮面

理论最低潮面又称为可能最低潮面，该面是目前我国法定的深度基准面，它是由苏联弗拉基米尔提出的，后经过我国海道测量人员根据我国海洋潮汐的特性进行了改进，除考虑了弗拉基米尔提到的八个分潮，附加了三个浅海分潮和两个长周期分潮。

我国现在理论深度基准面（长期）的计算方法如下：

$$L = (fH)_{K_1}\cos\varphi_{K_1} + (fH)_{K_2}\cos(2\varphi_{K_1} + 2g_{K_1} - 180° - g_{K_2}) - $$
$$\sqrt{[(fH)_{M_2}]^2 + [(fH)_{O_1}]^2 + 2(fH)_{M_2}(fH)_{O_1}\cos[\varphi_{K_1} + (g_{K_1} + g_{O_1} - g_{M_2})]} - $$
$$\sqrt{[(fH)_{S_2}]^2 + [(fH)_{P_1}]^2 + 2(fH)_{S_2}(fH)_{P_1}\cos[\varphi_{K_1} + (g_{K_1} + g_{P_1} - g_{S_2})]} - $$
$$\sqrt{[(fH)_{N_2}]^2 + [(fH)_{Q_1}]^2 + 2(fH)_{N_2}(fH)_{Q_2}\cos[\varphi_{K_1} + (g_{K_1} + g_{P_2} - g_{N_2})]} + $$
$$(fH)_{M_4}\cos\varphi_{M_4} + (fH)_{M_6}\cos\varphi_{M_6} + (fH)_{MS_4}\cos\varphi_{MS_4} + H_{Sa}\cos\varphi_{Sa} + H_{SSa}\cos\varphi_{ssa}$$

（4.2.10）

式中　L——深度基准面在平均海面下的高度；

H、g 和 f——M_2、S_2、N_2、K_2、K_1、O_1、P_1、O_1、M_4、MS_4、M_6、S_a、S_{Sa} 等 13 个分潮的调和常数和节点（交点）因子；

H——在 1861 年周期内各相应分潮的平均振幅；

g——观测时各分潮的专用迟角；

$f = R/H$，其中 R 为相应分潮的振幅；

φ_{K_1}——分潮 K_1 的相角，它从 0°～369°变化，其他相应的也是各分潮相角（以度为单位）。

$$\varphi_{M_4} = 2\varphi_{M_2} + 2g_{M_2} - g_{M_4} \qquad (4.2.11)$$

$$\varphi_{M_6} = 3\varphi_{M_2} + 3g_{M_2} - g_{M_6} \qquad (4.2.12)$$

$$\varphi_{MS_4} = \varphi_{M_2} + \varphi_{S_2} + g_{M_2} + g_{S_2} - g_{MS_4} \qquad (4.2.13)$$

$$\varphi_{M_2} = \text{tg}^{-1}\left[\frac{(fH)_{O_1}\sin(\varphi_{K_1} + g_{K_1} + g_{O_1} - g_{M_2})}{(fH)_{M_2} + (fH)_{O_1}\cos(\varphi_{K_1} + g_{K_1} + g_{O_1} - g_{M_2})}\right] + 180° \qquad (4.2.14)$$

$$\varphi_{S_2} = \text{tg}^{-1}\left[\frac{(fH)_{P_1}\sin(\varphi_{K_1} + g_{K_1} + g_{P_1} - g_{S_2})}{(fH)_{S_2} + (fH)_{P_1}\cos(\varphi_{K_1} + g_{K_1} + g_{P_1} - g_{S_2})}\right] + 180° \qquad (4.2.15)$$

$$\varphi_{S_a} = \varphi_{K_1} - \frac{1}{2}\varepsilon_2 + g_{K_1} - \frac{1}{2}g_{S_2} - 180° - g_{S_a} \qquad (4.2.16)$$

$$\varphi_{S_{Sa}} = 2\varphi_{K_1} - \varepsilon_2 + 2g_{K_1} - g_{S_2} - g_{S_{Sa}} \qquad (4.2.17)$$

$$\varepsilon_2 = \varphi_{S_2} - 180° \qquad (4.2.18)$$

M_2、S_2、N_2、K_2、K_1、O_1、P_1、O_1、M_4、MS_4、M_6 的调和常数 H、g 由 30 天水位观测资料，用潮汐调和分析法求得；S_a、S_{Sa} 分潮的调和常数则以一年的水位观测资料求得；对短期验潮站的 S_a、S_{Sa}。分潮的调和常数，可采用邻近长期验潮站 S_a、S_{Sa} 分潮的调和常数。

以上一些参数可以直接在"天文变量表"中查取，我国的长期验潮站一般采用一年以上的观测资料进行计算。

任务 3 回声测深仪水深测量实训

本任务主要参考《海洋调查规范 第 10 部分：海底地形地貌调查》(GB/T 12763.10—2007)执行。

4.3.1 测量基准选择

1. 坐标系统
应采用"2000 国家大地坐标系"(CGCS2000)。

2. 高程基准
采用"1985 国家高程基准"，在远离大陆的岛、礁，其高程基准可采用当地平均海平面。

3. 深度基准
采用"当地理论最低潮面"，远离大陆的岛、礁，其深度基准面可采用当地平均海平面。

4. 成图投影
小比例尺采用墨卡托投影或通用横轴墨卡托投影(UTM 投影)。基准纬度根据调查与成图区域确定，以尽量减小图幅变形为原则。大中比例尺采用高斯-克吕格投影，比例尺大于 1∶10000 时，采用高斯-克吕格 3°带投影；比例尺 1∶25000～1∶50000 时采用高斯-克吕格 6°带投影。一般采用自由分幅。

5. 测量精度要求
1) 导航定位准确度
导航定位准确度要求应优于 5 m。
2) 水深测量准确度
(1) 水深小于 30 m 时，水深测量准确度应优于 0.3 m。
(2) 水深大于 30 m 时，水深测量准确度应优于水深的 1%。

6. 水深测量准确度评估方式
(1) 水深测量成果准确度依据主测线和检测线的交叉点深度不符值统计特性来进行评定，检测地点应选择在平坦海底地形的海域，重合点相距为图上 1.0 mm 以内。
(2) 对交叉点深度不符值进行系统误差及粗差检验，剔除系统误差和粗差后，水深小于 30 m 时不符值限差为 0.6 m，水深大于 30 m 时不符值限差为水深的 2%。
(3) 超限点数不应超过参加比对总点数的 10%。

4.3.2 测线布设要求

(1) 测线布设间距按照 GB/T 12763.10—2007 执行。
(2) 主测线应垂直测区等深线方向，检查线应与主测线垂直。

（3）检查线应分布均匀，与主测线相互交叉验证，检查线总长度不少于主测线总长的5%，且至少布设一条跨越整个测区的检查线。

（4）不同类型仪器、不同作业时期、不同作业单位之间的相邻调查区块接合部分，应进行测量成果重复性检验，应至少有一条重复检查测线。

（5）在地形起伏较大的测区，应缩小测线间距以加密探测，测线密度应达到完整反映海底地形变化为原则。

4.3.3 技术设计书编制

（1）任务来源及测区概况。
（2）已有资料及前期施测情况。
（3）任务总体技术要求，包括测区范围、采用基准、测量比例尺、图幅、测量准确度要求等。
（4）水位控制（包括验潮站布设、观测与水准联测等）技术设计和论证分析。
（5）吃水、声速、姿态等测深改正参数方案与要求。
（6）水深测量与航行障碍物探测技术方案与要求。
（7）测量装备需求以及仪器检定/校准项目与要求。
（8）测深线布设方向、间距要求。
（9）数据处理与成图要求。
（10）工作量、人员分工及进度安排。
（11）质量与安全保障措施。
（12）预期提交成果及调查工作总结要求。
（13）成果检查验收要求。
（14）资料归档与上交要求。
（15）相关图表及附件。

技术设计书经内部审查通过后，装订成册，并形成实施方案，由设计人员签名、主管业务负责人签署意见后报批，经上级业务主管部门或任务下达单位审查批准后方可实施。

4.3.4 测前准备

1. 仪器设备选用

1）GNSS 接收机要求
（1）GNSS 接收机的数据更新率应不低于 1 Hz。
（2）出测前在已知点进行 24 h 定位精度试验及稳定性试验，采样间隔应不大于 1 min。
（3）卫星高度角不小于 10°。
（4）GNSS 天线应牢固架设在测量船的开阔位置，并避开电磁干扰。

2）单波束测深仪要求
（1）应根据水深测量范围选择单波束测深仪。
（2）测深仪在工作开始前应进行稳定性试验，每台测深仪连续开机时间不得少于 2 h。

3）声速剖面仪要求

（1）声速剖面测量准确度应优于 1 m/s。

（2）声速剖面仪工作水深应大于测区最大水深，满足全水柱声速剖面测量要求。

4）潮位仪要求

（1）潮位仪观测准确度应优于 5 cm，时间准确度应优于 1 min。

（2）沿岸潮位站不能控制测区水位变化时，可利用自动验潮仪、高精度差分 GPS 测量潮位或潮汐数值预报方法进行潮位测量。

2. 人员要求

（1）测量人员应持相应的专业资质证书或作业证书。

（2）出测前，对无资质证书人员应进行专业理论、调查技术标准、作业方法、仪器设备操作维护、资料整理、质量控制、数据处理与成图、成果归档等技术培训，确保测量人员熟练掌握作业流程。

3. 仪器设备检定/校准

（1）出测前确保潮位仪、声速剖面仪、导航定位设备应在检定或校准有效期内。

（2）单波束测深仪、运动传感器等若无法进行检定/校准，应进行自校或比对（比测）。

（3）单波束测深仪所使用的采集软件应具有商用软件许可证书或经行业主管部门认定。

4. 仪器设备集成调试

在仪器设备检定/校准合格基础上，对测量作业软、硬件进行集成调试，主要检查系统接口数据通信的正确性，以及系统工作的稳定性和可靠性。

4.3.5　水位控制与改正

（1）可采用实测水位观测资料、GNSS 大地高推算潮位以及潮汐数值预报方法进行水位控制。测区水深不大于 200 m 时应进行水位改正，测区水深大于 200 m 时可不进行水位改正。

（2）水位观测准确度应优于 5 cm，时间准确度应优于 1 min。验潮站布设的密度应能控制全测区的水位变化。相邻验潮站之间的距离应满足最大潮高差不大于 1 m、最大潮时差不大于 2 h、潮汐性质基本相同。

（3）采用航前、航后测量船舶吃水的方法进行测深仪系统吃水改正，船舶吃水测量精度要求优于 5 cm。航次中间吃水通过差值进行计算，小船或无人船测量建议采用动态吃水改正。

4.3.6　海上作业

1. 航行要求

对船舶的航行要求如下：

（1）测量船应保持匀速、直线航行，船速宜小于 12 kn。

（2）航向变化应不大于 5°/min，遇到特殊情况（障碍物等）应采取停船、转向或变速措施，并及时定位。

（3）更换测线时，应缓慢转弯，航向变化应不大于 5°/min。
（4）实际测线与计划测线偏离不大于测线间距的 15%。

2. 测量时间同步要求

多种测量设备同步作业时，每 48 h 同步到 UTC 时间一次。

3. 水深测量要求

（1）每个航次开始前和结束后，应采用内符合或外符合方式对深度测量准确性进行检查。内符合采用主测线与检查线交叉点比对方法，外符合在浅水区测量时采用与固定深度的量具（如比测板）进行比测。

（2）水深测量时，应进行定位和水深数据实时同步采集与记录，定位数据采样频率不低于 1 Hz。

（3）对于海底地形地貌变化剧烈的地区，应根据实际需要作加密测量，加密程度以完整反映海底地形地貌特征为原则。

4. 声速测量与改正

（1）使用声速测量设备（含定点投放式或抛弃式仪器）测定声速剖面并进行声速改正。

（2）在经纬度 1°×1° 范围内至少测定 1 次声速剖面，在时间上至少每 3 天测定 1 次声速剖面。在浅海和河口区等特殊水文环境条件下测量时，应增加声速剖面测量次数。

（3）声速剖面测量站位均匀分布于整个测区，实现测区全域的声速控制，并准确记录施测时间和位置，声速剖面观测记录表格式见 GB/T 12763.10—2007 附录 C。

（4）特殊情况下（如深海、大洋深层海水的声速）可采用水文资料法进行声速改正。

5. 补测或重测

（1）漏测测线长度超过图上 3 mm 时，应补测。
（2）实际测线间距超过规定间距 15% 时，应重测。
（3）主测线和检查线比对不符合 4.3.2 款要求时，应重测。
（4）数据丢失的，应重测。

6. 数据采集与记录要求

采用自动化作业设备对测线定位、测深数据进行实时综合采集与记录，具体要求如下：
（1）每一测点记录的数据项应包括：测线号、点号、日期、时间、经度、纬度、水深等信息。
（2）24 h 内备份当天采集的原始记录数据，7 天内备份全部原始记录数据，由专人负责归档信息记载和数据管理。

7. 测量质量监控

（1）上线作业前，应对所使用的导航与数据采集软件参数设置进行检查，确保各类参数设置正确。

（2）实时监视水深测量设备工作状态，发现异常现象，应立即停止作业，对相应设备进行检测，确保设备工作的可靠性和稳定性。

（3）及时检查数据记录设备是否正常运行，数据记录质量是否良好。
（4）采用可视化测量导航与数据采集软件，实时监控测线航迹状态，确保施测测线满足要求。

（5）采用水深测量数据处理与成图软件，对每天获取的水深测量资料进行录入处理，检查获取数据的完整性。同时，对当天最新获取数据与已有数据的一致性进行检查。

（6）现场技术负责人检查测量资料的质量情况，发现问题及时处置。

4.3.7　外业资料整理与验收

1. 外业资料整理

（1）各种纸质打印资料整理、装订和签字。

（2）现场数据和成果图整理。

2. 外业资料验收

（1）仪器安装正确性。

（2）测量参数测定准确性和记录完整性。

（3）测深线布设合理性。

（4）测量数据采集正确性。

（5）海底地形探测完善性。

（6）测量作业项目完整性。

（7）外业资料记载与整理完整性及规范性。

（8）外业成果图件整理规范性。

4.3.8　资料处理与汇编

1. 数据处理

1）定位数据处理

（1）当定位中心与测深中心两者的水平位置不重合时，应进行测点位置归算。

（2）剔除异常定位点。

2）水深数据处理与准确度评估

（1）水深数据处理包括跳点剔除、声速改正、水位改正（水位改正包括吃水改正和潮位改正）和成果数据提取。在水深断面测量或者大比例尺施工测量中，按照设计要求一般提取水深和定位信息。

（2）调查成果提交前，需对数据准确度进行评估，并给出是否符合要求的结论。

2. 数据成图

1）图件种类

图件种类包括测线航迹图、数字水深图、海底地形图，可结合其他资料编制海底地貌图。

2）图件绘制

图件绘制按照 GB/T 12763.10—2007 执行。

4.3.9 报告编写

1. 航次报告

（1）调查任务的来源、目的和要求。
（2）调查海区的范围和地理位置。
（3）调查项目内容和工作量。
（4）外、内业工作时间和分工协作情况等。
（5）海上调查的工作方法。
（6）测线布设。
（7）测量船各项指标及工作情况。
（8）测深仪各项指标及工作情况。
（9）导航定位系统各项指标及工作情况。
（10）原始资料种类、数量、质量和特点等。

2. 资料处理报告

（1）资料处理方法。
（2）成果内容、形式和数量。
（3）成果资料精度等。
（4）重要情况说明与分析。
（5）结论与建议。
（6）成果图附件。

4.3.10 调查资料和成果归档

（1）技术设计书、实施方案及任务合同书等相关文件。
（2）导航定位仪、测深仪、验潮仪、表层声速仪和声速剖面仪等仪器检定/校准报告（含自校或送检报告）。
（3）船配置参数文件（含船型、各设备相对位置及校准参数）。
（4）定位及姿态改正资料。
（5）换能器吃水资料。
（6）水位改正资料（含基准面确定关系）。
（7）声速改正资料（含声速剖面或温度、盐度和深度等调查资料和观测记录表），声速剖面观测记录表格式见 GB/T 12763.10—2007 附录 C。
（8）原始测深数据。
（9）处理过程数据（即编辑后测深数据）和记录，单波束调查数据后处理报表格式见 GB/T 12763.10—2007 附录 D。
（10）水深测量成果数据文件（包括离散水深数据、网格数据）。
（11）现场记录班报及航次报告。
（12）后处理班报及技术总结报告（即资料处理报告）。

（13）质量评价报告。

（14）数字水深图，成果图整饰格式参见 GB/T 12763.10—2007 附录 E。

（15）测线航迹图。

（16）海底地形图。

（17）海底地貌图。

（18）资料清单，单波束调查成果检查验收、归档内容见 GB/T 12763.10—2007 附录 F。

4.3.11　常见单波束测深仪介绍

1. SDE-260D 双频测深仪

SDE-260D 是一款轻巧、便携、坚固、高性能的双频测深仪（见图 4.3.1），采用工控集成设计，内置水上测量导航软件，是集水深测量、软件图形导航、定位、水深数据采集等功能于一体的水上测量系统。它经历了多方面、不同水域、海区的测试、改进和完善，技术先进、性能稳定、操作简单、携带方便。主机自带 12.1 英寸彩色触摸式显示屏，可外接键盘、鼠标操作或直接点击屏幕操作，内置 Windows XP 操作系统，CPU 主频：1.6 GHz，内置 16 G 工业级固态硬盘，兼容市面上大部分厂家的 GPS 定位设备进行定位测量，水深测量数据更新率最高可达 30 Hz/s，设备兼容性强，抗振、防水性能好。适用于江、河、湖、海等领域高精度水深测量及港口、航道水深测量和疏浚工程测量。

图 4.3.1　SDE-260D 双频测深仪

南方测深仪操作

2. D530 测深仪

D530 是一款高精度水上测量设备（见图 4.3.2），经黄浦江等水域实地测量，最浅可测至 0.3 m，具有测深精度高，操作简单，性能稳定，模块化设计，全自动设置，方便的自检功能，直观的淤泥显示，中英文双向显示，兼容性强，可安装常用的导航软件，也可连接所有厂家 GPS、定位仪、姿态仪、涌浪仪。

D530 适用于水深在 2 000 m 以内的近海和内陆水域的精密水深测量。

图 4.3.2　华测 D530 测深仪

3. HD-680 全数字回波测深仪

HD-680 是一款双变频测深仪（见图 4.3.3），高低频双通道测深，可适配不同频段换能器。

换能器内置温度传感器，实时解算声速，可实现全自动测深。采用先进算法和高信噪比电路设计，低频可以有效穿透浮泥。支持 PPS 信号接入，有效降低时间延迟。

HD-680 适用于江、河、湖、海等领域高精度水深测量及港口、航道水深测量和疏浚工程测量。

图 4.3.3　HD-680 全数字回波测深仪

中海达测深仪操作

任务 4　多波束测深系统水深测量

4.4.1　多波束水深测量原理

多波束测深是一种条带测深技术。该技术采取广角度定向发射和多通道信息接收，可同时获得水下上百个波束的条幅式高密度海底地形数据。因此，所以它能够精确、快速地测出沿航线一定宽度内的水深值，并比较可靠地绘制出海底地貌的起伏状况。

在多波束系统中，换能器配置有一个或者多个换能器单元的阵列，通过控制不同单元的相位，形成多个具有不同指向角的波束，通常只发射一个波束而在接收时形成多个波束。除换能器天底波束外，外缘波束随着入射角的增大，波束在倾斜穿过水层时会发生折射，同时由于多波束沿航迹方向采用较窄的波束角而在垂直航迹方向采用较宽的覆盖角，要获得整个测幅上精确的水深和位置，必须要精确地知道测量区域水柱的声速剖面和波束在发射和接收时船的姿态和船艏向。

多波束测深系统具有测量范围大、测量效率和精度高等优点，把测深技术从原先的点、线测量扩展到以条带方式的测量，为海洋水深测量提供了新型、高效率、高覆盖率的探测手段。

一个单波束在水中发射后，是球形等幅度传播，所以各方向上的声能相等。这种均匀传播称为各向同性传播，发射阵也叫各向同性源，如图 4.4.1 所示。

如果两个相邻的发射器发射相同的各向同性的声信号，声波图将互相重叠和干涉。两个波峰或者两个波谷之间的叠加会增强波的能量，称之为相长干涉；波峰与波谷的叠加正好互相抵消，能量为零，称之为相消干涉，如图 4.4.2 所示。一般地，相长干涉发生在距离每个发射器相等的点或者整波长处（波长 λ），而相消干涉发生在相距发射器半波长或者整波长加半波长处。显然，水听器需要放置在相长干涉处。

图 4.4.1 波的各向同性传播

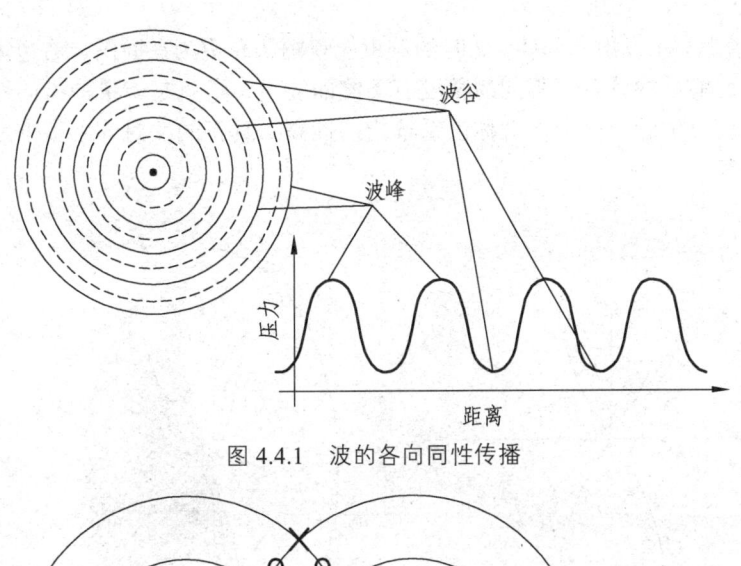

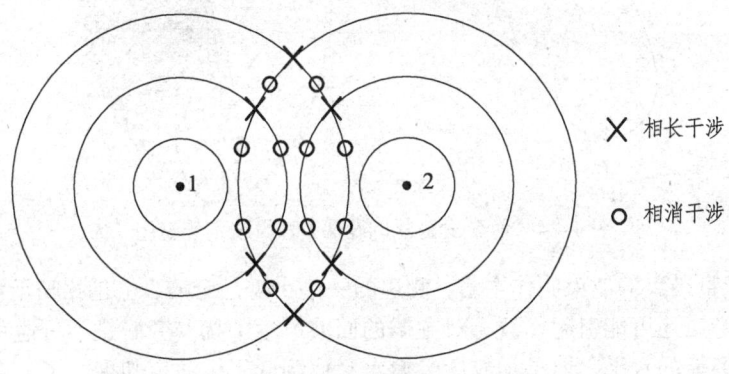

图 4.4.2 相长干涉和相消干涉

一个典型的声呐，基阵的间距 d 是 $\lambda/2$（半波长）。在这种情况下，相长干涉和相消干涉发生时的点位处于最有利的角度（点位与基阵中心的连线与水平线的夹角）。相长干涉：$\theta = 0°$，180°；相消干涉：$\theta = 90°$，270°，如图 4.4.3 所示。

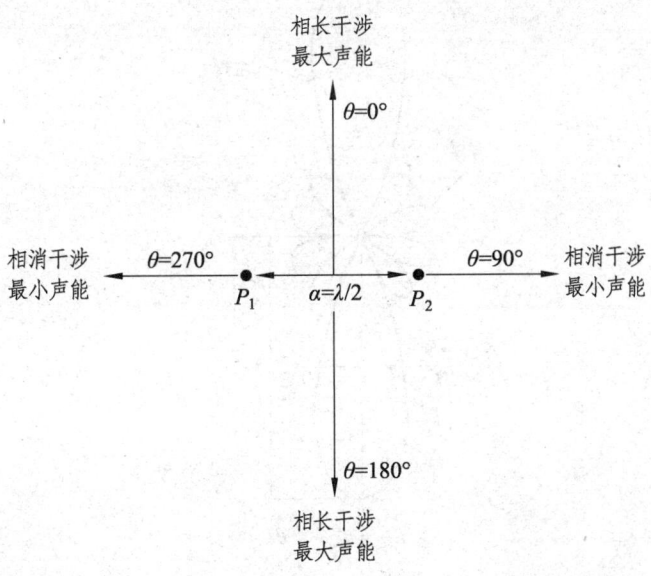

图 4.4.3 两个发射器相距 $\lambda/2$ 时的相长干涉和相消干涉

图 4.4.4 所示为两个发射器间距 λ/2 时的波束能量图,左边为平面图,右边为三维图,从图上可以清楚地看到能量的分布。不同的角度有不同的能量,这就是能量的指向性。如果一个发射阵的能量分布在狭窄的角度中,就称该系统指向性高。真正的发射阵由多个发射器组成,有直线阵和圆形阵等。

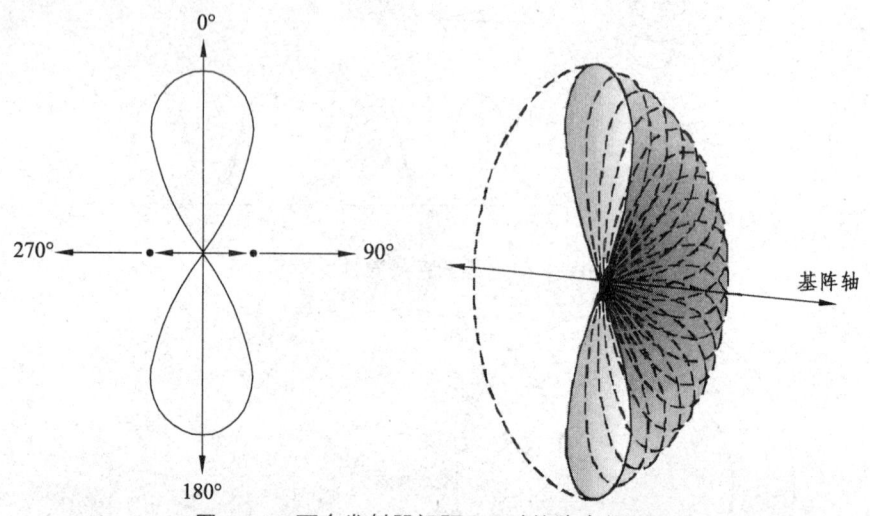

图 4.4.4 两个发射器间距 λ/2 时的波束能量图

图 4.4.5 中能量最大的波束叫作主瓣,侧边的一些小瓣是旁瓣,也是相长干涉的地方,引起了能量的泄漏。旁瓣还可能引起回波,对主瓣的回波产生干扰。旁瓣是不可避免的,可以通过加权的方法降低旁瓣的水平,但是加权后旁瓣水平值降低了,波束却展宽了。主瓣的中心轴叫最大响应轴,主瓣半功率处(相对于主瓣能量的 −3 dB)角度的两倍就是波束角。发射器越多,基阵越长,则波束角越小,指向性就越高。设基阵的长度为 D,则波束角为

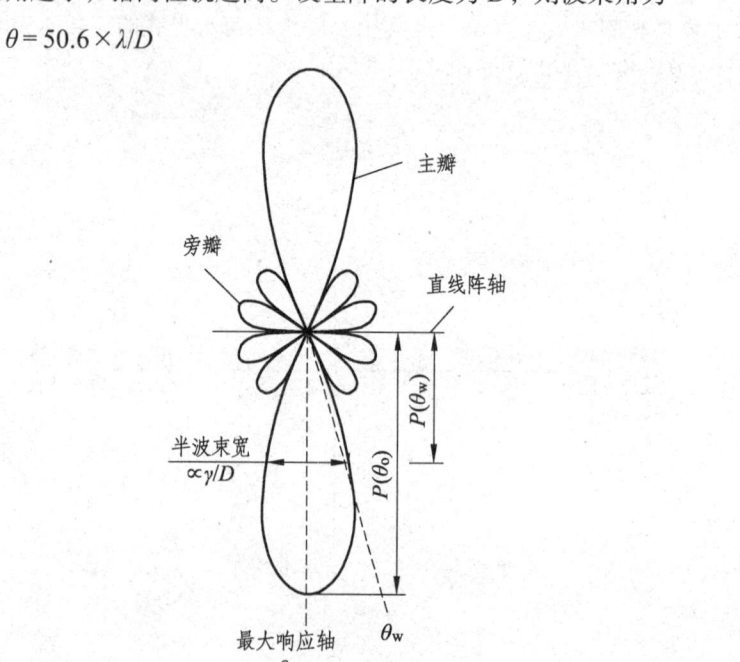

$$\theta = 50.6 \times \lambda/D \tag{4.4.1}$$

图 4.4.5 多基元线性基阵的波束图

从公式可以看出，减小波长 λ 值或者增大基阵的长度 D 都可以提高波束的指向性。但是，基阵的长度不可能无限增大，而波长越小，在水中衰减得越快，所以指向性不可能无限提高。

换能器怎样在指定的方向上发射或者接收声波，称为波束的指向。以水听器接收回波为例，如图 4.4.6 所示，当回波以 θ 方向到达接收基阵时，首先在点 3 到达，其次为点 2 和点 1，则在点 2 的回波比点 3 多行进了距离 $A = d\sin\theta$，点 1 比点 3 的回波多行进了距离 $B = 2d\sin\theta$，相应增加的时间为

$$T_1 = A/c = (d\sin\theta)/c \qquad T_2 = B/c = (2d\sin\theta)/c \tag{4.4.2}$$

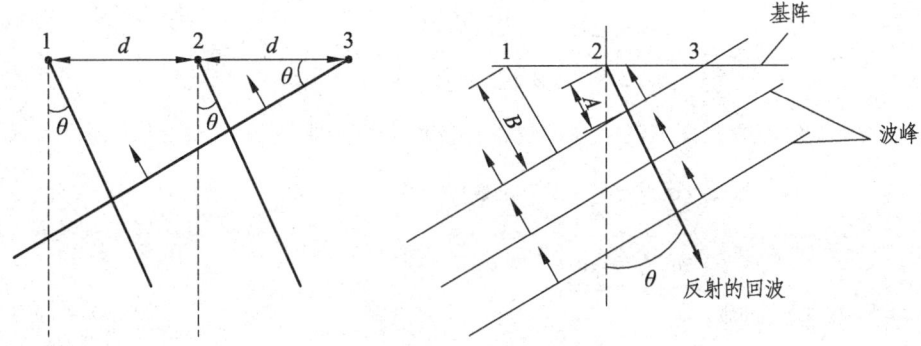

图 4.4.6 夹角为 θ 的回波示意图

计算出偏移时间后，在基阵中作相应的调整，引入延时，使回波在基阵上正好构成相长干涉，这样就可以使主瓣在指定的方向上，如图 4.4.7 所示。

当接收波束发射出扇形波束后，接收波束按一定的间距（等距离或者等角度）与之相交，就形成了一个个在纵横向的窄波束脚印，如图 4.4.8 所示。

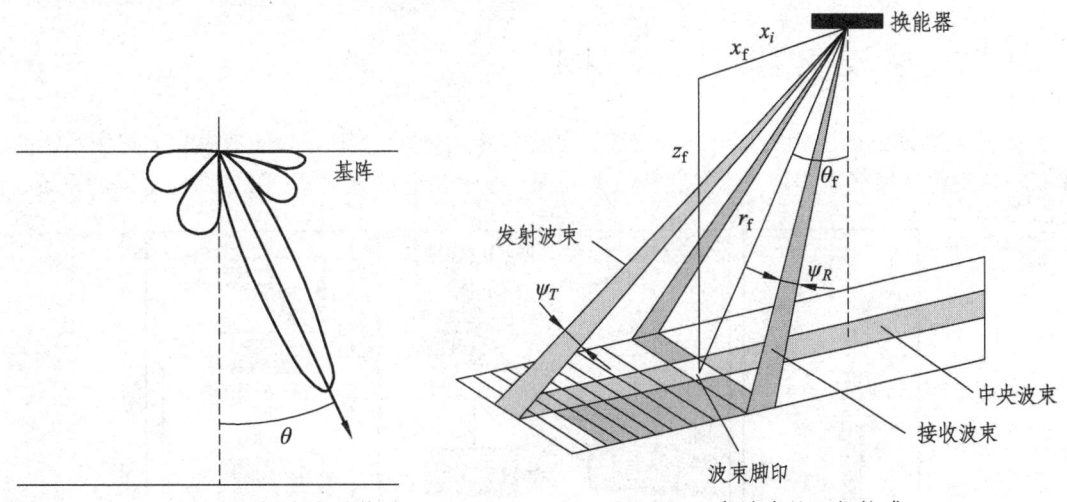

图 4.4.7 引入延时后主瓣方向的偏移　　图 4.4.8 多波束的几何构成

多波束测深采用发射、接收指向性正交的两组"T"结构换能器基阵获取一系列垂直航向分布的窄波束。图 4.4.9 所示为多波束海底声波散射测深模型。假设发射波束相对于地球重力线成 θ 角方向入射到海底，入射的声波信号将沿各个方向散射，其中必有部分声波沿着入射方向反向反射回来。如果能接收并测量出这部分反向反射回波信号的时延 Δt，即可计算出反射回波信号的路径长度 L（声程）为

$$L = c \cdot \frac{\Delta t}{2} \tag{4.4.3}$$

式中　c——声速；
　　　Δt——主动声呐从信号发射到回波到达时刻的时间延迟量。

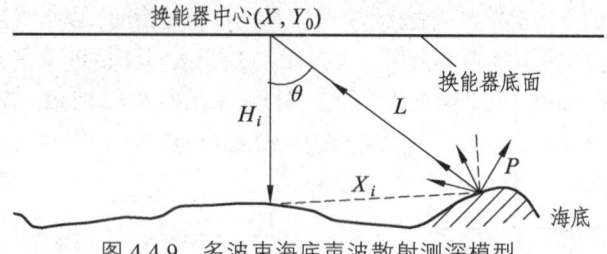

图 4.4.9　多波束海底声波散射测深模型

多波束测量中各波束测深点的空间位置，在忽略声线弯曲的条件下的计算公式为

$$\begin{cases} H_i = L_i \cdot \cos\theta_i = \dfrac{1}{2} c \cdot t_i \cdot \cos\theta_i \\ X_i = L_i \cdot \sin\theta_i = \dfrac{1}{2} c \cdot t_i \cdot \sin\theta_i \end{cases} \quad (4.4.4)$$

式中　c——水中平均声速；
　　　θ——第 i 个波束的入射角；
　　　L_i——第 i 个波束路径长度；
　　　t_i——第 i 个波束从发射到接收声波信号之间的时间间隔；
　　　H_i——第 i 个波束探测得到的水深值；
　　　X_i——第 i 个波束距多波束换能器中心的水平距离。

4.4.2　多波束测深系统的组成

多波束测深系统主要由三个部分组成，如图 4.4.10 所示。第一部分是多波束测深系统的主系统，主要包括换能器阵列，收发器和数据处理、显示和记录单元等；第二部分是辅助系统，包

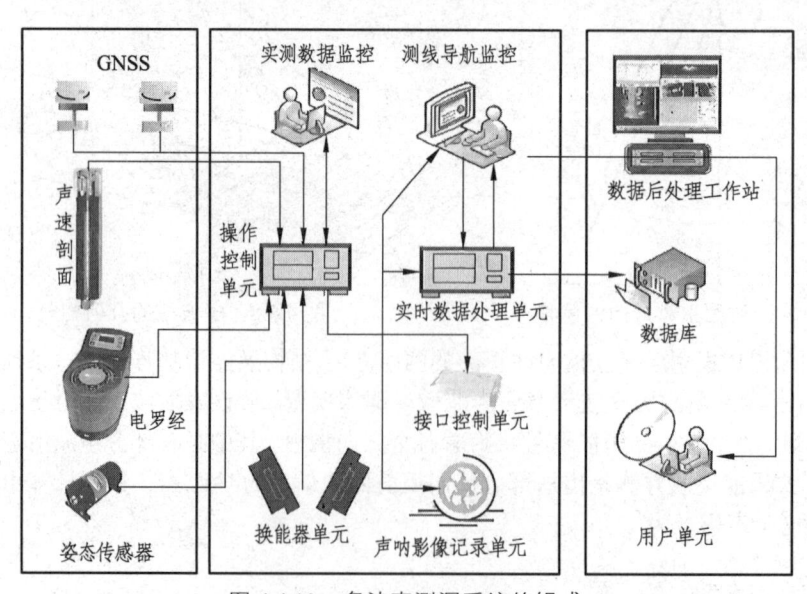

图 4.4.10　多波束测深系统的组成

括定位系统、船姿（横摇、纵摇、起伏和船艏向）测量传感器和测量水柱声速剖面的声速仪；第三部分是数据存储和后处理系统，包括数据处理计算机、数据存储设备和绘图仪等。

换能器为多波束的声学系统，负责波束的发射和接收。多波束数据采集系统完成波束的形成和将接收到的声波信号转换为数字信号，并反算其测量距离或记录其往返程时间。外围设备主要包括定位传感器（如 GNSS）、姿态传感器（如姿态仪）、声速剖面仪（CDT）和电罗经，主要实现测量船瞬时位置、姿态、航向的测定以及海水中声速传播特性的测定；数据处理系统以工作站为代表，综合声波测量、定位、船姿、声速剖面和潮位等信息，计算波束脚印的坐标和深度，并绘制海底平面或三维图，用于海底的勘察和调查。

4.4.3 多波束测深的测线布设

多波束测深系统作业时，条带设计是测量前期的重要工作。通过综合考虑多波束系统特性与测区水深分布情况，在系统的不同工作模式下合理布设测线，测量时根据实际水深适当调整扇区开角并合理控制船速，以有效完成测区全覆盖测量。

1. 条带设计技术要求

多波束测深系统应用于水下地形测量时，一般要求在满足测深精度条件下，对水底100%覆盖。《海道测量规范》（GB 12327—2022），规定在 100 m 水深范围内比较重要的区域，测量等级执行一等等级标准，并要求水底全覆盖测量。

多波束测深系统进行海底全覆盖测量时，扫幅宽度的确定十分必要，它直接影响测线间距的选取。而不同多波束测深系统的扫幅宽度有所不同，扫幅宽度与多波束测深系统的扇面开角和作业水深有关。

在扇面开角一定的情况下，多波束测深系统的扫幅宽度主要与水深有关，多波束作业时，随着水深增加，声波传播距离加大，边缘波束传播距离更大，声强衰减也更厉害，其扇区开角相应减小。图 4.4.11 显示了某型号多波束系统的波束开角及覆盖宽度与水深的关系。

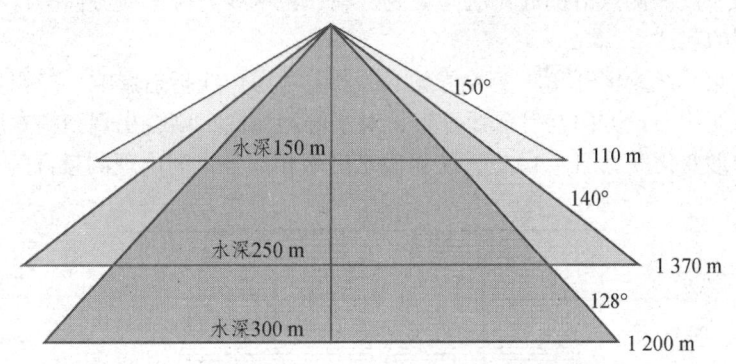

图 4.4.11 某型号多波束在不同水深的扫幅宽度变化

多波束测深系统的扫幅宽度除与水深有关外，还与海底底质和水温有关，因此在确定扫幅宽度时需综合考虑以上因素，根据测区实际情况结合多波束系统特性选择合适的扫幅宽度。

多波束测深系统的扫幅宽度确定后，可根据测区深度变化灵活设计测线。设计测线时可在满足测深精度要求的前提下，尽量增大相邻测线间距，从而提高测量效率，但需注意相邻条带间应保持一定的重复覆盖。

2. 条带设计

条带设计就是如何布设测线，其原则是根据多波束系统的技术指标和测区的水深、水团分布状况，以最经济的方案完成测区的全覆盖测量，以便较为完善地显示水下地形地貌和有效发现水下障碍物。

测线布设前需要确定测区准确范围和水深分布情况。测线布设是否合适对多波束测深的质量与效率产生重要影响。测线布设的技术要求有几个原则：

（1）在满足精度要求的前提下，根据多波束系统在不同水深段覆盖率的大小，把测区按水深划分为若干区域，每个区域的水深变化均在多波束系统相同覆盖率的范围内。

（2）测线分为主测线与检查线。主测线要尽可能地平行等深线，这样可最大限度地增大海底覆盖率，保持不变的扫描宽度。检查线跨越整个测区并与主测线方向垂直，长度一般为不少于主测线总长度的5%。

（3）测线间距以保证相邻条带有至少10%的相互重叠为准，并根据实际水深情况及相互重叠程度进行合理调整，避免测量盲区。

（4）在测线设计时尽量避免测线穿越主要水团，并根据海水垂直结构的时空变化规律采集足够的海水声速剖面数据。

条带设计时根据测区水深分布情况主要考虑两方面的工作：测线方向和测线间隔。

1）测线方向

测线布设时首先需要确定测线方向。测线方向的确定与实际测量海区水深分布情况有关，根据测区内不同的水深分布划分出各个水深分布情况相近的子区域，对各个子测区具体分析，设计符合该子测区水深分布特点的测线。

对于远海区域或平坦海区，测线方向可与海底地形的总体走向保持一致，测线之间以平行方式布设。

对于沿岸海区或河道两侧存在水下斜坡情况，如水下斜坡等深线方向变化平缓或基本保持不变，一般将测线平行等深线方向布设，这样布设测线的原因主要有以下两点：

（1）多波束系统的测点沿侧向比航向上更密集，将测线与等深线方向平行布设，更有利于对海底地形地貌的表达。

（2）在多波束系统扇区开角不变的情况下，若不考虑声线折射影响，扫幅宽度与水深成正比变化。因此若测线布设方向与等深线垂直，对于倾斜海底，则会出现扫幅宽度在浅水区窄而深水区较宽的梯形变化（见图4.4.12），使得浅水区域相邻条带间出现测量盲区。

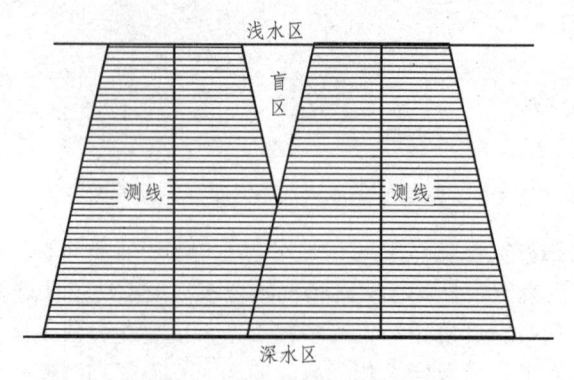

图4.4.12 相邻条带扫幅宽度随水深变化示意图

对于岛礁周边、海湾、河口与河流等水下地形复杂区域，水深变化没有明显的规律，因此等深线方向变化较大，在此类测区内布设测线时，主要考虑的是作业的方便，尽量布设为直线，避免不必要的转向。

2）测线间隔

在确定测线布设的方向后，还需考虑测线布设的间隔。测线间隔的确定同样需考虑测区内水深分布情况。根据不同的水深情况，相应选取等间隔测线或不等间隔测线的布设方式。

（1）平坦海区和远海区域。

对于平坦海区，可使用相同扫幅宽度设计测线间距。此时测线设计可在满足测深精度要求的前提下采用最大扫描宽度，以提高测量效率。

以某型号多波束为例，考虑到可能的横摇影响和小量的地形起伏，选择 5 倍水深扫幅宽度，但考虑到相邻条带需要有不少于 10%的重叠度，实际采用 4.5 倍水深的扫幅宽度来确定测线间距，如图 4.4.13 所示。

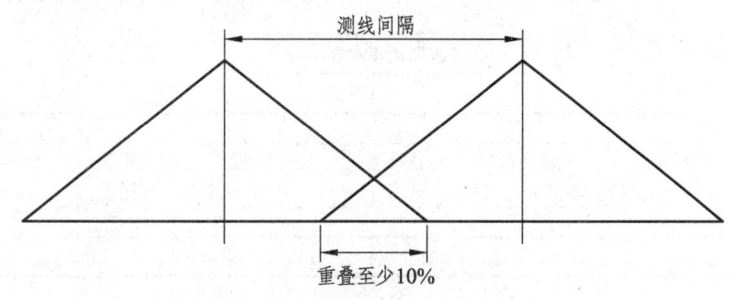

图 4.4.13 相邻条带重叠示意图

（2）沿岸海底斜坡区域。

对于沿岸海底斜坡区域，从岸边开始，水深逐渐增加。如采用相同的测线间距布设测线，随着水深的增加多波束系统的扫幅宽度增加，相邻条带的重叠度也伴随增大，使得测量效率下降。为了避免出现测量盲区且兼顾测量效率，可根据海底斜坡的水深分布状况，保证相邻条带不少于 10%重叠度下选用不等的测线间隔，如图 4.4.14 所示。

（3）水深变化较大的河道。

河道一般水深变化剧烈，水深分布以两侧河岸区域浅、中间河床区域深为特点。测线布设方向与河道等深线方向平行。对于靠近河岸区域，水深变化明显，可选用不等间距测线布设方式；对于河道中央宽阔区域，水深变化平缓，可选用等间距测线布设方式，如图 4.4.15 所示。

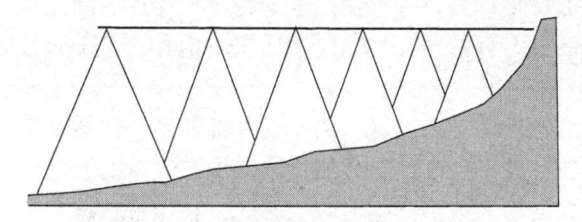

图 4.4.14 不等间隔多波束测线布设效果图　　图 4.4.15 河道多波束测线间隔布设效果图

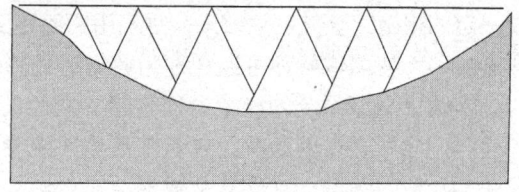

（4）其他复杂区域。

岛礁周边、海湾、河口与河流等区域水下地形复杂，因地理条件限制，少量测线布设为与等深线方向一致的曲线时，船速尽量保持较低的水平，并采用 GNSS 与惯导组合定姿方式改善姿态测量结果，如图 4.4.16 所示。不同水深区域的测线间距可根据相邻条带不少于 10%重叠度适当调整。

4.4.4 多波束测深数据处理

1. 数据处理任务与内容

多波束测量数据处理的主要目的是实现海量多波束海底测深数据及各种空间和属性数据的输入、处理、管理及可视化输出，为海图制图提供所需要的测量信息和依据。按功能模块进行划分，将多波束测深数据处理分

图 4.4.16 复杂测区测线布设示例

为三个部分：① 多波束数据预处理（条带数据处理）；② 条带间数据拼接；③ 声呐图像处理。其数据处理流程如图 4.4.17 所示。

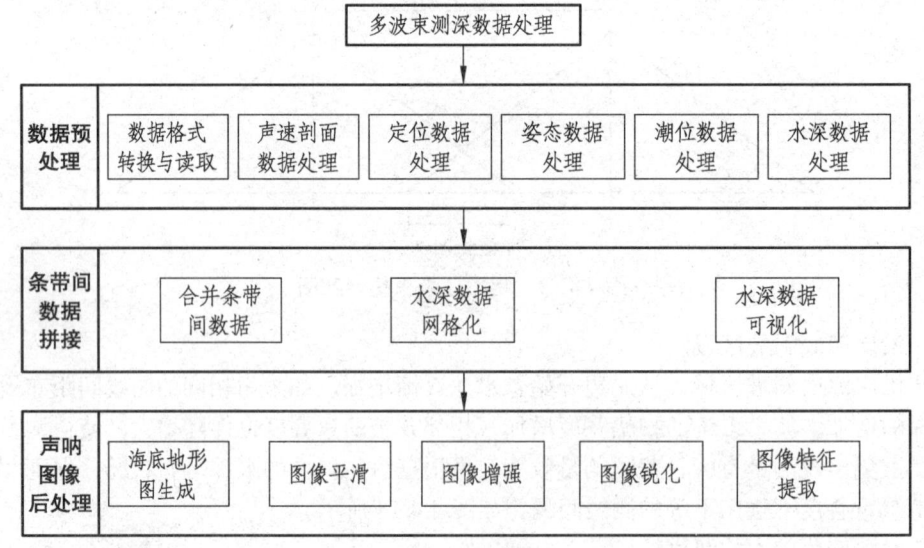

图 4.4.17 多波束测深数据处理流程

预处理模块实现多波束原始数据的提取、编辑、剔除误差与滤波、深度解算、坐标转换等。条带间数据拼接模块进行数据合并、水深可视化、水深数据网格化方面的工作。声呐图像处理主要是处理好水深数据，为用户提供海洋环境可视化产品，并根据图像的特点或存在的问题采取一定的措施，改善视觉效果，便于用户对图像的理解和分析，突出有用地形。其中，条带间数据拼接和声呐图像处理可以合称为数据后处理。

多波束测深系统的测量过程是建立在运动平台上的动态测量，由于受外部环境、仪器噪声和检测方法等因素的影响，或者多波束系统参数设置不合理，导致测量数据中有大量的异常数据和不合理的水深。这些异常数据会对由测深数据输出地形产生影响。因此，在条带数据中，必须依据导航定位参量、船体姿态参量、声速参量对实时采集的多波束资料进行数据统计编辑、修正去噪等处理，剔除假信息，保留真实信息，得到高精度的水深值。这是多波束测深数据处理的核心任务。

2. 多波束数据预处理

多波束数据预处理是对所有多波束测量数据以及声速剖面数据、定位数据、姿态数据、潮位数据进行初步的整理,包括数据格式转换与读取,剔除野值、插值、平滑、合并等,其目的是减小误差,提高数据的可信度。多波束的最终测量成果需要在地理框架下表达。因此,波束在海底投射点的位置计算便成为多波束数据处理中的一个关键问题。为了更好地确定波束的空间关系和波束脚印的空间位置,在实际测量中,一般首先确定多波束船体参考坐标系,并根据船体坐标系和当地坐标系的关系,将波束脚印的船体坐标转化为地理坐标系的某一深度基准面下的平面坐标和水深。该过程即为波束脚印的归位。然后经过船体的姿态改正、潮位改正、吃水改正等处理可以获得实测海底点的三维坐标。利用这些散点的坐标,可以绘制海底水深图和构造海床 DEM,如图 4.4.18 所示。

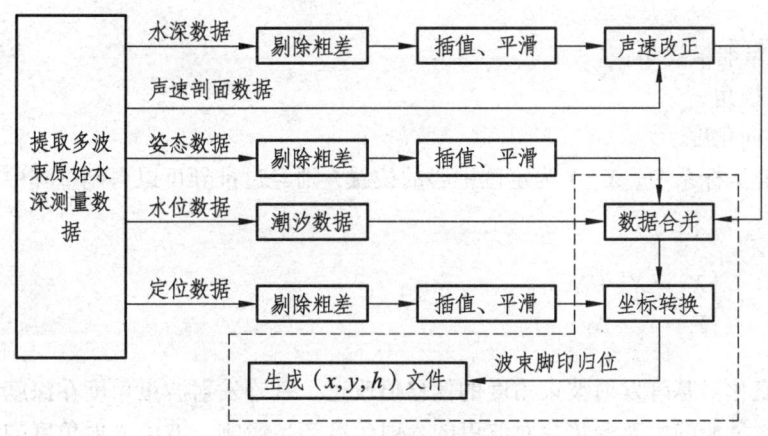

图 4.4.18　多波束测深数据预处理工作流程

多波束数据预处理的关键技术:一是分析研究计算船体姿态变化对定位中心与基阵中心的影响,估计偏移值,获得基阵中心的精确地理坐标。二是研究船姿变化对波束入射角度的影响,估计波束的实际入射角度。三是对比分析基于层内常声速和常梯度的声线跟踪算法,计算波束脚印的水平位移和水深。四是进行空间位置归位改正,从而得到波束脚印的地理坐标。

1) 姿态改正

如图 4.4.19 所示,船体的姿态对换能器的动吃水深度、基阵中心、波束到达角等均有着直接影响。当横摇或纵摇达到一定的程度,深度和平面位置的计算均会受到影响,因此必须考虑。

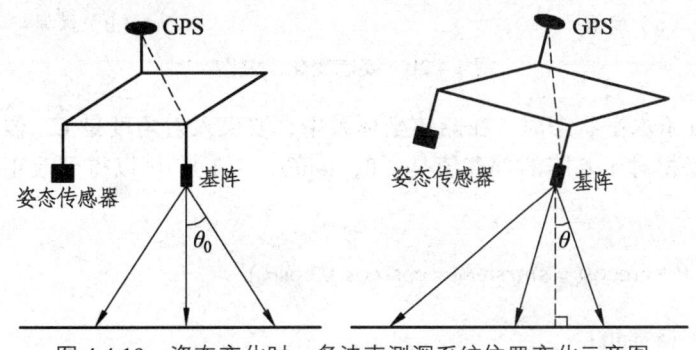

图 4.4.19　姿态变化时,多波束测深系统位置变化示意图

（1）姿态变化对定位中心与基阵中心的偏移值改正。定位中心与基阵中心偏移值的改正姿态变化对定位中心与基阵中心的偏移值有影响。因此，计算过程中，必须对该偏移值进行补偿改正。假设在船体坐标系中，(Δx_0，Δy_0，Δz_0)为船体处于水平状态时定位中心与基阵中心之间存在的偏移值。假设船体姿态变化时，大地坐标系中定位中心与基阵中心之间存在的偏移值(Δx_r，Δy_r，Δz_r)。经过推导可得：

$$\begin{cases} \Delta x_T = \Delta x_0 \cos h \cos r + \Delta y_0 (\sin h \cos p + \cos h \sin r \sin p) + \\ \qquad \Delta z_0 (-\sin h \sin p + \cos h \sin r \cos p) \\ \Delta y_T = -\Delta x_0 \sin h \cos r + \Delta y_0 (\cos h \cos p - \sin h \sin r \sin p) + \\ \qquad \Delta z_0 (-\cos h \sin p - \sin h \sin r \cos p) \\ \Delta z_T = -\Delta x_0 \sin r + \Delta y_0 \cos r \sin p + \Delta z_0 \cos r \cos p \end{cases} \qquad (4.4.5)$$

式中，r——测量船横摇角；

p——纵摇角；

h——艏向角度。

假设在大地坐标系中，X、Y为定位中心的位置，则经过推导可以得到基阵中心坐标的计算公式为

$$\begin{cases} X_1 = X_0 + \Delta x_T \\ Y_1 = Y_0 + \Delta y_T \end{cases} \qquad (4.4.6)$$

（2）姿态变化对基阵发射波束角度的偏移值改正。基阵发射波束角度在深度计算中起着很重要的作用。测量船的姿态变化会对波束的入射角度产生影响。波束入射角度的影响因素主要有横摇角度和纵摇角度，如图4.4.20所示。

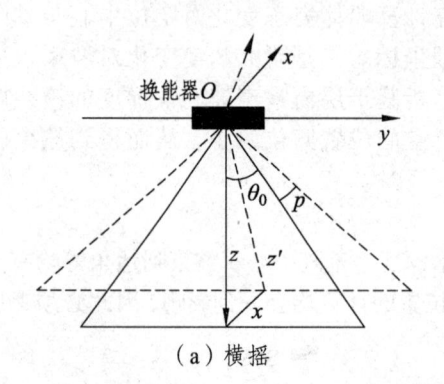

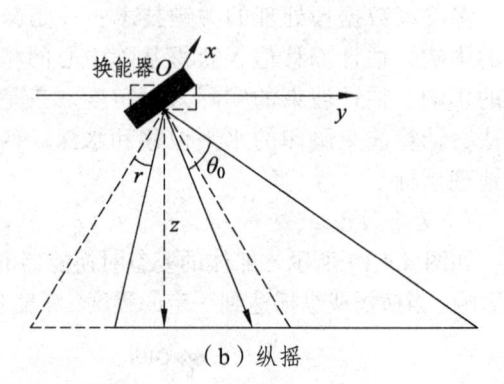

图4.4.20 姿态变化示意图

假设测量船处于水平状态时，在船体坐标系中，波束入射角度是C。假设在这个波束传播路径上的一个点相对于基阵的偏移值是(0，$\tan\theta_0$，-1)，可以得到改正后的波束入射角度为

$$\theta = \arccos(-\sin r \sin \theta_0 - \cos r \cos p \cos \theta_0) \qquad (4.4.7)$$

式中 r——测量船横摇角；

p ——纵摇角；
θ_0 ——波束入射角度。

横摇值对波束入射角度影响较大，必须考虑。纵摇值较小时，可以不考虑；但当纵摇值达到一定程度时，波束脚印的深度和平面位置均会受到影响，必须考虑。

2）声线跟踪

海水中的声速随着温度、盐度和深度而不同，根据声速在海水中传播时的声线变化特征，即波束入射角、往返程时间和声速剖面进行精确跟踪，可获得波束脚印的实际位置。为此，将计算波束投射点在船体坐标系下的平面位置和水深称作声线跟踪算法。

波束脚印船体坐标的计算需要用到三个参量，即垂直参考面下的波束到达角、传播时间和声速剖面。设多波束换能器在船体坐标系下的坐标为 (z_0, y_0, z_0)，则根据水层内常声速变化假设，采用常声速（零梯度）层追加思想，给出波束在海底投射点-波束脚印的船体坐标 (x, y, z) 为

$$\begin{cases} z = z_0 + \sum_{i=1}^{N} C_i \cos\theta_i \Delta t_i \\ y = y_0 + \sum_{i=1}^{N} C_i \sin\theta_i \Delta t_i \\ x = 0 \end{cases} \quad (4.4.8)$$

式中　θ_i ——波束在 i 层表层处的入射角；
　　　C_i, Δt_i ——声波束在 i 层内的速度和传播时间。

3）波束脚印的空间归位

波束脚印的空间归位是指船体坐标系 VFS 原点位于换能器中心，x 轴指向船艏（航向），z 轴垂直向下，y 轴指向侧向，与 x 轴、x 轴构成右手正交坐标系，如图 4.4.21 所示。当地坐标系原点为换能器中心，x 轴指向地北子午线，y 轴同 x 轴垂直指向东，z 轴、x 轴与 y 轴构成右手正交坐标系。

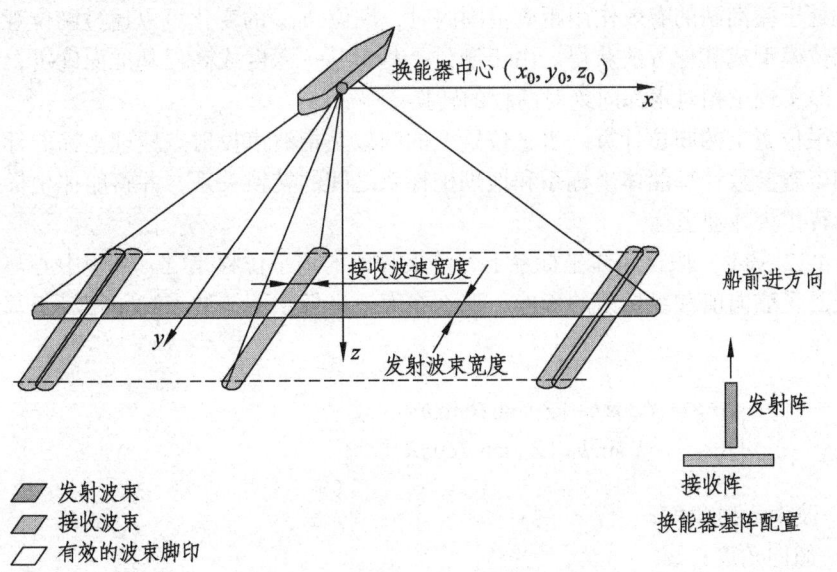

图 4.4.21　多波束船体坐标系示意图

（1）深度方向上的归位计算。深度方向上的归位是指波束投射点高程的计算。根据船体坐标系原点与某一已知高程基准面之间的关系，将船体坐标系下的水深转化为高程。

船体吃水对多波束测深系统在垂直方向的结果有影响。吃水是换能器基阵中心低于平均水平面的深度 D，它是实时变化的。基阵中心和姿态传感器中心的坐标偏移值受到船体姿态的影响。假设（x'、y'、z'）是在船体坐标系中的基阵中心和姿态传感器之间的坐标偏移值。船体姿态变化时，产生的附加升沉值是船体水平状态时的基阵中心深度值与船体运动时的基阵中心深度值的差值，则附加升沉值为

$$H_i = x'\sin r - y'\cos r \sin p + z'(1 - \cos r \cos p) \tag{4.4.9}$$

式中　r——测量船横摇角；

　　　p——纵摇角。

升沉 H_m 是实时的换能器基阵中心的吃水值，它由船体的运动而产生，可通过姿态传感器确定。因此，基阵中心的升沉值为

$$H_0 = H_m + H_i \tag{4.4.10}$$

测点的实际深度（若定义大地坐标系中 z 轴向上为正）的计算公式为

$$Z = -H - D_s + H_0 \tag{4.4.11}$$

式中　H_0——声基阵中心的升沉；

　　　D_s——吃水；

　　　H——声线跟踪算法得到的深度，即声线传播经过水层的高度的总和。

若潮位 h_{tide} 是根据某一深度基准面或者高程基准面确定的，则波束在海底投射点的高程为

$$H_g = h_{tide} - (H + D_s + H_m + H_i)$$

当测区处于验潮站的有效作用距离范围内时，潮位 h_{tide} 的变化可以通过潮位观测获得，否则需通过潮位模型或其他方法获得。由于潮位是相对某一深度或高程基准面确定，因而经过潮汐改正后，即实现了相对水深向绝对高程的转换。

（2）水平位置上的归位计算。水平位置上的归位是指波束投射点地理坐标的计算。根据航向、船位和姿态参数计算船体坐标系和地理坐标系之间的转换关系，并将船体坐标系下的波束投射点坐标转化为地理坐标。

如图 4.4.22 所示，假设船体坐标系下，波束脚印的水平位移是 X。基阵中心与波束脚印之间的偏移主要受艏向值和纵摇值的影响，那么在大地坐标系下，波束脚印相对于基阵的偏移计算公式为

$$\begin{cases} \Delta x_L = X\cos h + |Z|\tan\theta\sin h \\ \Delta y_L = -X\sin h + |Z|\tan\theta\cos h \end{cases} \tag{4.4.12}$$

式中　θ——波束入射角度；

　　　h——艏向角度；

　　　Z——大地坐标系中实际深度。

在大地坐标系中，(X_0，Y_0)为定位中心位置。根据之前计算得出的在大地坐标系中定位中心，与基阵中心之间存在的偏移值（Δx_r，Δy_r，Δz_r），那么波束脚印的平面位置为

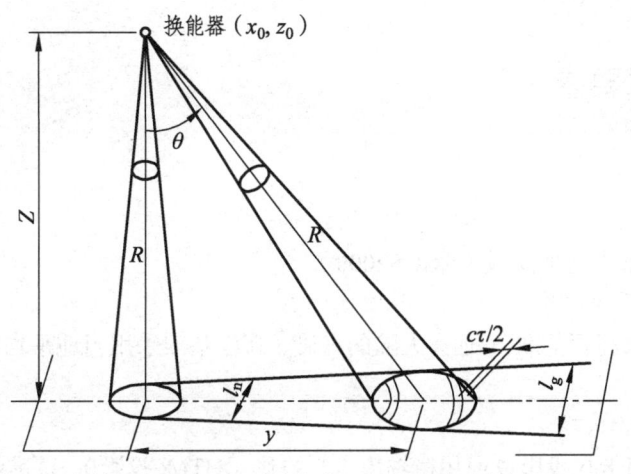

Z—深度；R—距高；θ—波束角；c—声速；τ—脉冲长度；l_n—中心波束脚印长度；l_g—边缘波束脚印长度。

图 4.4.22　单个波束信号接收

$$\begin{cases} X = X_0 + \Delta x_T + \Delta x_L \\ Y = Y_0 + \Delta y_T + \Delta y_L \end{cases} \tag{4.4.13}$$

经上述处理后，计算出波束脚印的平面位置和深度值，即可完成波束脚印空间坐标的归位计算。

3. 条带间数据拼接

通过预处理的多波束条带数据是按测量船走航路线形成的条带水深数据，不能直接进行海底地形分析和成图，还需要进行条带数据的拼接、网格化和可视化等处理。通过数据的合并、特征提取、融合处理等步骤，最终形成整体水域的成果图。

1）条带数据拼接

选择所需的地理坐标系，将测区各个条带的水深数据和定位测量信息按照先后顺序以及位置关系，进行数据空间重采样。形成测区完整的离散水深数据集文件（如同 DEM 数据格式）。

2）数据网格化

利用多波束测深系统所得到的数据量很大，如果直接进行海底地形分析和成图，不仅占用计算机资源，而且在实现上带来一系列困难。如果对原始多波束数据进行网格化处理，压缩数据量，依据成图比例尺设定网格大小，不仅能加快成图过程，而且在不影响成图精度的前提下，可提高成图的质量。因此多波束数据的网格化处理目的不同于一般数据的网格化插值。多波束数据的网格化处理实际上是一种数据压缩的过程。

在多波束测深系统中，常用的插值方法有距离加权内插法、克里金法、样条内插法，还有高斯加权平均内插法、中值内插法、极小值内插法和极大值内插法。

中值内插法、极小值内插法和极大值内插法分别将网格点周围一个网格间距内的中值、极小值、极大值作为所计算的网格值。

拼接后的多波束水深测量数据可以通过专业 GIS 软件制作各种水深图。

任务 5　多波束测深系统数据采集实训

4.5.1　基本要求

1. 采用基准

1）坐标系统

采用"2000 国家大地坐标系（CGCS2000）"。

2）高程基准和深度基准

采用"1985 国家高程基准"，远离大陆的岛礁，高程基准采用当地平均海面，深度基准采用理论最低潮面。

3）投影和分幅

小比例尺采用墨卡托投影或通用横轴墨卡托投影（UTM 投影）。基准纬度根据调查与成图区域确定，以尽量减小图幅变形为原则。大中比例尺采用高斯-克吕格投影，比例尺大于 1：10000 时，采用高斯-克吕格 3°带投影；比例尺为 1：25000 ~ 1：50000 时采用高斯-克吕格 6°带投影。采用国际标准分幅或自由分幅。基准纬度根据调查与成图区域确定，以尽量减小图幅变形为原则。

2. 调查方式

（1）调查方式为船载走航连续测量。

（2）使用 GNSS 进行导航定位。

（3）根据调查目的及任务具体要求结合调查区域特点，采用测线网方式或全覆盖方式调查。

（4）海底地形地貌调查可结合其他海洋地球物理调查、物理海洋调查等同步进行。

3. 调查基本内容

海底地形地貌调查基本内容包括：导航定位、系统参数测定、深度测量、数据处理与成图。其中，各项参数包括校准参数、船的配置参数、船舶吃水、船舶姿态、声速剖面和水位等。

4. 调查测线布设要求

（1）多波束测深系统以全覆盖或测线网方式开展调查。全覆盖测量时主测线应平行于测区等深线方向布设，相邻条幅重叠率应不少于测线间距的 10%，检查线方向应尽量与主测线垂直。测线网测量时，主测线宜垂直于测区等深线方向布设。

（2）检查线应分布均匀，与主测线相互交叉验证，检查线长度不少于主测线总长的 5%，且至少布设一条跨越整个测区的检查线。

（3）不同类型仪器、不同作业时期、不同作业单位之间的相邻调查区块结合部分，应进行测量成果重复性检验，应至少有一条重复检查测线。

5. 调查准确度要求

1）导航定位准确度

导航定位准确度要求应优于 5 m。

2）水深测量准确度要求

（1）水深小于 30 m 时，水深测量准确度应优于 0.3 m。

（2）水深大于 30 m 时，水深测量准确度应优于水深的 1%。

3）水深测量准确度评估方式及指标

（1）水深测量准确度评估方式。

① 水深测量成果准确度依据主测线和检测线的交叉点深度不符值统计特性来进行评定，检测地点应选择在平坦海底地形的海域，重合点相距为图上 1.0 mm 以内。

② 对交叉点深度不符值进行系统误差及粗差检验，剔除系统误差和粗差后，水深小于 30 m 时不符值限差为 0.6 m，水深大于 30 m 时不符值限差为水深的 2%。

③ 超限点数不应超过参加比对总点数的 10%。

（2）水深测量准确度评估指标。

评估方式利用主测线与检查线交叉点水深不符值进行水深测量精度评估，计算公式为

$$M = \pm\sqrt{\frac{\sum_{i=1}^{n} d_i^2}{2n}} \qquad (4.5.1)$$

式中　M——交叉点水深不符值中误差（m）；

　　　d_i——第 i 个交叉点的水深不符值（m）；

　　　n——主测线与检查线交叉点个数。

6. 数据成图要求

1）图式符号

图式符号执行 GB/T 32067—2015。

2）等深线绘制

（1）等深线分为计曲线、基本等深线（首曲线）、辅助等深线（间曲线）。

（2）等深距划分以清晰、美观、科学和客观反映海底地形地貌变化为原则，可根据调查比例尺、调查海域、地形地貌变化和任务书要求适当调整等深线间距。

3）水深成果图

图幅标题为"海底地形地貌调查"，图名命名为测区名，图幅编号为 XX-YYYY-ZZ，XX 表示测图比例尺，YYYY 表示测量年份，ZZ 表示测图序号（阿拉伯数字）。

4.5.2　测量要求

1. 资料收集

（1）最新测量的水深数据和最新出版的海底地形地貌图、海图。

（2）验潮站和水文站资料。

（3）助航标志及航行障碍物情况。

（4）其他与调查有关的资料。

2. 技术设计书的编制

（1）任务来源及测区概况。

（2）已有资料及前期施测情况。

（3）任务总体技术要求，包括测区范围、采用基准、测量比例尺、图幅和测量准确度要求等。

（4）作业技术流程。

（5）水位控制（包括验潮站布设、观测与水准联测等）技术设计和论证分析。

（6）吃水、声速、姿态等测深改正参数方案与要求。

（7）水深测量与航行障碍物探测技术方案与要求。

（8）测量装备需求以及仪器检验项目与要求。

（9）数据处理与成图要求。

（10）工作量、人员分工及进度安排。

（11）质量与安全保障措施。

（12）预期提交成果及测量工作总结要求。

（13）成果验收和资料归档要求。

（14）相关图表及附件。

技术设计书经内部审查通过后，装订成册，形成实施方案，由设计人员签名、主管业务负责人签署意见后报批，经上级业务主管部门或任务下达单位审查批准后方可实施。

3. 测前准备

1）仪器设备要求

所使用的调查仪器设备功能和准确度应能满足以下要求：

（1）GNSS 接收机要求。

① GNSS 接收机的数据更新率应不低于 1 Hz。

② 出测前在已知点进行 24 h 定位精度试验及稳定性试验，采样间隔应不大于 1 min。

③ 卫星高度角不小于 10°。

④ GNSS 天线应牢固架设在测量船的开阔位置，并避开电磁干扰。

（2）声速剖面仪要求。

① 声速剖面测量准确度应优于 0.5 m/s。

② 声速剖面仪工作水深应大于测区最大水深，满足全水柱声速剖面测量要求。

（3）潮位仪要求。

① 潮位仪观测准确度应优于 5 cm，时间准确度应优于 1 min。

② 沿岸潮位站不能控制测区水位变化时，可利用自动验潮仪、高精度差分 GPS 测量潮位或潮汐数值预报方法进行潮位测量。

（4）多波束测深系统要求。

① 中浅水多波束换能器波束角应不大于 1.5°×1.5°。

② 在扇区开角不大于 150°时，有效波束接收率不低于 80%。

③ 运动传感器横摇、纵摇测量准确度应优于 0.05°，升沉测量准确度应优于 0.05 m；艏向

测量准确度应优于 0.1°。

④ 需装备表层声速仪，且可正常使用。

2）测前检测与系统安装要求

（1）测前检测要求。

在多波束测深系统正式进行系统参数测定和海上测量工作前，定位设备、表层声速仪、声速剖面仪、罗经、运动传感器等设备应按各自要求进行检定/校准（或自校），确保系统正常工作。

（2）系统安装要求。

① 多波束换能器应安装在噪声低且不易产生气泡的地方。

② 运动传感器应安装在能准确反映多波束换能器姿态的位置，其方向平行于测量船的轴线。

③ 艏向测量仪应安装在测量船的艏艉线上，方向指向船艏。

④ 定位仪天线应安装在测量船顶部比较开阔的地方。

⑤ 多波束测深系统各组成部分（导航定位设备、运动传感器和多波束换能器）的空间相对关系测量精度应优于 0.05 m。

⑥ 测量船安装多套声学探测装备并可能同步工作时，应安装声学同步器并能正常工作，以避免相近声学频率或同源声波对多波束测量的干扰。

3）系统参数校准要求

（1）参数校准包括横摇偏差、艏向偏差、纵倾偏差、导航延迟等；若导航定位系统具备时间同步校准（1PPS）功能，可不做导航延迟校准。

（2）参数校准顺序按照横摇偏差、艏向偏差、纵倾偏差（剖面重叠法）、导航延迟（同一目标探测法）或按照横摇偏差、艏向偏差、导航延迟、纵倾偏差的顺序测定。

① 横摇偏差测定的准确度应优于 ±0.05°。可在平坦海区布设 1~3 条计划测线，低速、匀速往返测量，如图 4.5.1 所示。

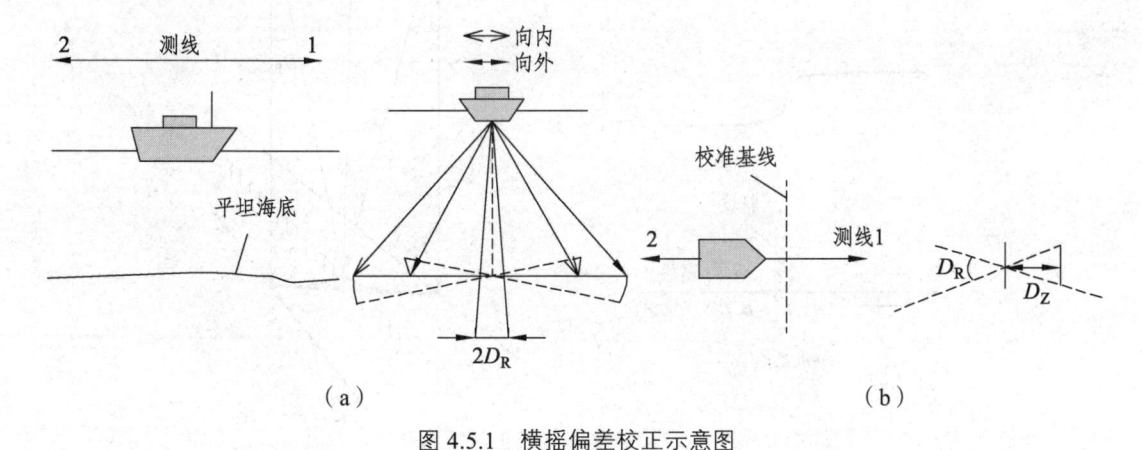

图 4.5.1 横摇偏差校正示意图

$$D_R = 2\arctan(D_Z/2D_a)$$

② 艏向偏差测定的准确度应优于 ±0.1°。可绕海底孤立目标物布设 2 条往返测线，用边缘波束扫测目标物，如图 4.5.2 所示。

图 4.5.2　艏向偏差校正示意图

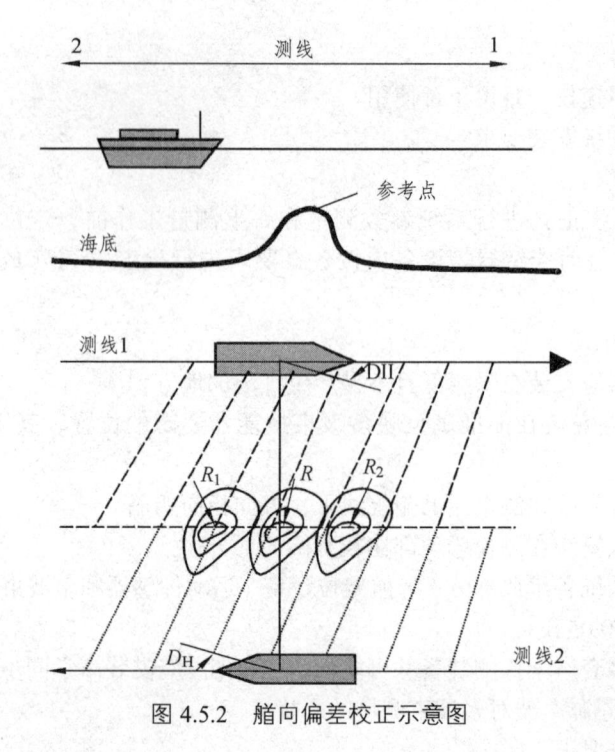

③ 纵倾偏差测定的准确度应优于 ±0.05°。可在陡坡或特征物上布设测线，匀速往返测量，如图 4.5.3 所示。

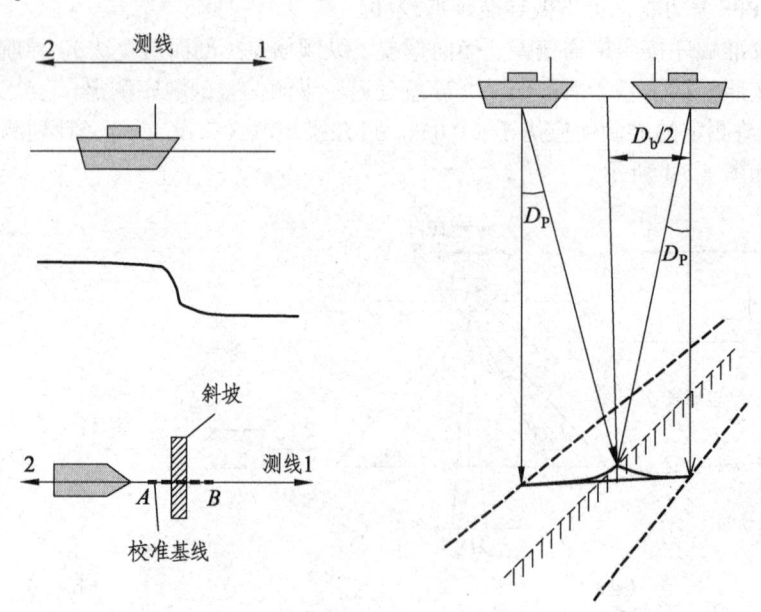

图 4.5.3　纵摇偏差校正示意图

④ 测深与定位的时间延迟测定的准确度应优于 ±0.1s；可在特征物上布设测线，同速度往返通过目标测量两次，此法称为同一目标探测法；或同向不同速度通过目标，速度差别尽可能大，同时要保持均匀并严格在计划航线上行驶，此法称为剖面重叠法，测量中应尽量采用此法。

4. 水位控制与改正

（1）可采用实测水位观测资料，GNSS 大地高推算潮位以及潮汐数值预报方法进行水位控制。测区水深大于 200 m 时可不进行水位改正。

（2）水位观测准确度应优于 5 cm，时间准确度应优于 1 min。验潮站布设的密度应能控制全测区的水位变化。相邻验潮站之间的距离应满足最大潮高差不大于 1 m、最大潮时差不大于 2 h、潮汐性质基本相同。

（3）采用航前、航后测量船舶吃水的方法进行测深仪系统吃水改正，船舶吃水测量精度要求优于 5 cm，航次中间吃水通过差值进行计算，小船或无人船测量建议采用动态吃水改正。

5. 海上测量

1）换能器吃水测量

（1）每次测量开始前、结束后均应测定换能器吃水深度。

（2）调查船吃水深度非均匀改变的事件前后，应测量吃水深度。

（3）测量吃水深度时应选择船体相对平稳状态时进行，两次或两次以上测量误差应小于 10 cm。

2）声速剖面测量

（1）在每次进入测区开始测量时，进行 1 次全深度声速剖面测量。

（2）在作业过程中应实时监控、评估表层声速仪采集数据情况，保证数据准确可靠。

（3）在浅水海域（水深小于 200 m），应全程采用全深度实测声速数据，在 0.5°×0.5°范围内至少应有 1 个声速剖面，时间控制范围为前 3 d 后 4 d 共 7 d。

（4）现场测量中，应当注意观察监控界面，当测量条幅长时间（大于 1 h）表现为对称弯曲时（"哭脸"或者"笑脸"弯曲地形假象）应及时更换声速剖面数据。

（5）当调查区内影响声速的水文条件（温度、盐度）变化较大时（在河口及近岸测区，及异常天气情况下），应增加声速剖面的测量次数。

（6）每个声速剖面的声速测量准确度应优于 0.5 m/s。

（7）声速剖面在时间、空间上应保证多波束条带测深的边缘波束位置处水深准确度符合相关要求。

3）航行要求

（1）测量船应保持匀速、直线航行，船速宜小于 10 kn。

（2）测量时船只应提前 500 m 上线，保持匀速直线航行，航向修正速率应不大于 5°/min；遇到特殊情况（障碍物等），应采取停船、转向或变速措施，并及时定位。

（3）实际测线与计划测线偏离不大于测线间距的 15%。

4）补测和重测

（1）漏测测线长度超过图上 3 mm 时，应补测。

（2）实际测线间距超过规定间距 15%时，应重测。

（3）主测线和检查线比对不符合 4.5.1 款"4. 调查测线布设"要求时，应重测。

（4）数据丢失的，应重测。

5）数据采集与记录要求

（1）每一测线记录的数据项应包括：测线号、点号、日期、时间、经度、纬度、水深等信息。

（2）24 h 内备份当天采集的原始记录数据，7 d 内备份全部原始记录数据，由专人负责归档信息记载和数据管理。

6）质量控制

（1）测量过程中应实时监控多波束测深系统的工作状况，评估多波束发射和接收信号、各传感器数据等的质量。应实时监控测线航迹状态，确保施测的测线间隔满足要求。当现场监测发现质量不符合要求时，应停止作业。如果系统发生故障应立即停止作业，待查明原因并对相关设备进行检测和校准，确定系统工作正常后方可继续作业。

（2）测量过程中应填写多波束测量记录，记录每条测线的测量情况，测线无异常情况时，每 30 min 记录一次。数据备份、系统故障、系统参数设置和更改、突发状况等均应记录，如有必要可另附详细说明。

（3）测量负责人应每天至少检查一次数据质量，并记录检查情况。发现漏测、仪器异常、测深数据质量差等不符合测量精度要求的情况，应及时进行补测和重测。

（4）测量负责人应根据测量和完成情况，对完成的测量数据进行质量评价。

4.5.3 数据处理

1. 数据编辑要求

（1）对于定位数据中的跳变点、罗经数据中的航向异常变化和运动传感器数据中的船姿跃变等应进行编辑改正处理。

（2）可利用坡度、深度、信噪比等参数对深度数据进行自动滤波处理，剔除不合格数据，但应检查正常地形是否被误删除，地形复杂区域或必要时需利用人机交互方法剔除不符合的数据。

（3）深度数据编辑应遵循水深变化区间原则、地形变化连续原则、相邻条幅对比原则和中央波束基准原则。

2. 深度改正项目及要求

（1）换能器吃水改正：根据实测的换能器吃水，按照时间线性内插法求得其改正数；对于动态吃水，可根据速度进行内插。

（2）换能器安装偏差改正：根据计算得到的校准参数改正。

（3）姿态改正：将调查作业时实时采集的姿态（横摇、纵倾、升沉等）信息与测深点融合处理。

（4）声速剖面改正：声速剖面采样节点应满足软件对声速剖面数据要求，应保留声速剖面曲线的拐点和表征声速跃层变化点，采样点甄选应遵循"浅层密、深层疏、拐点密、直线疏"的原则。

（5）潮位改正：对于水深不大于 200 m 海区，应作潮位改正。

4.5.4 成果图绘制

成果图可根据需要分别以水深图、水下地形图、反向散射镶嵌图等形式输出，制图要求应符合测量任务规定的技术标准，制图方法见 GB/T 17834—1999。

4.5.5 测量报告

测量报告应真实地反映测量工作的过程和质量评估等情况，主要内容应包括：

（1）测量任务的来源与目的。
（2）测量设备和测量船的主要参数。
（3）仪器设备的测试与试验结果。
（4）测量实施主要过程与完成工作量。
（5）质量控制与数据备份。
（6）结论和建议。

测量报告中应附上航迹与测深覆盖图，能反映现场质量的水深图或三维地形图以及所有须交付的资料清单等。

4.5.6 资料提交

（1）技术设计书、实施方案及任务合同书等相关文件。
（2）导航定位仪、测深仪、验潮仪、表层声速仪、声速剖面仪等仪器检定/校准报告（含自校或送检报告）。
（3）船舶配置参数文件（含船型、各设备相对位置及校准参数）。
（4）定位及姿态改正资料。
（5）换能器吃水资料。
（6）水位改正资料（含基准面确定关系）。
（7）声速改正资料（含声速剖面或温度、盐度、深度等调查资料）。
（8）原始测深数据。
（9）后处理数据（即编辑后数据）。
（10）水深测量成果数据文件（包含离散水深数据、网格数据）。
（11）现场原始记录及航次报告。
（12）技术总结报告（即资料处理报告）。
（13）质量评价报告。
（14）数字水深图。
（15）测线航迹图。
（16）多波束覆盖图。
（17）海底地形图、海底三维地形图、海底地貌图，海底地形地貌调查成果图等。

4.5.7 常用多波束测深系统介绍

1. SeaBat T50-P 多波束测深系统

SeaBat T50-P 是 SeaBat T 系列产品的新成员，是 7125 的升级版，如图 4.5.4 所示。得益于 T 系列从底层硬件展开的新一代可扩展性设计，搭配便携式声呐处理器，简单易用。T50-P 完整支持 190～420 kHz 工作频率灵活变换，特别适合小型船只的快速安装，结构紧凑，更小的占用空间及最优化接口配置；波束数量为 512 个，波束角为 0.5°×1°（400 kHz）、1°×2°（200 kHz），等距模式覆盖宽度 150°，等角模式覆盖宽度 165°，最大工作水深为 575 m。

图 4.5.4 SeaBat T50-P 多波束测深系统

2. EM 2040 MKⅡ多波束回声测深仪

EM 2040 MKⅡ是一款浅水多波束测深系统（见图4.5.5），它具有以下特点：

（1）在线调频功能：频率范围为200~400 kHz，声兼容性更高，支持实时频率变化，能够提升条带数据质量，延长复杂地形测量的作业时间。

（2）采集数据类型更丰富：包括水体探测（水柱数据）、底反射数据、侧扫数据。

（3）更完善的姿态补偿：在横摇补偿的基础上，实现纵摇实时补偿和艏向补偿，用以优化大水深低频率测量时，测量船纵摇和艏向变化引起的条带起伏和扭转，提升100~500 m水深测量时的数据精度和测量效率。

（4）智能测量算法：自动量程和参数设置，初步智能化操控（操作更智能，如对底、特殊地形、特殊目标物管线、沉船进行追踪、细致化补点）等。

图4.5.5　EM 2040 MKⅡ多波束测深系统

3. R2SONIC 2024多波束测深系统

R2SONIC 2024是一款宽带高分辨率浅水多波束测深仪，如图4.5.6所示。系统工作频率可以在170~450 kHz 以 1 Hz 的步进值改变，并且可以选择使用 700 kHz 的高频信号。用户在使用中可以非常灵活地权衡调整分辨率与量程，同时控制来自其他声学设备的噪声干扰。除了可选的工作频率外，R2SONIC 2024还可以在10°~160°改变测量扇区开角及进行扇区旋转。频率的切换及扇区开角变换都可以在测量中实时进行。波束聚焦能力达0.3°×0.6°，系统量程为0~400 m +，嵌入式处理/控制器，体积小，轻便，低功耗。

图4.5.6　R2SONIC 2024多波束测深系统

项目 5　海洋地质地貌探测

知识目标

掌握侧扫声呐的工作原理及测线设置。

能力目标

掌握侧扫声呐的实施。

思政目标

严谨的工作态度，爱岗敬业、吃苦耐劳的精神。

任务 1　海底地貌及底质探测相关知识

海洋地貌是指海底表面的形态、样式和结构。由于地壳构造等内营力、海水运动等外营力相互作用生成，并由于这种作用的性质、强弱和时间等因素，使海底地表起伏形成不同规模的地貌单元。整个海底可以分为大陆边缘、大洋盆地和大洋中脊三大基本地貌单元，以及若干次一级的海底地貌单元。

海底地貌探测是通过海底地貌探测仪来实现的，通常采用的是侧扫声呐系统。

海底底质探测主要是针对海底表面及浅层沉积物性质进行的测量。探测工作是采用专门的底质取样器具进行的，可以由挖泥机、蚌式取样机、底质取样管等来实施。这些方法可在船只航行或停泊时，采集海底不同深度的底质，也能够采集海底碎屑沉积物、大块岩石、液态底质等。其中，用于深水取样的底质采样管，分别有索取样管和无索取样管两种。海底底质探测也可以采用测深仪记录的曲线颜色来判明底质的特征。为了探测沉积物的厚度和底质的变化特征，采用浅地层剖面仪、声呐探测器等，浅水区还可以采用海上钻井取样。在所有的海底底质探测手段中，基于声学设备通过获取海底底质声呐图像反映海床底质、地貌的方法具有简单、有效等特点。

5.1.1 侧扫声呐及其声呐图像

1. 概 念

侧扫声呐，又称为海底地貌探测仪、海底地貌仪、旁侧声呐或旁扫声呐，其基于回声探测原理进行水下目标探测。它可显示海底地貌，确定目标的概略位置和高度。顾名思义，侧扫声呐是运用海底地物对入射声波反向散射的原理来探测海底形态和目标，直观地提供海底声成像的一种设备。仪器主要由换能器、发射机、接收机、收发转换装置、记录器、主控电路等组成，如图5.1.1（a）所示。

目前，侧扫声呐系统在海底障碍物的探测和识别方面达到了一个较高的水平，被广泛地应用于港口、航道测量、复杂海区的海底地貌探测中，以探测测线之间的障碍物，成为当前海底调查的一种重要的探测工具。仪器分单侧和双侧两种，目前多使用双侧地貌仪。

需要注意的是，侧扫声呐是一种主要用于大洋底勘探（一般是二维声成像），而不是用于测量距离或深度的声呐。将换能器向船的一侧倾斜，形成扇形侧区覆盖，如图5.1.1（b）所示。侧扫声呐的水平波束宽度很窄（1°～2°），垂直波束宽度很宽（40°左右），以这样的波束对海底扫描。海底测绘用的是双侧扫声呐，把两个换能器装在称为"鱼"形或流线型的拖曳体内，为了获得最佳效果，拖曳体离海底的深度是可调的。测量船通过拖曳电缆，将地貌仪换能器基阵拖鱼拖曳在离船尾一定距离和深度上进行测量的情形。

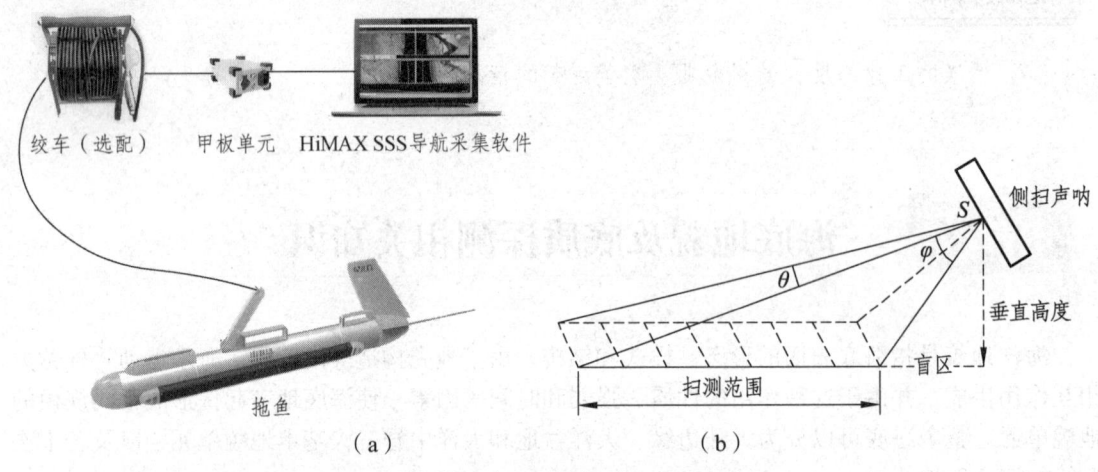

图 5.1.1 侧扫声呐系统组成和工作示意图

侧扫声呐系统的横向距离取决于许多因素，包括：
（1）发射的频率和脉冲速率（由于声在水中被吸收，频率越高距离越短）。
（2）声能和声脉冲的方向性（取决于换能器的物理性质）。
（3）换能器的倾斜角；拖鱼在海底上面的高度。
（4）介质和反射面（噪声和目标靶的强度）的物理性质。

大多数的仪器制造者和用户建议将工作拖鱼放置的高度设置为横向最大距离的10%，以便能够获得更好效果。

侧扫声呐的分辨率是指从周围环境鉴别目标靶的能力。横向或水平分辨率是分辨平行于船迹的两个目标（或物体）的最小距离，这个分辨率取决于水平波束的宽度、船的速度、脉冲发射的速率、纵向记录比例尺和目标靶的反射率。垂直分辨率是在垂直于船迹的方向上分离两个目标（物体）的最小距离。这种分辨率取决于目标靶的反射率和它离开海底的高度、横向记录比例尺、脉冲长度和垂直波束宽度。

侧扫声呐的工作方式一般为拖曳式，但考虑到测区地形条件和操作方便，拖鱼（换能器）也可为船侧固定安装，即挂式，类似于多波束安装方式；根据测量要求与目的不同，换能器还可在船艏安装。拖曳式作业，拖鱼受船体噪声影响小，成像分辨率高。但由于作业中换能器被拖缆拖拉在测船后一定的位置和深度，除声速的不准确外，船速、风海流等均会给声响图像中目标位置的计算带来影响，对船舶驾驶速度、航向等要求较高。能挂式作业，由固定杆等装置固定拖鱼，拖鱼吃水深度等几何参数可人工量取，与定位装置的位置关系容易换算，且不受风、流和拖缆弹性误差的影响，但是受船体噪声和姿态变化的影响较大。两种方式各有利弊，可结合具体工作环境条件，选择合适的安装方式。

2. 声呐图像

如图 5.1.2 所示，测量船通过拖曳电缆，将侧扫声呐换能器基阵（即拖鱼）拖曳在离船尾一定距离和一定深度上进行测量的情形。因侧扫声呐换能器收到海底各点回波的时间有先后之分，所以记录器在将一次声波脉冲发射过程中的各点回波记录时，是按先后次序依次记录在一条连续的横线上的（有回波为黑色线段，无回波为白色线段或相反，有的仪器采用彩色打印，用色度表示，原理基本相同）。此外，也可以通过模数转换电路以数字形式在显示器上显示、记录。图中，O 为零位线，M 为海面线，它是从海面 M 反射回来的回波信号记录线，OM 为换能器吃水深度，A 为海底回波信号记录线，OA（H_f）为换能器至海底的深度，C 为礁顶。

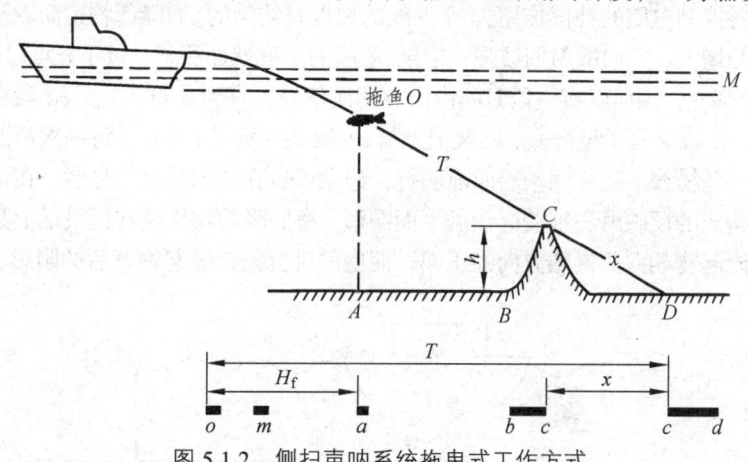

图 5.1.2 侧扫声呐系统拖曳式工作方式

回波信号的强弱除与海底地貌的起伏、海底底质的性质等有关外，还与传播路径的远近有关。在海底平坦处，回波信号的强度随着距离的增大而迅速减弱。为了使记录纸上记录信号的黑度变化，只反映地貌的起伏，就必须消除回波记录黑度随距离衰减的现象，仪器为此设置了时间增益控制设备加以补偿，使得在相同底质且基本平坦的海底上，各处反向散射回波被接收机接收后，在记录纸上记录成一样的黑度。反过来讲，如果记录纸上是一条黑度相同的直线，则表示此段为平坦的海底。如果海底地貌起伏变化，则会引起回波强弱变化，在记录纸上则以浓淡不同的黑度表示出来。

通常情况下，硬质、粗糙、凸起的海底回波强；软质、平滑、凹陷的海底回波弱；被遮挡的海底不产生回波；距离声呐发射基阵越远，回波越弱。如图 5.1.3 所示，第①点为发射脉冲，正下方海底为第②点，因回波点垂直入射，回波是正反射，回波很强；海底从第④点开始向上凸起，第⑥点为顶点，所以第④⑤⑥点间的回波较强，但是这三点到换能器的距离不同。第⑥点最近，第④点最远，所以回波返回到换能器的顺序是⑥→⑤→④，这也充分反映了斜距和平距的不同。第⑥点与第⑦点之间的海底是没有回波的，这是被凸起海底遮挡的阴影区。第⑧点与第⑨点之间的海底也是被遮挡的，没有回波，也是阴影区。

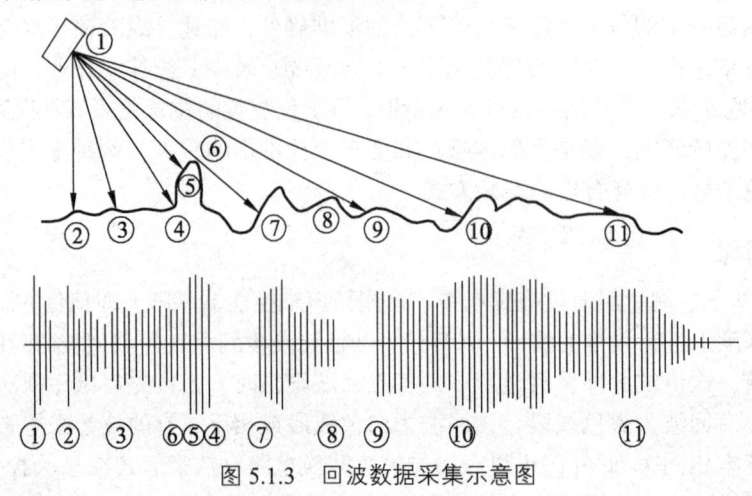

图 5.1.3　回波数据采集示意图

如图 5.1.4 所示，海底有一障碍物（如暗礁、沉船等）。从 a 至 b 这一段海底基本是平坦的，由于接收机时间增益控制电路的补偿作用，a 至 b 线的黑度是均匀的。而隆起物正面 b 至 c 一段海底，由于声波的掠射角大，反向散射回波强，记录 bc 段的黑度就加深了。过了 c 点以后，由于 Oc 和 Od 的斜距有一个突变，因而就有一段时间内没有回波信号，直到 d 点为止，cd 段在记录纸上就没有记录。再向前，de 段又是平坦海底，回波记录与 ab 段又一致了。这样，每一次声波发射的回波，在记录纸上记为一条横线。随着测量船向前航行，记录纸也在均匀移动，显然，在记录纸上就形成了由一条条横线构成的反映海底地貌起伏的平面图形。海底隆起物反映在记录纸上是左黑右白的图形，黑的部分是隆起物朝向测量船方向的正面，而白的部分是该隆起物背后的阴影。

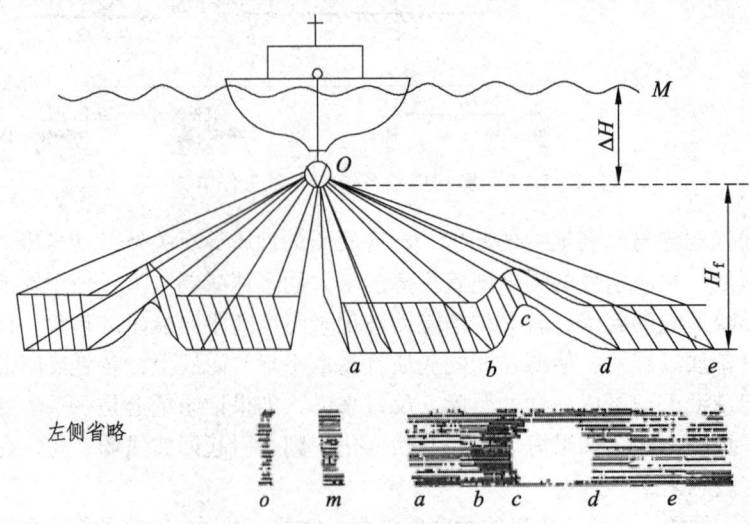

图 5.1.4　侧扫声呐扫描凸起物的情形

对于海底凹陷部位(如沟或坑),没有回波,反映在记录纸上为白色;而朝向换能器的一侧,反向散射回波变强,反映在记录纸上为黑色。海底凹陷部位的地貌声图是先白后黑,白色"影子"的长短在一定条件下反映出凹陷部位的深浅程度。

将图 5.1.4 所示的这些条带拼接起来便形成了如图 5.1.5 所示的海底地貌图像。

图 5.1.5　侧扫声呐图像

在声呐曲线图上有许多引起失真和干扰的因素,这些干扰因素可分为几何形状、周围环境和仪器 3 个方面。几何形状的失真是由于声波的倾斜、横向和纵向记录比例尺不同、海底坡度以及指引拖鱼的左右摇摆、前后颠簸和偏转等引起的。这些因素还导致声图的横向和纵向比例尺不等,产生声图变形,从而引起声图中的目标变形。有的因素直接影响目标图像变形,如水平开角影响目标距离变形。而由于声学散射模型的不准确、声呐参数的突然变化、海底起伏等多种因素的影响,声图灰度并不与海底底质对应,也会产生灰度畸变。

3. 声呐图像畸变

1)几何畸变

(1)比例尺不等变形。

二维声图的纵向与横向的单位长度所表征的实际长度相等,即表示纵向与横向为 1∶1。如果纵向的单位长表征 1 m,而横向的单位长表征 0.5 m,则表示纵向与横向为 2∶1,在此纵向与横向的比例条件下,圆球目标变成椭圆。当船速增大时,椭圆目标的短轴也随着变短。这时如果存在方形目标,随着船速增大,方形目标变成横向的长方形目标。当船速继续增大,椭圆目标和横向长方形目标的短轴均变得更短,如图 5.1.6 所示。

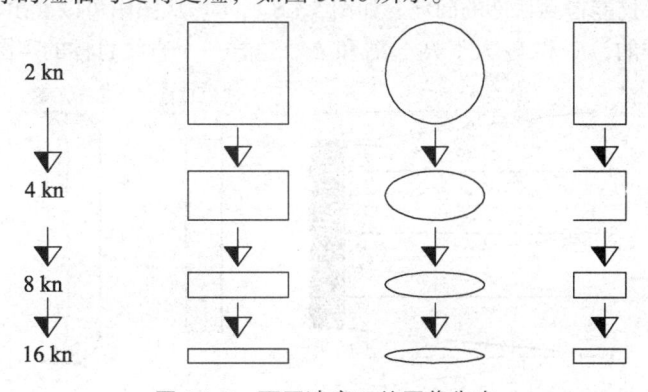

图 5.1.6　不同速度下的图像失真

（2）声线倾斜变形。

由于换能器基阵向倾斜方向海底发射声波，并接收倾斜方向海底的反向散射声波。在声图上扫描线反映换能器基阵至海底的倾斜距离，使声图横向产生比例尺不统一，引起声图目标横向变形。图 5.1.7 所示为声线倾斜变形示意图，靠近换能器下方的目标 D_1 和 D_2 分别对应几乎等长的斜距 R_1 和 R_2，而远处与 D_1D_2 距离相等的两目标 D_3 和 D_4，与它们对应的斜距 R_3 和 R_4 就有明显的差别。如果没有倾斜修正，近处的面积被压缩，远处的面积被扩展，这样没有修正的图像就不能正确地反映海底的地貌。

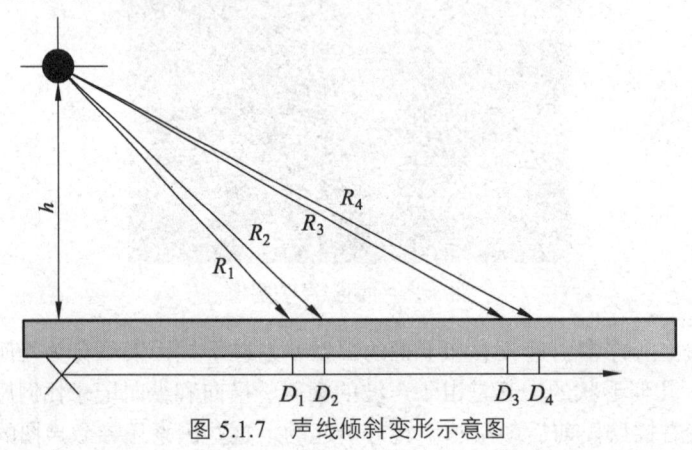

图 5.1.7　声线倾斜变形示意图

（3）拖鱼高度变化使声图横向比例尺变化。

由声图结构可知，在声图上发射线至海底线的长度，表示拖鱼离底的高度。如水深变深，拖鱼至海底的高度变高，反映在声图上呈现零位线至海底的宽度加长，占用声图横向宽度增宽；同时，横向扫描线缩短，占用声图横向宽度变窄。这样的结果，使声图横向比例尺缩小。

（4）海底倾斜坡面引起横向比例尺变化。

扫测船顺海底倾斜面的走向扫测，迎斜面的一侧横向比例尺缩小，顺斜面的一侧横向比例尺增大。

（5）由于换能器水平开角大或副瓣大引起的双曲变形。

低频侧扫声呐一般情况下换能器的水平开角都比较大，有些高频侧扫声呐的水平开角虽说不大，但由于换能器设计不好，有较大副瓣，也相当于主瓣展宽了。这时，测量一个目标时，由于开角大或存在较大的副瓣，换能器还没有正横通过目标时，就已经得到了目标的回波，而换能器已经正横通过目标，仍能得到目标的回波，如图 5.1.8 所示。从图中可以看出，5 次发射得到目标回波的时间是不一样的，R_1 和 R_5 大于 R_2、R_3 和 R_4，这样一个直线目标的声图就产生了弯曲。

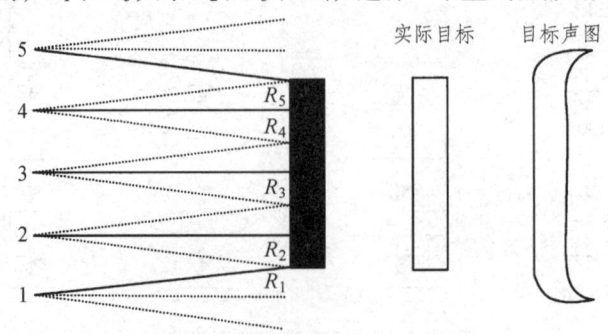

图 5.1.8　水平开角大引起目标变形

2）灰度畸变

灰度畸变指声图记录的灰度与实际海底的反向散射强度存在偏差，这是由于声呐采用的声学模型不准确或简化造成的。存在的声学散射模型不可能完全概括反向散射强度、入射角和频率等因素的关系，波束指向性、发射阵列不对称、波束照射区的不准确量化以及时变增益（TVG）函数的计算与实际的物理属性不匹配等方面的因素，都可能造成灰度畸变。

理想情况下，声呐应发射出强度一致或连续变化的波束，但实际上很难做到，即使通过水池或野外标准试验场校正，波束指向性曲线仍存在残差。

声波与海底进行交互，波束指向性、波束开角、入射角、脉冲宽度、发射功率、接收增益、信号频率等均影响交互过程，这些参数的变化影响声呐采集的数据。尽管数据采集时声呐指向性应尽可能准确、理想化，但复杂的海洋环境、不完善的校准或声呐参数的变化，仍会给回波数据带来误差。脉冲宽度、频率、发射功率、接收增益等参数变化时，波束指向性曲线发生变化，即使声呐考虑了这些参数的变化，但由于其对回波强度的量化不准确，仍会引起声呐图像出现明显的变化。

声呐通过声传播的时间差计算距离，而声传播会引起能量衰减。近场声呐信号的传播损失较小，而远场信号的传播损失较大，使得回收信号的强度为整体呈指数衰减的脉冲串。经过时间增益改正后的声图仍然存在灰度不均衡，声呐系统本身和声学散射模型的准确性都对时间增益改正的效果有影响。

此外，周围环境的失真和干扰经常是由于同时作业的其他电子仪器、水中较密的悬浮粒子、表面噪声和反散射、气泡、海洋生物、水温和水流的变化等引起的。仪器失真主要是由于记录螺旋线有缺陷或记录纸以及波道之间的电信号相互作用引起的。

5.1.2 基于声呐图像判读海底地貌

侧扫声呐发射出去的声波，被海底物质或水中物体反射，水中物体或目标会挡住部分声波使其不能到达海底因此在海底形成声影区。声呐回波信号的强度、尺寸、形状，声影的尺寸以及目标的相对位置等都可以作为海底目标探测识别的重要特征。

声呐图像判读利用高分辨侧扫声呐图像，使用现有的信号处理及数值分析方法，根据目标的特点提取有效特征，然后结合线性或非线性的识别方法进行目标识别和分类，如边缘检测法和图像分割法等目标提取的方法。为了能从声图上繁杂的图像中判读出目标图像及地貌图像，必须对各类声信号的图像进行分类，依次建立相关特征，以及各自的图像特征，为判读所需的目标图像和地貌图像提供必要的特征指标。声图图像可分为四类，即目标图像、海底地貌图像、水体图像和干扰图像。

目标图像包括沉船、鱼雷、礁石、海底管线、鱼群及海水中各种碍航物和建筑物的图像。根据各类目标在海底的状况，又可以进一步分类，沉船图像可分为整体沉船图像、断裂沉船图像，如图 5.1.9（a）所示；礁石图像可分为孤立礁石图像、石群图像；群图像可分为水面鱼群图像水中鱼群图像、水底鱼群图像。

图 5.1.9（b）所示的海底地貌图像包括海底起伏形态图像、海底底质类型图像、海底起伏和底质混合图像。海底起伏形态图像，如沙波、沙洲、沟槽、沙砾脊、沙斤、凹注等形态；海底底质图像，如漂砾、沙带、岩石等。

(a)沉船图像分类

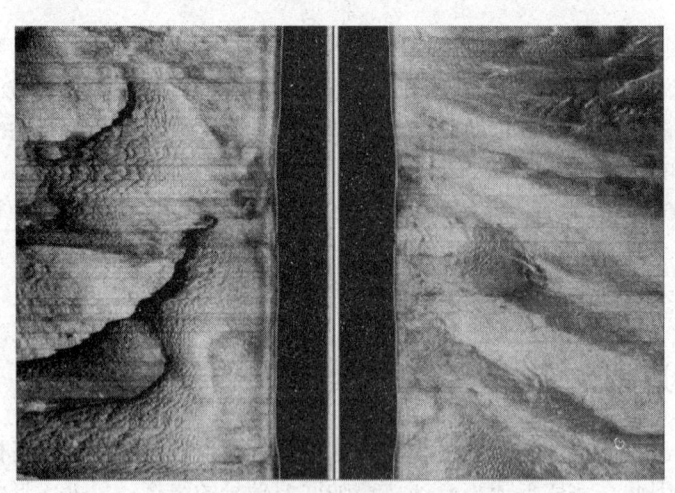

(b)海底地貌图像分类

图 5.1.9　沉船及海底地貌图像

水体图像包括水体散射、温度阶层、尾流、海面反射等水体运动形成的图像。

干扰图像包括换能器基阵横向、纵向和舶向产生摇摆的干扰图像，海底和水体等的混响干扰图像，各种电子仪器及交流电源产生噪声的干扰图像。

声呐图像是海底目标、海底地貌、水体和干扰等多种反射声波的接收信号特征的记录，这些特征称为判读特征，也称判读标志。因为判读声图图像的处理过程是由人眼完成的，所以从声图图像中判读目标或地貌图像的特征应符合视觉的特征。根据人眼的机理特点，结合声图的特点，进行可见声图图像判读。声呐图像具有如下六种判读特征。

（1）形状特征。形状特征是指某类图像外部轮廓在声图上表现出的形状。目标和地貌的实际形状不同，其在声图上的图像形状也不同。图像形状在一定程度上反映出目标的性质及地貌类型，因此形状特征是判读目标和地貌的重要依据之一，并应结合声图各类变形来判读图像形状特征。

（2）大小特征。大小特征是指在声图上的尺寸。根据声图纵横比例尺能明确给出目标或地貌大小的概念。因此，判读图像之前应弄清声图比例尺变化情况。

（3）色调和颜色特征。色调特征是对黑白声图而言，彩色特征是对伪彩色声图而言。色调特征是指声图上所表示的灰阶由深到浅的灰度。在声图中，人眼可以感受到 8 个层次灰阶的灰度变化。

（4）阴影特征。阴影特征是指目标和地貌高出海底面阻挡声波照射的地段，在声图上表示为无灰度的小区域。阴影长度反映目标和地貌隆起高度，是测量降起高度的依据。

（5）纹形特征。纹形特征是指声图上强灰度的灰阶形成的各种形态特征，如鱼群的形态，燕尾形态；沙波的波状形态；浅层气体的条带状、椭圆状。纹形特征在声图反映呈多种形状，如点状、线状、环状、条带状、棚状等形态。

（6）相关体特征。相关体特征是指伴随某类图像同时出现的无固定纹形特征的相关图像，如沉船图像周围必然伴随有堆积和沟槽图像。

在充分理解声图的结构、分类和特征的基础上，建立各类典型声图的判读特征。反复识别熟悉各类典型声图的判读特征，使各类典型声图图像所包含的判读特征及其数量和排列组合特征，能够在大脑中具有深刻的印象。具备了判读声图基本技能，并结合一般知识，在判图过程中逐步深化。在判读声图图像时，还应特别注意参阅作业过程的详尽记录，以声图的 3 个区域进行判读目标和地貌图像，过滤非目标图像，筛选出所需的目标图像。一般可采用以下四种方法进行判读声图图像。

（1）直接判读法：利用判读特征，直接对一张声图图像判读目标和地貌。
（2）对比判读法：把粗扫测与扫测的声图进行对照比较来判读声图中的目标和地貌。
（3）邻比判读法：把两扫测重叠带的图像相拼，对照比较判读目标和地貌。
（4）逻辑推理判读法：根据扫测区的水体情况、潮流和气象等动力因素海底底质分布状况、海区特点及海底地貌、海事资料，并结合扫测记录，来判读声图的目标和地貌图像。

影响判读效果的因素是多方面的，当各种判读因素提供得充分时，判读成功率高。影响判读声图中的目标和地貌成功率的主要因素有判读人员对声图的结构、特点、特征的理解认识程度、扫测记录的详尽程度、扫测符合规定要求情况、仪器状态以及声图图像清晰程度等。

利用声呐图像除可以判断目标和海底地貌特征外，声呐图像还可用于计算目标的形状、尺寸和深度等几何参数。图 5.1.10 中，d_F 为铅鱼深度；H_F 为一铅鱼距海底的高度；d_T 为目标靶的深度；H_T 为目标靶的高度；R_T 为目标靶的量程；R_S 为影子的距离延伸；S_T 为目标靶的水平距离；d_V 为垂直深度。根据这些参数，则可确定垂直深度、目标高度及目标靶的水平距离。

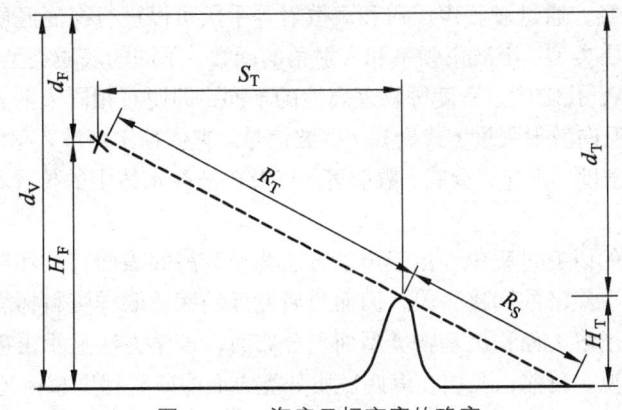

图 5.1.10 海底目标高度的确定

垂直深度：
$$d_V = d_F + H_F \tag{5.1.1}$$

目标高度：
$$H_T = H_F \left(\frac{R_S}{R_T + R_S} \right) \tag{5.1.2}$$

目标深度：
$$d_T = d_F + H_F \frac{R_T}{(R_T + R_S)} \tag{5.1.3}$$

目标靶的水平距离：
$$S_T = R_T \left[1 - \left(\frac{H_F}{R_T + R_S} \right)^2 \right]^{\frac{1}{2}} \tag{5.1.4}$$

上述参数是在理想情况下通过几何关系获得的各计算项模型。需要指出的是，由于传统侧扫声呐在定位和定姿方面存在缺陷，通过上述模型很难准确计算实际的深度、高度和距离。只有附加声学定位系统（如长程超短基线系统）为拖鱼定位，并在拖鱼体内安装姿态传感器，为拖鱼确定准确的位置和姿态，对声呐图像数据进行严格的处理，利用上述模型才能获得很好的计算结果。现代高精度测深侧扫声呐拖鱼上安装了这些设备，因而可实现高精度测深以及为目标准确定位。

根据侧扫声呐声图判断海底的地貌状况关系，目前大都是通过软件进行的。国内外还没有一个完美的海底地形及障碍物识别和判断软件，因为侧扫声呐声图判读不单单是仪器本身性能的问题，还与测量人员的工作经验的多少、声图质量的好坏以及探测海底的历史资料等因素密切相关。因此，判读问题是侧扫声呐探测的一个关键技术。

5.1.3 基于声呐图像划分海底底质类型

海底底质声学特性一直是海洋地质、水下工程地质、海底矿产资源、海洋渔业和水下通信等领域重要的研究内容，通过海底声反射和声散射等手段可以进行海底底质的声学特征研究。回波强度是目标或底质类型、声波束频率和入射角的函数。不同的底质类型（基岩砾石、砂、泥等），由于其粒度大小、孔隙度、密度等物理属性的不同，即使对相同入射方向和强度的声波信号，也会产生不同的反向散射强度（或振幅）回波信号。它依赖于声波入射角、海底粗糙度、沉积物的声学参数（如密度、声速、衰减、散射等）以及声波在水体中的传播状况，反映了海底不同底质类型特征。

在海洋地质领域的研究过程中，由于声学方法为研究海底表面特性和海底底质特性的分类提供了一种十分快捷、经济的间接手段，因而当研究区的底质取样资料稀少（或因是砂质海底而难以取样）及需要了解大面积沉积物类型面上分布时，声学方法显示出极大的优越性，受到广大研究者的高度重视。目前，我国在海底底质分类方面的研究程度整体还有待提升。

按照测量仪器获得的海底声呐图像的不同，海底分类常采用的方法有如下几种。

1. 剖面声呐、测深仪法

对用剖面声呐、测深仪法提取的声学特征进行下列 5 种方法的计算和统计分析，以进行海底底质分类。

（1）反射系数。

（2）累积能量归一曲线（取决于沉积物衰减系数）。

（3）反射信号的时域波形特征（幅度分布统计、直方图等）。

（4）反射信号的频域特征。

（5）回波的屏间相关统计。

2. 侧扫法

将用侧扫法提取的声学参数进行以下 3 种方法的计算和统计分析，以进行海底底质的分类。

（1）回波强度的统计量（分位点）。

（2）纹理特征提取。

（3）斜入射反向散射强度与入射角的关系。

3. 多波束法

将利用多波束方法提取的声学特征进行下列 8 种方法的计算和分析，以进行海底底质的分类。

（1）均值。

（2）分位数（Quartile）。

（3）标准偏差（Standard deviation）。

（4）对比度（Contrast）。

（5）频谱。

（6）回波幅度的直方图等。

（7）分形锥法。

（8）神经网络法。

综合看来，海底底质分类的能力和效果不仅取决于所使用的声呐手段，还取决于分类算法。剖面声呐和测深声呐使用的都是正入射信号，回波中能更多地携带地层信息，能以较高的置信度推测沉积物的物理性质。其中，宽带剖面声呐所得到的分类和特征估计的效果要好于普通测深仪所得到的效果，但由于普通的低频宽带剖面声呐换能器的开角非常大，因此，当海水略深时，回波中底表面和内部的散射信号将会混淆。两种声呐共同的缺点是所测得的信息只是换能器正下方的单点信息。多波束和侧扫声呐系统除了可以得到近垂直入射的声波外，还可以得到多角度散射信号，信息量大，尤其是它可以得到较大面积海底表层沉积物的信息工作频率高，在海底地形全覆盖测量方面应用前景十分广阔。但是，多波束系统难以得到较深地层的信息。

任务 2　侧扫声呐海底地貌探测实训

侧扫声呐海底地貌探测基于我国交通运输行业标准《侧扫声呐测量技术要求》（JT/T 1362—2020）实施。

5.2.1 一般要求

1. 测量基准和投影

（1）坐标系统应采用 2000 国家大地坐标系（CGCS2000）；采用其他坐标系统应与 CGCS2000 进行联测，建立转换关系。

（2）时间应采用北京时间，当采用其他时间基准时应标明。

（3）测量应采用高斯-克吕格投影，扫海测量（以下简称"扫测"）比例尺不小于 1∶10000，并应符合下列要求：

① 大于 1∶5000 比例尺测量采用 1.5°带投影。

② 小于或等于 1∶5000 大于或等于 1∶10000 比例尺测量采用 3°带投影。

2. 扫海测量

（1）下列情况应至少进行侧扫声呐 100%覆盖测量：

① 新辟港口的航道锚地等水域选址。

② 锚地及其与航道相邻的通道推荐航线和航路。

③ 邻近沿海港口航道水域的原有可疑物确认，如概位、据报、疑存疑位沉船的扫测。

④ 海上突发事件造成的沉没船舶及物体搜寻。

（2）下列情况应进行侧扫声呐 200%覆盖测量：

① 港口泊位、港池（回旋区）及航道通航条件确定。

② 危及航行安全的特殊浅点（区）及礁石扫测。

③ 各类水上丢失物搜寻，如水上助航标志遗失。

④ 对上述"（1）"中目标特征探测有要求的水域。

（3）侧扫声呐进行非全盖测量时，按任务要求施测。

（4）侧扫声呐扫测目标综合定位精度应优于 10 m，可通过交会等方法解算目标最或然位置，解算位置精度应优于 5 m。

（5）扫测需准确确定目标的位置、高度、最浅点水深、性质时，应进行其他手段补充测量或水下探摸。

5.2.2 系统配置

1. 硬 件

（1）侧扫声呐测量应使用导航定位设备，导航定位设备包括全球导航卫星系统（GNSS）接收机、水下声学定位系统等。

（2）GNSS 接收机应满足以下要求：

① 使用差分 GNSS 定位。

② 定位数据更新率不低于 1 Hz。

③ 实时定位精度优于 2 m。

（3）水深大于 30 m 的区域宜选用水下声学定位系统，定位精度应优于定位信标至测量船距离的 1%。

（4）侧扫声呐选择应考虑工作水深、分辨率以及更新率等因素，其主要技术指标应达到：
① 沿航迹方向的波束角：不大于2°。
② 探测能力：能分辨海底 0.8 m×0.8 m×0.8 m 大小的物体。
③ 记录方式：数字记录。
④ 拖鱼具有姿态传感器。
（5）处理设备应根据数据处理软件的设计要求进行配置。
（6）设备应按规定进行检验，符合要求后方可使用。

2. 软　件

（1）数据采集软件应具有以下基本功能：
① 实时采集并记录时间、位置、航向、船速、拖鱼离海底高度、拖缆长度、侧扫声呐的回波数据等，并具有回放功能。
② 实时导航和覆盖图显示。
③ 时变增益改正、船速改正、斜距改正等。
④ 目标图像量算、保存。
（2）数据处理软件应具有以下基本功能：
① 增益补偿、船速改正、斜距改正、拖曳改正等。
② 海底跟踪。
③ 坐标投影。
④ 地理编码。
⑤ 镶嵌。
⑥ 图像输出。

5.2.3　测前准备

1. 资料收集

（1）进行技术设计前，应收集测区下列资料：
① 测区已有的侧扫声呐数据和最新出版的地形图、海图。
② 控制测量成果资料及其说明。
③ 底质类型资料。
④ 助航标志及障碍物的情况。
⑤ 测区的水文气象交通等情况。
⑥ 其他与测量有关的资料如扫测目标的基本信息等。
（2）应对所收集资料的可靠性及精度情况进行全面分析，并做出对资料采用与否的结论性意见。

2. 技术设计

（1）设计人员应根据任务要求和实际踏勘结果编写技术设计书，技术设计书编写提纲参见如下四点要求。
① 概述。
概述主要包括测量任务来源、性质和目的，主要的技术依据，以及技术要求（包括测量区

域的范围、测量比例尺等）等内容。

② 测区简述。

测区简述主要包括测区行政区划、自然地理、经济状况、水文、气象、交通、水下地貌、航行条件，同时对测区已有的成果资料进行阐述，对资料的可靠性及准确度情况进行全面分析，并做出对资料采用与否的结论，还要根据测区工况条件和技术装备确定测量作业率、施测工期。

③ 设计方案。

设计方案主要包括采用的测量方法和使用的设备、数据采集与后处理所采用的软件，并预先估算测区定位中误差；确定使用的测量船和设备安装方案；确定设备的检验方法；确定测线的布设方向和间隔，计算工作量，确定测量方案。

④ 工作的组织和安全措施。

简述工作的组织概况和工作中需采取的安全措施等。

（2）技术设计书应经设计、审核、批准人员签字后执行。

3. 测线布设

（1）测线间距应由量程、水深、重叠宽度等因素确定。

（2）量程选择应考虑侧扫声呐的自身性能、目标尺寸、水深等因素，确保信号质量，满足探测任务要求的最小目标。

（3）扫测重叠宽度应按下式计算。

$$S_0 = 2\sqrt{E_0^2 + m_1^2 + m_2^2} + E_1 \tag{5.2.1}$$

式中　S_0——扫测重叠宽度（m）；

　　　E_0——测量船定位中误差（m）；

　　　m_1——测量船测定拖鱼位置的定位中误差（m）；

　　　m_2——定位点记入中误差（m）；

　　　E_1——测量船偏航的系统误差，即测量船航线与两定位点相连直线之间的最大横向位移(m)。

（4）测线间距应按如下两式计算。

100%覆盖时，测线间距为

$$D \leq 2nR \tag{5.2.2}$$

200%覆盖时，测线间距为

$$D \leq nR \tag{5.2.3}$$

式中　D——测线间距（m）；

　　　R——侧扫声呐单侧有效扫测宽度（m）；

　　　n——测线间距系数，取值依据重叠宽度而定，不应大于0.8。

根据任务要求，不需要全覆盖时，测线间距可根据成图比例尺确定。

（5）主测线应相互平行，测线方向宜平行于测区潮流方向、测区等深线走向、扫测区域的长边和扫测目标走向。

（6）精扫的测线布设应符合下列要求：

① 测量船航行应平行于目标走向，或与目标走向的夹角小于30°。

② 测线与目标的平距应满足目标分辨率的要求，并考虑定位中误差，应将目标置于有效扫测带宽的中间位置。

③ 围绕目标应有 3 个及以上不同方向的扫测，且应用至少 3 个不同方向测得的目标距离，通过交会等方法解算出目标的最或然位置。

④ 测量中，至少应布设 1 条跨越整个测区与多数测线相交的检查线。

4. 设备安装

（1）GNSS 接收机天线应安装在测量船顶部开阔区域。

（2）侧扫声呐甲板单元应安装在船舶摆动较小的舱室，且应有较好的通视条件；设备应有良好的接地条件，避免电信号干扰。

（3）拖鱼安装可选择拖曳方式或悬挂方式。采用拖曳方式时可拖曳于船艉、船侧或船舷；采用悬挂方式时宜安装于船侧或者船舷，应远离发动机或船艉位置，避免尾流影响。

（4）拖鱼入水前，应在甲板上进行联机测试，确认信号正常。

5. 设备调试

测量前，应在测区或附近选择有代表性的海域进行调试，确保侧扫声呐信号质量良好，图像清晰。调试完成后，采集和记录参数在测量时不宜再改动；遇特殊情况改动时，应及时在外业测量表上进行记录。

5.2.4 数据采集

1. 航行要求

（1）测量船应尽可能保持匀速、直线航行，拖鱼入水后，不应停船或倒车，避免急转弯；最大船速应按下式计算，同时单波束侧扫声呐测量最大船速不应超过 6 kn，多波束侧扫声呐和多脉冲侧扫声呐测量最大船速不应超过 10 kn。

$$v_{max} = 1.852 \times m \times L \times \frac{f_p}{n} = 0.926 \times \frac{m \times L \times c}{n \times R} \qquad (5.2.4)$$

式中　v_{max}——最大船速（kn）；

　　　L——需要扫测到的最小目标物尺寸（m）；

　　　n——每次通过探测到目标的最小脉冲数，粗扫取 3、精扫取 5；

　　　f_p——侧扫声呐每秒发射次数；

　　　c——声波在海水中的传播速度（m/s）；

　　　R——选用量程（m）；

　　　m——波束或脉冲系数，其中单波束侧扫声呐取 1，多波束侧扫声呐和多脉冲侧扫声呐取值大于 1、小于波束数或脉冲数。

（2）拖曳方式安装应使拖鱼离海底高度为所选量程的 8%～20%，悬挂方式安装使拖鱼入水深度大于测量船吃水深度 1 m。海底起伏较大的水域，可适当调整拖鱼高度。

（3）上线前应对准测线，拖鱼应在上线前至少 100 m 时保持航向稳定，实际可根据拖缆长度和测量船转弯半径确定。

（4）保持航向稳定，不应使用大舵角修正航向；风流压角不应大于3°。

（5）应经常检查测量船的实际船速，并使之保持在设计船速以内。当拖鱼离海底高度值变化时，可改变船速，但不应大于设计船速。

（6）应加强瞭望，注意过往船舶、网具等，防止拖鱼丢失。

2. 数据记录

（1）监视声呐图像质量、采集和记录参数，遇特殊情况时可适当调整参数，应保证图像清晰。

（2）监视数据采集软件是否正常，发现问题应及时处理。

（3）发现障碍物或特殊地貌形态，应及时记录。

（4）实时记录测量数据，应及时进行数据备份。

（5）数据文件应包括测线名称、位置、时间、船速、航向及量程、频率等信息。文件宜选择通用格式记录。

3. 外业测量记录表

（1）测量时应填写"侧扫声呐外业测量记录表"（表5.2.1）。

表5.2.1 侧扫声呐外业测量记录表

测量项目： 测量区域： 测量日期： 海况：
设备型号： 设备序列号： 采集软件： 测量船：
声呐拖曳点至GNSS天线的水平距离(m)：

序号	测线名称	文件名	上线时间	下线时间	航向/°	船速/kn	拖缆长度/m	量程/m	工作频率/kHz	备注

作业人员： 技术负责： 页码：

说明：如采用悬挂方式安装，声呐拖曳点至GNSS天线的水平距离为拖鱼至GNSS天线的水平距离。

（2）测线开始与结束应记录时间、测线名称和航向。

（3）遇到设备发生故障、拖缆长度变化等情况应及时采取措施并记录。

（4）在测量过程中遇到船舶等干扰物或网具等障碍物情况应及时记录，并采取相关措施。

（5）作业人员应对记录质量进行自检。记录应字迹清楚，不得涂改，各栏内容应按要求填写，并签名。

（6）作业组长应对外业测量记录表进行不定期抽查，技术负责人应对外业测量记录表进行全面检查。

4. 现场目标判读

（1）现场发现可疑目标应结合相邻测线或不同方向测线进行确认。当可疑目标被探测到两次以上时，可确认目标存在。

（2）可疑目标确认存在后，应量取目标尺寸、阴影长度获得目标的初步位置和走向，并初步判断目标的性质。

（3）探测目标离海底的高度应按下式计算：

$$H_0 = \frac{L_s \times H_T}{R_S} \tag{5.2.5}$$

式中　H_0——目标离海底的高度（m）；

　　　L_S——目标阴影的长度（m）；

　　　H_T——拖鱼离海底的高度（m）；

　　　R_S——阴影最远端至拖鱼的水平距离（m）。

5. 补测和重测

1）应补测的情况

（1）相邻定位点间隔大于图上 2 cm。

（2）测量船驶入、驶出测区定位点离测区边界小于图上 1 cm。

（3）重叠宽度不满足设计要求。

（4）测量船航向偏离测线方向大于 3°或风流压角大于 3°，使大面积声图无法正确拼接。

（5）测量船航向左右偏离，形成漏扫区。

（6）时变增益改正（TVG）等参数选择不当，造成与实际底质散射强度所对应的记录灰阶层次不符。

（7）海底线有规律的相对弯曲，盲区边界、远端最大作用距离相对弯曲变化。

2）应重测的情况

（1）水下地形变化、波浪、水温跃层、噪声以及其他干扰使设备不能反映真实海底地貌和目标。

（2）设备故障不能正常工作或拖缆、水密接头进水，使声图上无回波信号或记录不可信时。

（3）探测能力不能满足扫测要求。

6. 质量监控

（1）查看设备状态显示和信号强度显示窗口，监视设备的工作情况。

（2）查看航迹显示，监视差分信号是否稳定，有无跳点，并确保相邻测线间的重叠宽度满足要求。

（3）查看数据记录设备是否正常工作，确保测量数据记录完整。

（4）观察侧扫声呐条带图，检查已测数据相邻条带拼接是否正常。

5.2.5 数据处理与资料整理

1. 外业测量记录整理
（1）有效测线完整性检查。
（2）检查航迹图和侧扫声呐条带图，确定是否补测或重测。
（3）各种纸质资料整理、装订和会签。
（4）数据备份。

2. 数据处理
使用专用处理软件，根据测量要求对数据进行处理，以获得纵横比 1∶1 的海底侧扫声呐图像。数据处理过程应包括：
（1）导航定位数据的编辑、校准、剔除数据跳变点，绘制航迹图。
（2）对声呐回波数据进行增益补偿，使图像显示均衡。
（3）提取海底线，进行斜距改正。
（4）对船速变化造成的记录与实际地形的比例失调进行改正。
（5）根据船舶位置、拖鱼沉放深度、拖缆入水长度及方位等信息，进行拖鱼位置归算。
（6）根据任务需要，编制有地理坐标网格的镶嵌图。

3. 资料整理
（1）应按测线次序和定位点对扫测到的目标进行统一编号，计算目标位置、长度、宽度、高度等，并综合判定目标形状、走向及性质等；必要时，应结合其他测量手段的成果，以准确确定目标物的位置和性质，并填写"侧扫声呐数据处理记录表"（表 5.2.2）和"障碍物扫测一览表"（表 5.2.3）。

表 5.2.2 侧扫声呐数据处理记录表

测量项目：　　　　　　　测量区域：　　　　　　　处理日期：
设备型号：　　　　　　　采集软件：　　　　　　　处理软件：

序号	测线名称	时间	图像	拖缆长度/m	量程/m	测量位置(CGCS2000)		图像判读				结论	备注
						纬度/(° ′ ″)	经度/(° ′ ″)	长/m	宽/m	高/m	走向/°		

处理人员：　　　　　　图像判读：　　　　　　审核人：　　　　　　页码：

表 5.2.3 障碍物扫测一览表

序号	障碍物名称及旧资料来源	旧资料位置(CGCS2000)/(° ′ ″)	旧资料深度	旧资料性质	新资料位置(CGCS2000)/(° ′ ″)	新资料深度	新资料性质	探测方法	新旧资料比对情况	最终采纳结论
		B: L:			B: L:					作业组: 　签名:　日期: 过程检查: 　签名:　日期: 最终检查: 　签名:　日期:
		B: L:			B: L:					作业组: 　签名:　日期: 过程检查: 　签名:　日期: 最终检查: 　签名:　日期:

（2）声图判读可参考《侧扫声呐测量技术要求》（JT/T 1362—2020）附录C。根据任务要求需要确定测区底质类型时,应根据声图的判读与底质采样成果综合判定。海底底质分类标准见表5.2.4。

表 5.2.4 底质分类标准表

名　称	粒径 d/mm	中文注记代号	英文注记代号
沙	0.0625～2.0	沙	S
泥	≤0.0625	泥	M
黏土	<0.002	黏土	Cy
淤泥	0.002～0.0625	淤泥	Si
石	2.0～256.0	石	St
砾	2.0～4.0	砾	G
圆砾	4.0～64.0	圆砾	P
卵石	64.0～256.0	卵石	Cb
岩	>256.0	岩	R
珊瑚和珊瑚藻		珊	Co
贝壳		贝	Sh
双层底质		沙/泥 [a]	S/M
混合底质		泥沙 [b]	MS

[a] 已知下层的底质不同于上层底质的地方,应用此符号表示。注记顺序应为先上层,后下层。
[b] 两种混合的底质,应先注记成分多的,后注记成分少的。

（3）应根据《中国海图图式》(GB 12319—2022）中规定的底质类型、障碍物的图式符号进行标注，并标示测量区域范围、障碍物位置、走向性质等，编制扫海测量图。

5.2.6 技术总结、检查与验收

1. 技术总结

测量作业完成后，应编写技术总结，编写、审核、审定人员应签字。技术总结编写提纲参见《侧扫声呐测量技术要求》(JT/T 1362—2020）附录 E，包括总述、技术依据、实施、数据处理与解释、结论以及经验教训和建议部分。

2. 检查与验收

（1）测量成果质量应通过"两级检查一级验收"方式进行控制。两级检查包括测量单位作业部门的过程检查和测量单位质量管理部门的最后检查；验收工作由任务下达（委托）单位组织实施，或由该单位委托具有检验资格的检验机构验收。

（2）过程检查应对测量成果进行 100%检查；最终检查应对上交的测量成果进行 100%检查，涉及外业的检查项可采用抽样检查。抽样率一般不应少于测量成果项的 20%，内业完成的资料成果应进行 100%检查。

（3）验收一般采用抽样检查，必要时可对样本以外的测量成果检查项进行概查。抽样率应不少于测量成果项的 15%。

（4）各级检查验收工作应按顺序独立进行，不应省略、代替或颠倒顺序。

（5）最终检查应审核过程检查记录，验收应审结最终检查记录。审核中发现的问题作为资料质量错漏处理。

（6）成果质量最终检验按照《海事测绘产品质量评定方法及要求》(JT/T 952—2014）进行。镶嵌图质量检验按原任务要求进行，应包括分辨率、色调、信息、接边等内容。

5.2.7 资料上交

1. 上交资料内容

（1）任务来源文件：合同（委托书，协议书），任务书有关的请示报告、批复、汇报及重要信函等。

（2）技术设计书。

（3）仪器设备检定及检验资料。

（4）外业测量记录、数据采集原始资料。

（5）内业数据处理资料。

（6）技术总结报告。

（7）成果图件。

（8）检查验收结果。

（9）上述相关资料的电子文档。

2. 上交资料要求

上交资料应内容齐全、完整，格式统一、字迹工整、图样清晰、装订牢固、签字手续完备。

5.2.8 常见侧扫声呐产品介绍与操作规程

1. 常见侧扫声呐产品介绍

1) Klein 4000 双频侧扫声呐

Klein 4000 系统是一款多功能的侧扫声呐（见图 5.2.1），可以用于浅水和深水中多种不同的测量任务，作业深度可达 2 000 m，可双频（100/400 kHz）同时工作。

系统同时采用了用户可选的 CW 脉冲和 FM CHIRP 信号处理技术，另外结合了 De-speckling 算法，提供了大范围和高分辨率的海底图像。100 kHz 单侧扫宽 600 m 以上，400 kHz 单侧宽 200 m。

图 5.2.1　Klein 4000 双频侧扫声呐

2) C-MAX CM2 双频数字侧扫声呐

C-MAX CM2 数字双频声呐（见图 5.2.2）独特的换能器设计优化了性能并消除了表面反射；内部测深仪自动测深；集数据采集工作站、收发器、控制器和记录于一体，其微处理器自动控制增益，拖鱼可与其他内外传感器接口和通信。有轻型和重拖两种型号拖鱼，分别适合浅水和深水扫测应用。

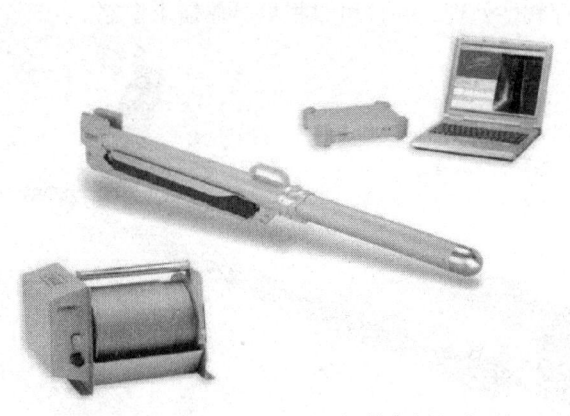

图 5.2.2　C-MAX CM2 双频数字侧扫声呐

- 157 -

3）SS3060（海鸥）双频高清侧扫声呐

SS3060（海鸥）双频高清宽带侧扫声呐一款专门为通用型需求客户设计的产品，如图 5.2.3 所示。该产品采用了宽带信号处理技能、可变孔径技能、软硬件结合图像均衡技能、4K 高清显示技术等创新性技能，较好地兼顾了大扫宽和高清晰的使用需求。

SS3060（海鸥）侧扫声呐适用于各种浅水水域、兼顾各种使用要求，通用于侧扫声呐系统，广泛应用于水下工程检测、管线路由调查、消防应急搜救、水下考古勘测、海洋牧场调查和暗管排查等多个领域。

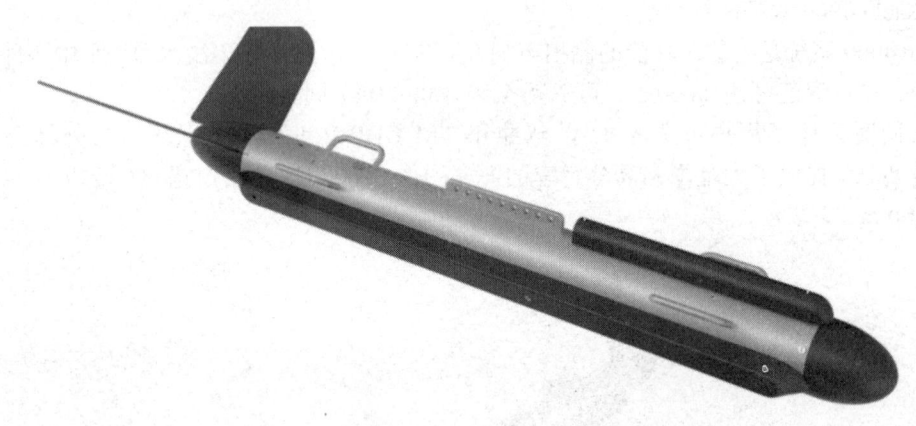

图 5.2.3　SS3060（海鸥）双频高清侧扫声呐

4）Shark-S450D 超高清双频侧扫声呐

Shark-S450D 双频侧扫声呐（见图 5.2.4）是一款超高分辨率的多用途声呐，具备 450 kHz 和 900 kHz 双频同步发射接收以及 Chirp 调频信号处理技术，沿航迹方向 0.2°的超窄波束开角，既保证足够的覆盖宽度，也能保证超高分辨率的成像，更精细实现小目标的探测。

系统包含强耐压不锈钢拖鱼、高强度凯夫拉电缆、防水甲板单元和自主 OTech 声呐软件。系统采用超低功耗设计，既可以采用交流供电，也可用蓄电池逆变供电。

拖鱼可单人简单操作收放和施测，具有拖曳、船底安装及侧舷固定等使用方式。

自主 OTech 软件具有声呐图像显示、测线规划和导航、轨迹跟踪和覆盖显示、数据记录和回放、目标管理及导出、传感器信息多窗口显示等功能。声图像自适用均衡处理技术，实现远、近处图像一致显示。软件设置参数少，操作简单，UI 人工交互界面友好。可输出标准 XTF 格式数据，支持第三方后处理软件处理，并且可以根据具体需求定制。

图 5.2.4　Shark-S450D 超高清双频侧扫声呐

2. 侧扫声呐操作规程

侧扫声呐操作主要包括以下五步：

1）准备工作

在使用侧扫声呐之前，必须对设备进行充分的准备工作。

（1）要确保侧扫声呐设备处于正常工作状态，无损坏和松动的部件。

（2）将设备安装到船体或者其他载体上，并确保设备与电源和控制系统的连接正常。

（3）根据实际情况调整设备的方向和角度，以获得最佳的声呐成像效果。

2）进行测量

在进行测量之前，需要明确测量的目标和区域。根据测量目标的不同，可以选择不同的工作模式和参数设置。在测量过程中，需要确保船体稳定，避免因为航行造成的波动影响数据的准确性。同时，还需要注意在测量过程中航行速度的控制，以保证获取到的数据具有较高的分辨率和清晰度。

3）数据采集和处理

在测量完成后，需要将采集到的数据导出保存。侧扫声呐设备通常会提供数据传输和存储功能，可以直接将数据存储到设备中，也可以通过连接外部存储设备进行存储。在数据处理过程中，可以利用专业的声呐数据处理软件进行数据解析和分析，以获得所需的信息和图像。

4）数据分析和解读

在获得声呐数据后，需要进行数据分析和解读。首先，可以通过调整声呐参数和图像处理技术来优化数据质量和图像清晰度。然后，根据数据特征和模式，可以对目标进行分类和识别。最后，可以根据数据中的信息进行地形分析、目标定位等进一步研究和应用。

5）安全注意事项

在使用侧扫声呐时，需要注意安全事项。首先，需要确保操作人员具备相关的技术知识和操作经验。然后，要遵守相关的安全规定，如穿着救生衣、操作设备时注意船体稳定等。此外，还需注意设备的维护保养，及时清洁和检查设备，防止设备出现故障和损坏。

CM2 高分辨率双频
侧扫声呐操作

任务 3　海底浅地层探测

5.3.1　浅地层剖面仪

1. 概　念

浅地层剖面仪又称次海底剖面仪，是研究海底各层形态构造和其厚度的有效工具。浅地层剖面调查技术是一种基于水声学原理的连续走航式探测海底浅部地层结构和构造的地球物理方法。它利用声波在海水和海底沉积物中的传播和反射特性及规律对海底沉积物结构和构造进行连续探测，从而获得较为直观的海底浅部地层结构剖面。海洋浅地层剖面调查的工作原理与多波束测深和侧扫声呐相类似，都是利用声学与地质学的相关原理。它们的区别在于浅地层剖面系统的发射频率较低，产生声波的电脉冲能量较大，具有较强的穿透力，能够有效地穿透海底以下几十米甚至上百米的地层。浅地层剖面调查与单道地震探测相比，其分辨率更高，中、浅地层探测系统的分辨率甚至可以达到几个厘米。

浅地层剖面仪由发射机、接收机、换能器、记录器、电源等组成。发射机受记录器的控制，发射换能器周期性地向海底发射低频超声波脉冲，当声波遇到海底及其以下地层界面时，产生反射、返回信号，经接收换能器接收，接收机放大，最后输给记录器，并自动绘制出海底及海底以下几十米及以上的浅地层剖面。

浅地层剖面仪的探测深度与工作频率有关。为满足生产的要求经常应用的工作频率为 3.5 kHz 和 12 kHz 两种，前者探测地层深度为 100 m，后者约为 20 m。频率增高，声波吸收衰减加大，探测深度减小；频率低，探测深度大，但是，剖面仪的分辨率差。探测深度与分辨率之间的矛盾是难以协调的。

海底沉积层中声波的吸收衰减是根据大量的取样在勘测船上或在实验室中测定的。沉积层中除了泥、砂、石灰石外，还夹杂着水，其构造是比较松散的，对于这种介质，其吸收衰减主要取决于声波传播过程中质点所引起的摩擦损耗。这种损耗与沉积物的孔隙度 n 有关（孔隙度表示沉积物体积中海水所占的百分数）。在此列出由 Hamilton 等人根据测试结果获得的每千赫频率吸收系数 β 与孔隙度 n 的关系式（表 5.3.1）。

表 5.3.1　每千赫频率吸收系数 β 与孔隙度 n 的关系

底质类型	孔隙度 n	吸收系数 $\beta/(dB/m·kHz)$
砂质沉积	36.0%～46.7%	$0.27470 + 0.00527n$
细砂及泥砂	46.7%～52.0%	$0.04903 - 1.7688n$
混合泥砂	52.0%～65.0%	$2.32320 - 0.0489n$
粉砂质黏土	65.0%～90.0%	$0.76020 - 0.01487n + 0.000078n^2$

了解调查区海底以下地层分布和地质构造情况是浅地层剖面调查的基本任务，因此展示地质目标的各种平面图和空间立体图是解释工作的主要成果。

浅地层剖面调查的成果图根据调查任务的要求并按照相关规范进行绘制，主要包括地层剖面地质解释图、地层等厚度图及埋深图、调查区域地质特征图、灾害地质类型分布图等。其中，地层剖面解释图的垂直与水平比例应合理；浅部地质特征图的图面内容主要包括重要地层的厚度等值线或顶面埋深等值线、重要的地形地貌及浅部地质现象、主要灾害地质因素分布等。

2. 声波传播运动学特性

浅地层剖面的基本原理是声学原理。声波是物质运动的一种形式，由物质的机械运动而产生，通过质点间的相互作用将振动由近及远地传播。声波在不同类型的介质中具有不同的传播特征，当岩土介质的成分、结构和密度等因素发生变化时，声波的传播速度、能量衰减及频谱成分等也将发生相应变化，在弹性性质不同的介质分界面上还会发生波的反射和透射。因此，基于这一原理的浅地层剖面仪可用于探测声波在岩土介质中的传播速度、振幅及频谱特征等信息，推断相应岩土介质的结构和致密、完整程度，并作出相应评价。

海底沉积层的结构是分层的，剖面仪测量的是地层界面反射信号的到达时间。实际海底的地层是非常复杂的，分析时通常采用简化的模型。图 5.3.1 为声波在水平层状介质模型中传播路线示意图。在 O 点激发，声波经过复杂的地下路径后在 S 点接收。当激发点与接收点距离很近时，可近似看为自激自收，即法线入射。此时可以得到以下关系：

$$\begin{cases} t_1 = \dfrac{2h_1}{v_1} \\ t_2 = \dfrac{2h_1}{v_1} + \dfrac{2h_2}{v_2} \\ t_n = \dfrac{2h_1}{v_1} + \dfrac{2h_2}{v_2} + \cdots + \dfrac{2h_n}{v_n} \end{cases} \quad (5.3.1)$$

式中　t_1, t_2, $\cdots$, t_n——声波经 $O\text{-}A\text{-}S$、$O\text{-}B\text{-}S$、$O\text{-}C\text{-}S$ 的旅行时；
　　　h_1, h_2, $\cdots$, h_n——各层介质的厚度；
　　　v_1, v_2, $\cdots$, v_n——各层介质的声波速度。

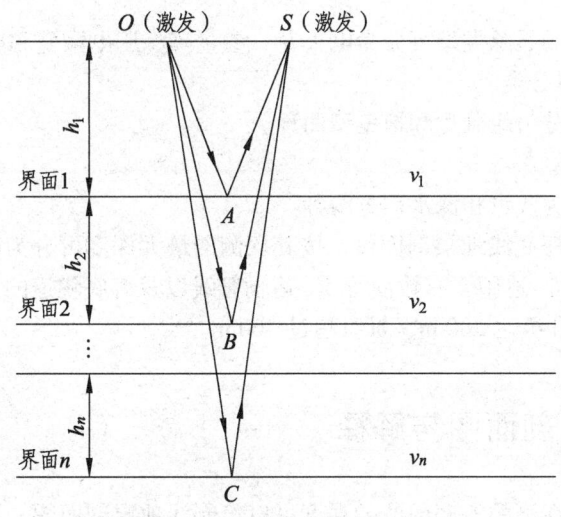

图 5.3.1　声波传播路线示意图

引入平均速度，（5.3.1）式变为

$$t_n = \dfrac{2h_1}{v_1} + \dfrac{2h_2}{v_2} + \cdots + \dfrac{2h_n}{v_n} = 2\left(\dfrac{h_1 + h_2 + \cdots + h_n}{\bar{v}}\right) \quad (5.3.2)$$

式中　$\bar{v}$——平均速度。

假设海水与海底地层构成一个水平层状介质模型，声波在海水及地层介质中传播的速度为平均速度，那么，通过记录声波经海水—地层—反射界面—地层—海水的双程旅行时即可推算海底地层的结构。但地层的声速是未知的，就无法正确判定各地层的实际厚度。不过，我们知道随着沉积层的厚度增加，沉积物质的密度就增大，沉积层中的声速将随着深度的增加而增加。因此，可假设沉积层中的声速在深度剖面内按常梯度增加，其关系式如下：

$$c(t) = C_0 + k(t) \quad (5.3.3)$$

式中　C_0——沉积层表面声速；
　　　k——沉积层声速梯度；
　　　t——声波在沉积层中单程传播时间。

利用地层界面回波的单程传播时间 t，求得沉积层中的平均声速为

$$c = \frac{c_0 + c(t)}{2} = c_0 + \frac{kt^2}{2} \tag{5.3.4}$$

由于海域不同，沉积层的地质构造不同，上式中的 c_0 和 k 不是常数，一般根据钻孔取样所测得的数据确定不同海域中 c_0 和 k 的经验值。由取样数据分析认为 c_0 在 1 200～1 800 m/s；k 在 900～3 900 m/s² 取值为宜。

根据沉积层中的声速和吸收系数与孔隙度之间的关系，建立海底沉积层的声学模型，通过遥测海底声学参数来判断和分析沉积物的物理特性。

3. 浅地层剖面仪的主要类型及其性能

1）按震源分类

按照浅地层剖面仪的震源类型可分为电火花、参量阵、压电陶瓷和电磁感应4种。

2）按探头安装位置分类

根据探头安装位置分为船载型和拖曳型两种。

3）按工作水深分类

根据工作水深可分为浅水和深水调查两种。

许多国家都研制了海底浅地层剖面仪，按其探测的最大深度可分为四级：0级探测深度为几十厘米，其分辨率较高，适用于有输油管线、运输管线以及海底隧道的大陆架海域进行测量，Ⅰ级探测深度达 70 m，Ⅱ级达 200 m，Ⅲ级超过 200 m。

5.3.2　浅地层剖面图与解释

根据浅地层剖面仪探测的海底回波的强度可以绘制浅地层剖面图。浅地层剖面图是反映海底浅地层底质性质的断面图或图像。通常绘制纵向比例尺为 1∶500、横向比例尺为 1∶5000，也可根据实际需要确定。横向位置是剖面线横向编号，过钻孔时应把此钻孔的点号标上以便比对。纵向为地层厚度，零点通常采用当地理论深度基准面。

在进行剖面的地质解释时，应尽量收集前人资料，包括以往的地质、地球物理、钻孔等勘探开发成果；了解区域地质概况，如地层、构造及其演化发展史；还需了解调查区的地球物理调查工作情况，如野外采集方法和记录质量、资料处理流程及主要参数、剖面处理质量及效果、前人采用的解释方法和主要成果等。这些是进行剖面地质解释的基础，特别是钻孔对比结果可为浅地层剖面的准确解释提供依据。

对有钻孔资料的可结合测得的浅地层剖面图像，详细地划分出各层界面、性质以及厚度，如区分浮泥、黏土、亚黏土、粉细砂、粗砾沙、淤泥、泥、岩石等地层性质。图 5.3.2 给出了水浪底水库的浅地层剖面图像。

（a） （b） （c）

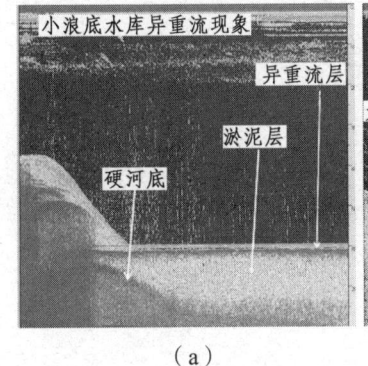

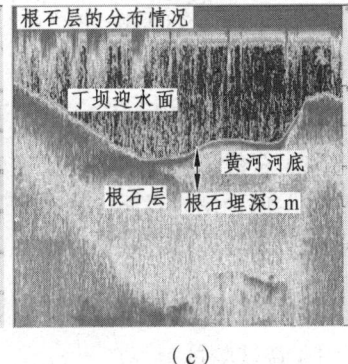

图 5.3.2　小浪底水库浅地层剖面图（引自网络）

图 5.3.2（a）中，浅地层剖面图通过三种不同的颜色清楚地表明了存在三类不同地质的介质层，即异重流层、淤泥层和硬河底；在图 5.3.2（b）中，浅地层剖面图通过不同颜色和颜色的分界清楚地表明了淤泥覆盖的坝体以及坝前淤泥层的分布和层厚度；同样，在图 5.3.2（c）中，也清楚地呈现出了河底、根石层及其厚度。

此外，浅地层剖面解释中存在很多特殊地质现象，主要包括海底浅部断层、浅层气、埋藏古河道和古洼地以及古潜山等。在特殊地质现象解释时，我们不仅要说明地层中存在哪些特殊地质现象，还要详细解释该地质现象的位置、分布范围及其相应的地质特征等，主要包括以下几方面：

（1）浅部断层。通过剖面上反射波同相轴的对比解释确定断层面的位置、断层升降盘的埋深及断层落差、由断层面的视倾角换算为真倾角等。还要参阅区域的地质发展史，确定出比较准确的断层发育的地质年代及其活动性。

（2）浅层气。通过剖面上同相轴的变化特征确定浅层气顶界面的埋藏深度及其分布范围；根据浅层气内部反射波的反射结构推断浅层气的含气量大小及气压高低；根据浅层气相邻地层的延伸特征及参阅区域地质发育史等推断浅层气成因及其发源地层。

（3）埋藏古河道和古洼地。确定埋藏古河道和古洼地的顶底界面的埋藏深度；通过各剖面的联合解释确定埋藏古河道的大致走向及埋藏古洼地的分布范围；分析埋藏古河道和古洼地的充填土层的土力学特征以确定其工程力学参数；调查区域内及周边范围的古气候演变史和地质发育史推断埋藏古河道和古洼地的发育年代。

（4）古潜山。通过剖面的对比解释确定古潜山的埋藏深度、确定古潜山的分布范围及起伏状态；通过岩性分析及区域构造史调查确定古潜山的地质类型（是断块山、褶皱山还是坡上山等）。

任务 4　海底浅部地层探测实训

浅地层剖面仪海底浅部地层探测基于我国海洋行业标准《浅地层剖面调查技术要求》（HY/T 253—2018）实施。

5.4.1 一般要求

1. 工作内容

（1）获取调查区浅部声学反射数据。
（2）识别反射界面、浅层气、水下滑坡、塌陷、活动断层、埋藏沙体。
（3）编绘调查区基岩埋深平面图，具体指的是浅地层剖面探测得到的基岩埋深等值线图。

2. 基本技术要求

1）调试与试验
在进行调查之前，提前对浅地层剖面仪进行调试，确定合适的探测参数。
2）参数设定
在一个作业水域，根据回波信号的强弱，选择恰当的发射方式、发射频率、发射功率、接收增益、时变增益（TVG）和打印增益等参数，并固定用于该区域测量。
3）导航定位
（1）采用全球卫星导航定位系统 GNSS，准确度要求优于 5 m。
（2）作业时间采用世界协调时（Coordinated Universal Time，UTC）时间。
（3）导航定位设备在出海前做大于 24 h 的静态稳定性试验。
（4）打标定位点时间间隔为 10 min。
4）测线布设
按照《海洋调查规范 第 8 部分：海洋地质地球物理调查》（GB/T 12763.8—2007）执行。
5）走航要求
调查船保持低速（船速不大于 6 kn）速直线航行。
6）地层闭合要求
主测线与联络测线剖面上相同层组的反射界面应能闭合。

3. 采用基准

（1）采用"2000 国家大地坐标系（CGCS2000）"。
（2）采用"1985 国家高基准"；远离大陆的岛礁，高程基准采用当地平均海面。

4. 测量性能指标要求

（1）探测深度大于 30 m。
（2）记录分辨率优于 50 cm。
（3）剖面记录的地层反射信号和时标信号连贯清晰，浅部声学反射层界面和反射体形态清晰。

5. 投影与分幅原则

小比例尺一般采用墨卡托投影、UTM 投影（通用横轴墨卡托投影）。基准纬度根据调查与成图区域确定，以尽量减小图幅变形为原则。
大中比例尺采用高斯-克吕格投影，比例尺大于 1∶10000 时采用高斯-克吕格 3°带投影；比例尺 1∶25000～1∶50000 时采用高斯-克吕格 6°带投影。

5.4.2 仪器设备要求

1. 记录设备要求

（1）具有发射功率、采样率、接收增益、TVG、对比度和门限等调节功能。
（2）具有在接收频段内可任意选择中心频率和带宽的德波器。
（3）具数字式数据记录功能。
（4）具有图谱打印数据记录功能的，工作前记录器可由信号发生器进行调试，使记录纸上的线条画面深浅均匀，有 10 个以上灰阶。

2. 仪器安装要求

（1）船底固定式安装应在船底气泡效应较小的地方。
（2）拖曳式换能器拖曳长度应考虑船尾气泡影响。

5.4.3 海上调查要求

1. 调查技术设计

（1）任务来源及测区概况。
（2）已有资料及前期施测情况。
（3）任务总体技术要求，包括测区范围、采用基准、测量比例尺、图幅、测量性能指标要求等。
（4）作业技术流程。
（5）测量装备需求以及仪器检定/校准项目与要求。
（6）测深线布设方向、间距要求。
（7）数据处理与成图要求。
（8）工作量、人员分工及进度安排。
（9）质量与安全保障措施。
（10）预期提交成果及调查工作总结要求。
（11）成果检查验收要求。
（12）资料归档与上交要求。
（13）相关图表及附件。

技术设计书经内部审查通过后，装订成册，并形成实施方案，由设计人员签名、主管业务负责人签署意见后报批，经上级业务主管部门或任务下达单位审查批准后方可实施。

2. 海上调查实施

（1）测量前进行海上试验工作，完成仪器的调试。
（2）进入测线前，微调发射功率、脉冲长度、接收增益、时变增益（TVG）等，使探测剖面获得最佳穿透深度和地层分辨率，并进行换能器吃水校正。
（3）进入测线前不小于 500 m，调整好航向，并开始记录。
（4）航线偏离不大于相邻测线间距的 15%。

（5）拖曳式接收换能器，应尽量减小入水角，使拖曳阵保持平稳姿态，必要时应进行相对位置校正。

（6）调节采集参数，使显示的地层剖面处于最清晰状态。

（7）保持海底界面连续跟踪。

（8）对于有声速校正功能的浅地层剖面系统要进行声速校正。

（9）信噪比较差时，降低船速或调节仪器工作参数，尽量保证勘测数据质量。

3. 现场质量监控

（1）现场资料质量监控主要包括信噪比、穿透深度、分辨率和是否有波束丢失，海底界面跟踪是否正常，多次波、深水散射层，定位信号是否丢失，班报记录是否完和设备工作情况等。

（2）拖曳式换能器姿态应正常。拖曳深度应在安全水深。

（3）记录图谱应清晰、规范、完整。

（4）运动传感器等数据应准确、完整。

4. 补测与重测

在下列情况下应进行补测或重测：

（1）漏测单条测线长度超过成果图上 3 mm 时，应补测。

（2）实际测线间距超过规定间距 15%时，应重测。

（3）数据丢失的，应重测。

5.4.4 现场记录与资料整理

1. 数据记录

（1）发射、接收信号等原始数据的磁盘数字记录。

（2）实时图谱记录，并标明测线号、测线探测起始与结束时间，时标、水深及特殊情况描述信息等，以及磁盘文件名。

2. 班报记录

（1）每隔 0.5~1.0 h 记录一次班报，测线开始、结束时应记录值班人姓名、时间、测线号、磁盘文件名、记录图谱卷名等。

（2）遇到系统、船只、水深突变等特殊情况，应在班报中记录。

（3）值班人员应对记录质量进行自检，现场班报字迹清楚，不得涂改，各栏内容应按要求填写。

（4）值班组长应对班报记录进行不定期抽查，技术负责人应对每个作业周期的班报记录进行检查。

3. 资料备份和整理

资料备份整理内容和参考格式如下：

（1）航次计划、技术设计书、原始数据文件、参数标定文件、参数设置文件、工作日志[见《浅地层剖面调查技术要求》（HY/T 253—2018）附录 A]和班报[见《浅地层剖面调查技术要求》

（HY/T 253—2018）附录 B]、导航定位资料、浅地层剖面测线登记表[见《浅地层剖面调查技术要求》（HY/T 253—2018）附录 C]、浅地层剖面数据后处理班报表[见《浅地层剖面调查技术要求》（HY/T 253—2018）附录 D]等。

（2）24 h 内备份当天采集的原始记录数据，10 d 内备份全部原始记录数据。

（3）数据备份应由专人负责。

（4）光盘或磁盘等数据备份时，应及时编写记录。

（5）现场进行各种纸质打印资料整理，装订和签字。

（6）纸质材料加装统一格式的封面，封面格式参见《浅地层剖面调查技术要求》（HY/T 253—2018）附录 E。

（7）电子载体资料在载体上统一格式的标识，参见《浅地层剖面调查技术要求》（HY/T 253—2018）附录 F，在根目录下建立名为 README 文件，对每个电子文件的内容、资料记录格式进行说明。

（8）编制原始资料清单目录。

5.4.5 资料处理与汇编

1. 资料处理

在资料处理过程中应制定相应的质控程序，登记处理的日期、责任人和剖面情况，按标准格式存储浅地层剖面数据。

1）定位改正

对于定位数据中的跳变点、航向异常变化等进行改正处理，对于定位天线与系统换能阵之间的距离需要进行换算，建立统一坐标系。

2）滤波处理

进行针对性的滤波处理，包括涌浪滤波、带通滤波、匹配滤波、时变滤波以及去除多次波等。

2. 剖面解释

1）解释内容

（1）资料解释前，收集下列资料：水深图、测线位置图、速度资料及有关数据，采集和处理过程中形成的数据和资料、有关的地质、钻探和其他地球物理资料。

（2）地层剖面解释内容包括时深转换、追踪反射界面、划分反射地层、分析反射波组的特征，进行地层结构特征、地质构造事件解释。

2）反射界面的划分原则

（1）同一层组的反射界面连续、清晰、可区域性追踪。

（2）层组内反射结构、形态、能量、频率等基本形似、与相邻层组有明显差异。

（3）主测线与联络测线剖面相同层组的反射界面可闭合。

3）解释方法

（1）区域性强反射界面，且与邻层对比差异明显，通常是不同沉积类型的界面或沉积间断面。

（2）层内及层间界面的反射波位移（错位）或扭曲变形，一般是断裂或构造运动引起的地层牵引。

（3）层组呈现出声屏蔽现象，在杂乱反射情况下，出现透明亮点，通常反映沉积物中存在含气层。

（4）层界面起伏较大，其下反射模糊，一般定为声波基底。

（5）不同系统的解释应相对比、衔接。

（6）呈双曲线反射现象常是水下管道或较大的特异物体（如大砾石、沉船等）的反映。

（7）地层剖面的准确解释应与钻探资料相结合。

3. 图件编绘

1）剖面图的绘制

浅地层剖面图横轴宜为距离或炮号，纵轴宜为深度或时间，剖面图上分别用实线或虚线表示地层反射界面，并在剖面上标注底质采样（或钻孔）位置及性质。

2）平面图的绘制

（1）反映沉积体厚度或基岩埋深作厚度平面图或基岩埋深图。

（2）通过时深转换绘制深度构造图或地层等厚度图。

（3）结合地形和地质取样分析资料，编制调查区地貌图或表层沉积物类型分布图。

3）成果资料汇编

（1）航次调查报告、资料处理报告。

（2）浅地层剖面数据后处理班报表、图谱或图片及文字说明、数据微盘记录。

（3）各类登记表、以标准文件格式记录的成果资料等。

（4）处理剖面图谱、解释成果图件。

（5）数据质量评价报告、元数据说明及相关审核报告及说明。

4. 报告编写

1）航次报告

（1）调查任务的来源、目的和要求。

（2）调查海区的范围和地理位置。

（3）调查项目内容和工作量。

（4）外业工作时间和分工协作情况等。

（5）海上调查的工作方法。

（6）测线布设。

（7）测量船各项指标及工作情况。

（8）浅地层剖面仪各项指标及工作情况。

（9）导航定位系统各项指标及工作情况。

（10）原始资料种类、数量、质量、特点等。

2）资料处理报告

（1）剖面资料的基本情况。

（2）剖面数据采集、处理的质量控制。

（3）剖面预处理情况。

（4）剖面预处理参数的设置。

（5）剖面的特殊处理。

（6）剖面图谱的输出。
（7）剖面处理使用的标准、公式和单位。
（8）存在的问题。
（9）参加剖面数据采集、处理和成图人员。
3）研究报告
（1）前言：任务来源、目的、执行过程和完成情况等。
（2）海上资料获取。
（3）室内资料处理。
（4）剖面解释的参考资料。
（5）综合解释：沉积物界面、沉积物厚度及分布特征、基岩埋藏情况和特殊地质现象。
（6）结论和建议。
（7）调查报告主要附图：测线航迹图、典型剖面解释图、地层等厚度图、基岩埋深图和其他图件。

5. 调查资料和成果归档

1）归档要求
（1）归档内容齐全、完整、签字手续完备。
（2）调查课题结束后应先归档，经归档审验后方可进行鉴定验收。
2）归档内容
（1）任务书或合同书、航次调查计划、航次技术设计书及上级有关批文。
（2）海上调查原始资料（数据磁盘或光盘、记录图谱、值班表和日志、测线布设和航迹图）及验收结论。
（3）航次报告。
（4）资料处理与汇编记录。
（5）剖面资料报表、成果剖面电子存储（磁盘、光盘等）文件及资料处理报告。
（6）成果图和研究报告。

5.4.6 常见浅地层剖面仪产品介绍与操作规程

1. 常见浅地层剖面仪产品介绍

1）StarBox 浅地层剖面仪
StrataBox 是一款便携式的水下地层成像系统（见图 5.4.1），它能以 6cm 的分辨率穿透水下地层 40 m 深度并具有 150 m 的水深测量范围，专为近海浅水地质勘查量身定制。系统配置结构紧凑、携带方便、机动性强，能满足各类浅水工程作业用户的不同需求。StrataBox3510 由两种系统集成，可根据需要装配 10 kHz 或 3.5 kHz 的换能器。

2）SE 系列参量阵浅地层剖面系统
SE 系列浅地层剖面仪（见图 5.4.2）可提供主频 100/200/300 kHz 多频率选择，差频覆盖宽，同时提供测深结果和穿透数据。此外，换能器耐压外壳可定制化，结构紧凑，充分满足 AUV、ROV 等潜器平台集成使用需求，极大地提高了作业效率。

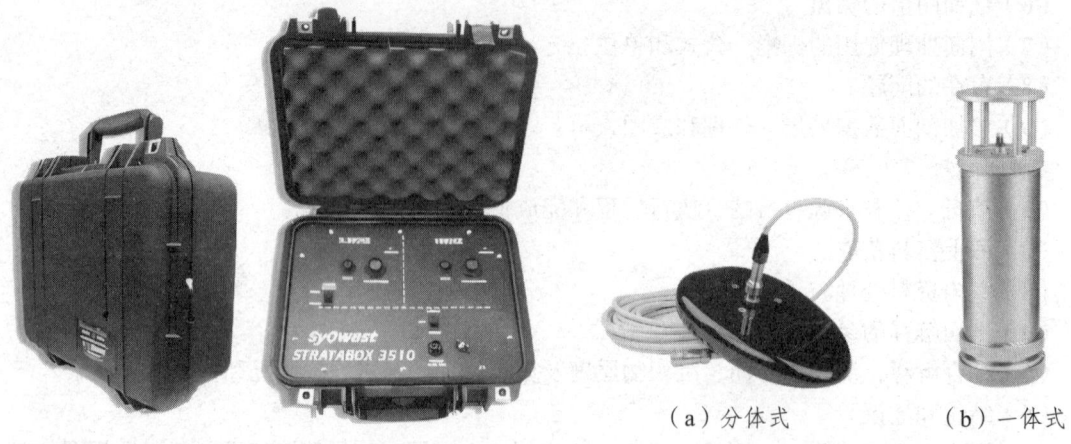

图 5.4.1　SyqWest 公司 StarBox 浅地层剖面仪　　（a）分体式　　（b）一体式

图 5.4.2　SE 系列参量阵浅地层剖面系统

该系列是采用单波束参量阵技术的浅地层剖面系统，外形小巧便携，广泛用于浅地层剖面勘探、管线路由调查和精确水深测量。

3）Chirp Ⅲ浅地层剖面仪系统

Chirp Ⅲ浅地层剖面仪系统（见图 5.4.3）具有重量轻，方便携带、运输，售价较低，适合在小船上应用等特点。Chirp Ⅲ是一个双频同时工作系统，可用的频率范围为 2～7 kHz 和 10～20 kHz。系统设置十分方便，可以使用多种拖鱼和振源。舷挂式换能器适合在浅水中应用，便于安装与拆卸，TTV-170 拖鱼和 TTV-290 拖鱼配置适合在深水中应用。

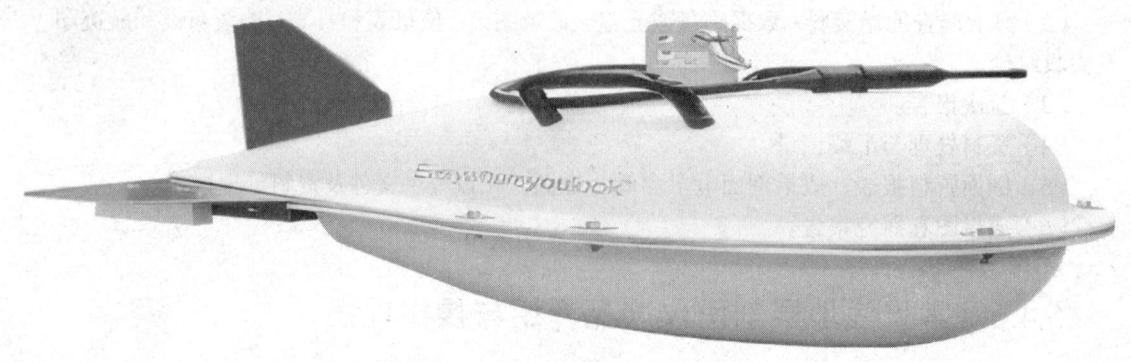

图 5.4.3　Chirp Ⅲ浅地层剖面仪系统

4）SES-2000 参量阵浅地层剖面仪

SES-2000 是一套便携式的参量阵浅地层剖面仪，提供测深、浅地层剖面测量解决方案。系统采用差频原理进行浅地层剖面探测和水深测量，具有很高的分辨率（100 kHz 换能器束角仅为 1.8°），测深范围 1 m～6 000 m，适合浅地层及海底管线等目标的探测。仅由一个工作站就能完成数据采集及后处理等全部工作，换能器小巧轻便，安装快捷，是进行浅地层剖面及高精度水深测量的设备。操作简便、价格适中。

该系列有 7 种型号的参量阵浅地层剖面仪：SES-2000 Compact 小型（见图 5.4.4）、SES-2000 Light 轻型、SES-2000 Light Plus 浅剖旁扫二合一型、SES-2000 Standard 标准型、SES-2000 Midium 中型、SES-2000 Deep 深水型、SES-2000 ROV 水下机器人型。

图 5.4.4　SES-2000 compact 浅地层剖面仪

2. 浅地层剖面仪操作规程

浅地层剖面仪操作主要包括以下 6 步：

1）准备工作

（1）检查仪器：确保浅地层剖面仪的电源、电缆、探头等部件完好无损，仪器工作正常。检查电池电量是否充足，电缆连接是否牢固。

（2）校准仪器：根据需要进行仪器的校准，包括声波发射和接收系统的校准，以确保测量结果的准确性。

（3）确定测量区域和目标：明确测量区域的范围和测量目标，如地层形态、厚度、构造等。

（4）选择合适的探头和参数：根据海底底质和测量需求，选择合适的浅地层探头和测量参数，如发射频率、接收灵敏度等。

2）安装与调试

（1）安装探头：将浅地层剖面仪的探头安装在合适的载体上（如船只、潜水器等），并使用适当的工具将其稳固地固定在海底或载体上。

（2）调试仪器：打开仪器电源开关，根据仪器说明书设置合适的测量参数和采集频率。启动仪器后，进行初步调试，检查仪器工作状态和信号质量。

3）数据采集

（1）启动测量：在确认仪器状态良好后，点击控制界面上的开始测量按钮，仪器开始采集地下的声波信号。

（2）移动载体：在测量过程中，控制载体（如船只）沿预定测线稳定行驶，以获取连续的测量数据。注意保持载体的速度和姿态稳定，避免对测量结果产生影响。

（3）监测数据：在测量过程中，密切关注仪器显示的数据和信号质量，及时发现并处理异常情况。

4）数据处理与分析

（1）数据转换：将采集到的声波信号转换为电信号，并传输给记录系统。保存原始数据文件，以便后续处理和分析。

（2）处理数据：使用专业的处理软件对原始数据进行处理，包括滤波、增益调整、时间校正等步骤，以提高数据质量。根据处理后的数据绘制海底浅地层的剖面图。

（3）分析数据：结合历史资料、文献资料和钻孔资料等，对处理后的数据进行深入分析，确定地层的类型、厚度、分布等特征。

5）报告编写与提交

（1）编写报告：根据测量结果和分析结果编写详细的测量报告，包括测量过程、数据处理方法、结果解释等内容。
　　（2）提交报告：将测量报告提交给相关单位或部门，供其参考和决策。
　　6）仪器维护与保养
　　（1）清洁仪器：在使用完浅地层剖面仪后，及时对仪器进行清洁，保持表面干净整洁。
　　（2）检查部件：定期检查仪器的各个部件是否完好无损，如有损坏或磨损应及时更换。
　　（3）存储仪器：将仪器存放在干燥、通风、无尘的环境中，避免阳光直射和受潮。

项目 6　海图编绘技术

知识目标

掌握海图编绘的技术流程、数据处理、图形绘制等方面的知识,提高海图编绘的质量和效率。

能力目标

了解和掌握海图的绘制和编辑。

思政目标

通过对海图的概念和形式、数学基础和编绘方法的介绍,培养学生了解国家海洋权益和海洋战略的重要性,增强爱国主义情感和责任感。

任务 1　海图的基本知识

6.1.1　海图概念、内容及形式

1. 海图的概念

海图是一种专题地图,是地图的一个分支和组成部分。海图以海洋以及其毗邻的陆地为描绘对象,因此,可以沿用地图的定义把海图定义为:"按照一定的数学法则,将地球表面的海洋及其毗邻的陆地部分的空间信息,经过科学的制图综合后,以人类最终可以感知的方式缩小表示在一定的载体上的图形模型,用以满足人们对海洋地理信息的需求。"由此可见,海图的外延比地图的要小,同时海图和海图以外的其他地图,既有许多共性,又存在不少差异,这些差异构成了海图独特的使用风格和价值。

航海图是指供船舶定制航行计划、选取锚地、航行中定位并标绘航线,进行航海导航、保证航行安全的海图。海图最先是随着世界海洋探险、海上贸易和航海事业的兴起而发展起来的,随着海图应用需求的不断拓展和海底地形图、海洋温盐图等专题海图种类的不断增加,航海图作为一种专门服务于航海的图种而逐渐独立出来。时至今日,航海图仍是出版数量最多的一种

海图，如果不作特别说明，航海图一般就是指海图。

海图的成图方式和过程与陆地地图相比有差别。主要表现为：

（1）多选用墨卡托投影（等角正轴圆柱投影）编制，以利于航船等角航行时进行海图作业。

（2）没有固定的比例尺系列，只能根据港口等所在地理特征确定。

（3）深度起算面不是平均海面，而选用有利于航海的特定深度基准面。

（4）分幅主要沿海岸线或航线划分，邻幅间存在叠幅。

（5）为适应分幅的特点，航海图有自己特有的编号系统。

（6）海图与陆地地图制图综合的具体原则因内容差异甚大和用途不同而有所区别。

（7）更需要及时、不间断地进行更新，保持其现势性，以确保船舶航行安全。

2. 海图的内容

海图的内容可以划分成数学要素、图形要素和辅助要素三大类。

1）数学要素

数学要素是建立海图空间模型的数学基础，是海图内容中非常重要的要素，包括海图投影及与之有关的坐标网、基准面、比例尺及大地控制网。

海图投影的实质是地球椭球面及其在平面上的图形坐标的解析关系式。制图时，须首先按海图的用途选择投影，再利用投影关系式计算坐标网，并展绘到平面上。多数海图以经纬网作为坐标网，也有少数海图在出版时不绘出坐标网。

在海图上，垂直基准面包括高程基准面和深度基准面。在某些国家的海底地形图上，高程和深度采用统一的基准面。基准面是建立海图三维空间模型的重要数学基础之一。它和坐标网一起，使海图图形要素不仅能确定平面位置，而且还可确定立体位置。

通常将比例尺定义为图形上线段长度与实地上相应线段长度之比。其实，确切地说，是图上线段与实地上相应线段在椭球面上的水平投影长度之比。在一般海图上均需标明所用基准面和比例尺，但在某些不需进行量测的海图上，有时也不标示基准面和比例尺。

大地控制网主要用于将地球自然表面上的地理要素转移到椭球面上，并使其在海图上对于坐标网位置正确。所以，大地控制网是测图过程中所必需的，通常也表示在海图上。但在较小比例尺的海底地形图、航海图和多数专题海图上不予表示。与海图数学基础有关的内容，如图廓（内图廓线及坐标分度线划）方位圈、图幅内的形配置也属海图的数学要素。

2）图形要素

海图图形要素是借助专门制定的海图符号系统和注记来表达的。不论制图者还是用图者，不仅要具有认识客观实际的基本能力，即海洋地理知识，还应具有认识作为传输工具的制图语言——海图符号系统的能力。

海图图形要素分为海域要素和陆地要素两类。

（1）海域要素。

海岸是海陆分界线，是所有海图上的重要因素。在大比例尺航海图上，海岸分成岸线和海岸性质两部分表示。岸线是指大潮高潮面或略最高高潮面时的水陆分界线，海岸性质是指海岸阶坡的组成物质及其高度、坡度和宽度等。在大比例海底地形图和登陆、抗登陆用图等海图上也详细表示海岸性质，而在其他海图上，常常只表示岸线。

海岸以下的要素在航海图上，主要有下列几种：

① 干出滩：海岸线与干出线（零米等深线）之间的海滩地段称干出滩，相当于地理学中的

潮浸地带，高潮时淹没，低潮时露出。干出滩由岩石、泥、沙等不同的物质构成，有起伏的地貌形态，是人类活动比较频繁的海域之一。

② 海底地貌：海底表面的起伏形态和组成物质。各种天然的航行障碍物（如礁石浅滩、海底火山、岩峰等）也属海底地貌范畴。

③ 航行障碍物：除天然的礁石、浅滩等以外，人工的航行障碍物主要包括沉船、水下桩柱、钢管（钻井遗物）、爆炸物、失锚等。

④ 助航标志：分成航行目标和助航设备两类。航行目标是指从海上可望见的有明显可辨特征的、航行时能借助用于导航定位的各种地物，如突出的山头、独树、烟囱、无线电塔、海角、海中岩峰等。助航设备是专为航行定位设立的，如灯塔、灯桩、浮标、立标、信号台（杆）等。

⑤ 水文要素：主要指潮流、海流、潮信、急流及漩涡等。

此外，还有航道、锚地、海底管线（油管、电缆等），水中界线（港界、锚地界，禁区及其他区界），境界线等。在航行图上突出表示与航行有关的要素，非航行要素则比较概略。

（2）陆地要素。

海图上陆地要素的种类与地形图基本一致。航海图上除土壤植被一般不表示外，其他要素均表示，但载负量要小得多，而港口、航行目标等与航行有关的要素则比地形图更为突出详细。其他专题海图陆地要素表示得更为简略一些。

3）辅助要素

辅助要素是帮助读者读图和用图的要素，虽只起辅助和补充作用，但也是很必要的。例如，各种海图上图廓外的接图表、图例、图名、出版单位、出版时间等。又如，航海图中的对景图、潮信表、潮流表、单位换算表、内插尺、图廓上的对数尺等。

3. 海图的形式

随着信息技术的发展，海图的形式也不仅仅是过去的只以图形符号或影像表现在图纸上，增加了在其他介质上的表现，如以数字形式存储在磁盘或光盘等介质上，从而形成了现代海图的新类型。这样，海图按表现形式又可划分为纸质海图、数字海图和电子海图。

（1）纸质海图：传统的海图，主要以图纸为介质。

（2）数字海图：计算机制图的产品，是以数字形式存储在某种介质上的海图。即在一定的坐标系统内，具有确定的坐标和属性标志，以描述海洋空间地理信息和航海信息为主的有序组织的数据。该数据经过符号化显示或打印输出而具备海图的基本属性，同时能够支持要素的属性查询等功能。

（3）电子海图：电子海图是用数字表示的，以描述海洋空间地理信息和航海信息为主的海图，主要包括计算机软硬件系统和数字式海图。经过官方认证，符合电子海图国际标准的电子海图系统被称为电子航海图（Electronic navigation Chart Display and Information System, ECDIS），可以与纸质海图等效。

电子海图的主要优点：首先是所显示的内容根据用户需要而定，较少受标准化的限制，利于改革。其次，资料储存在磁带（或磁盘）、激光视盘中，便于保管、传递，可省去纸质海图的大量库存以及相应的库房、维护工作量，减少浪费。再次，所包含的海区比同比例尺的纸质海图大。利用电子航海图可以实现航海的自动化；可使航迹较好地附合于计划航线上，节约航程，减少航行事故；减少恶劣天气航行时与其他动态目标碰撞的可能性。电子海图还可用于政府部门的建设规划和实施、海关缉私、防灾救灾、环境保护等许多方面。

6.1.2 海图数学基础及比例尺

1. 海图数学基础

海图数学基础系指海图的投影、比例尺、坐标系统、高程系统（基准面）、制图网及分幅编号等内容。海图作为海洋空间信息的载体，必须首先确定上述内容，才能将海洋地理信息转绘于海图上，也才能使海图成为有严密数学基础的科学作品。

海图数学基础中最重要，也是最复杂的问题是海图投影的问题。地图投影的理论完全适用于海图投影，但对于某些海图，由于其特殊用途和使用要求，需采用某些特定的投影。

1）地图投影的一般概念

设想一个处于静止状态的平均海水面，并把它延伸到陆地内部，使其形成一个连续不断的封合曲面。这个海水面比地球自然表面规则且光滑，没有褶皱和棱角，称为大地水准面，它包围的球体称为大地体或大地球体。地形测量工作就是以此为依据，将地面点的测量成果沿仪器的铅垂方向首先投影到大地水准面上。

大地水准面处处与铅垂线垂直，且是一个十分不规则的曲面，不能用简单的数学公式表达，因此，测量成果难以在大地水准面上计算。为此，需用一个极近似于大地体的，可用数学方法表达的旋转椭球来代替大地体，把获取的地球表面信息归化到旋转椭球面上来处理，即地球椭球。局部地段的地球表面、大地水准面和地球椭球体面的关系如图 6.1.1 所示。

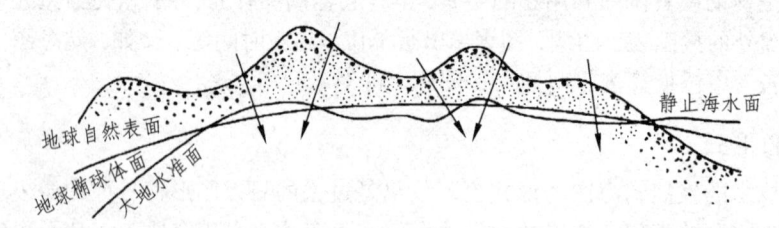

图 6.1.1 地球局部地段的地球表面、大地水准面和地球椭球体面的关系

地球椭球是它的一个椭圆平面以它的短轴作为旋转轴旋转一周而得出的（见图 6.1.2）。图中 P、P' 分别代表椭球的两极，PP' 为椭球的短轴。地球椭球的大小，决定于它的长半轴 a 与短半轴 b，或长半轴 a 与扁率，其数值可以通过大地测量测算出来。世界上已有若干个国家先后测算出不同的数据。中国自 1955 年开始改用克拉索夫斯基椭球参数。

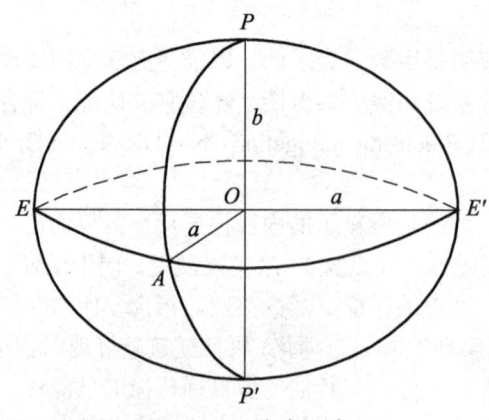

图 6.1.2 地球椭球

2）投影的选择

投影选择是根据所编地图的特定用途、要求和制图区域的条件，选择一种最优投影，建立严格科学的数学基础，使地图最大限度地符合用图者的要求。投影选择的一般原则如下：

① 充分考虑各种投影的变形特征，所选择投影的变形要尽可能小，并符合地图的用途。

② 单幅图选择投影时，要考虑与之配合使用的图的投影尽可能一致。

③ 在保证上述要求的前提下，尽可能选择经纬网图形简单的投影，以便计算、展绘、作业和使用。

④ 新编图的投影与基本资料图的投影尽可能一致或接近，以便作业、投影转换和保证成图精度。

投影选择的实质，是根据不同用途对地图投影变形特性有不同要求，来确定何种投影的问题。因为制图区域的位置、大小、形状，地图的比例尺，与投影变形密切相关；地图的用途及随之确定的地图内容、出版方式、使用方法，对投影都有其特有的要求；加之，要顾及制图时资料转换和绘图的方便，所以，投影选择时需要考虑如下因素：

（1）制图区域和地图比例的大小。

在图幅面积相同的情况下，比例尺越小，则所包含的制图区域越大。制图区域越小，投影选择越容易，其变形也越小。

（2）制图区域的形状和地理位置。

在按经纬网形状分类中的各类投影上，变形大小及分布差别很大，等变形线形状各不相同。因此，对不同位置和形状的制图区域，采用何种投影，直接影响地图变形（即误差）的大小。最适宜的投影是在制图区域边界上能接近同一长度比的投影，即投影选择应使其等变形线与制图区域的轮廓近似。

（3）地图的用途。

不同的用途要求不同的地图投影。军用、科研等用图需要在图上进行各种量算，因而要求变形小、精度高；航海图需将等角航线表示为直线投影。

（4）地图的内容。

地图的内容很大程度上取决于地图的用途。因此，地图内容对投影选择的影响，在一定程度上反映了地图用途对投影的要求。

（5）地图的使用方式。

地图的使用方式对投影选择有一定影响。

除了上述影响外，地图出版方式、制图工作的便利等也是影响投影选择的重要因素。

3）航海图的投影选择

航海图主要用于航行准备阶段标绘计划航线，在航行中确定船位并进行航迹解算。在现代航海中，尽管导航手段已较为先进，但是为了航行安全，航迹绘算工作仍然十分重要。船舶航行时通常保持分段等角航行。若各段等角航线在航海图上的表象为直线，则航迹绘算十分便利；反之，则非常复杂。因此，航海图的投影必须是等角的，而且等角航线在投影图上应是直线。相反，船舶在海上航行中经常定位，对海图投影的其他变形要求不是很高。墨卡托投影（等角正圆柱投影）具有这种性质，且还具有经纬网形状简单、制图作业十分方便等优点。国际海道测量组织 IHO 要求航海图采用墨卡托投影。

墨卡托投影有两个缺点：一是高纬度地区长度和面积变形太大；二是图上量测精度不高。这主要是因为实地两点间最短距离的大地线或大圆在墨卡托投影图上被描写为曲线，而图上所

- 177 -

能量测到的距离与方向都是等角航线的距离与方向，与实地不一致，且等角航线在实地不是最短距离，作远距离航行必会造成浪费。

为避免上述缺点，小比例尺航海图，尤其是高纬度地区，常采用日晷投影。日晷投影图上，实地两点间最短距离的大圆距离被描画成直线。日晷投影也有缺点，主要是变形急剧，引起量距、量向的复杂化。因此，在编制海图时应相应地编制墨卡托投影海图与之配合使用。使用时，在日晷投影图上从出发地至目的地间绘一直线，先取这一直线与经纬线各交点的位置（经纬度），再把这些点展入墨卡托投影海图上，连成一条曲线。这条曲线就是实地两地间最短距离，照此曲线航行即为两地间最短航程。量向工作则可在墨卡托投影海图上进行。

对于形状特殊的制图区域，为了节省图幅，可以采用斜方位墨卡托投影。

对于大比例尺航海图投影，有时采用平面投影，有时采用高斯-克吕格投影，有时采用墨卡托投影。由于大比例尺的港湾图、江河图上所详细表示的港区地形各要素，不仅要供船舶进出港航行和驻泊用，还要供有关部门研究和实施港湾建设用，这就要求图上要有较高的量测精度。因而，长期以来，我国编制大比例尺航海图不采用墨卡托投影。

高斯-克吕格投影图上的经纬线是曲线，等角航线也不是直线，一般不适于编制航海图。该投影变形随离开中央经线的距离增大而增大，可采用分带改正的办法，将变形限制在一定范围内。在 1∶20 万及更大比例尺的图上，经纬线接近于直线，等角航线在 50 cm 内均可连成直线，对航海使用影响不大，而其量测精度却高于墨卡托投影。在规定的分带范围内，可以把球面圆弧当作平面圆弧，还有利于加绘等值线的绘算。在制图作业中，采用的陆地资料和水深测量资料均采用高斯-克吕格投影，转绘资料也很方便。所以，编制大比例尺航海图，高斯-克吕格投影是比较合适的投影方法。

平面图也有其优点。它把地球椭球面上小块面积看成平面，把经纬线看作平行而各自间隔相等的直线，经纬线相互垂直。它的经纬网的构成、绘制和计算都很简单。在接近赤道的低纬度地区，平面图上的各种变形均很小，用于编制大比例尺航海图是很理想的。但这种投影既不是等角投影，也不是等面积投影，高纬度地区变形很大，所以在大比例尺航海图中不被采用。

4）普通海图的投影

普通海图包括海底地势图（海区形势图）和海底地形图。这两类图比例尺不同，包含的地理区域不同，用途也不同，其投影的选择也必然会有差异。

（1）海底地势图。

此类图一般比例尺较小，包含的地理区域较大，主要供海军机关、交通、水产、矿产等政府部门和计划部门使用。目的是了解区域的形势，其特点是机关指挥部门的活动常常与其下层机构在海上的活动有关。为便于指挥联络，海底地势图与航海图采用统一的投影是合适的。同时，考虑到地势图对投影的变形要求不高，而且可以用选择某准纬度的办法，适当控制投影变形。多数地势图挂在墙上使用，矩形图廓利于拼接。制图资料主要来源于较大比例尺的航海图，采用相同投影可方便资料转绘，因此，各国出版的海底地势图，绝大多数采用墨卡托投影。由于墨卡托投影长度变形和面积变形在高纬度地区十分显著，因而不是非常适合海底地势的编制，尤其对于小比例尺地势图。如果仅从限制变形的角度考虑，还有多种投影可供选择例如伪圆柱投影、多圆锥投影等。但这些投影经纬线形状复杂，不是相互垂直的平行直线，编制多幅图拼接的地势图也不太适宜。兼顾限制变形和图幅拼接方便两个方面，采用任意正轴圆柱投影较好。因为正轴圆柱投影经纬线形状简单。若采用等角投影，则长度、面积变形太大；若采用等面积投影，则长度、角度变形太大；而任意投影，可根据制图区域的特点，综合考虑角度长度和面积的变形。综上所述，编制海底地势图投影选择的一般原则为：较大比例尺、中低纬度地区，采用墨卡托投影较为适宜；小比例尺、高纬度地区，用任意正圆柱投影为宜；极地附近，则宜采用正方位投影。

（2）海底地形图。

此类图比例尺相对较大，最小比例尺一般不小于 1∶1 000 000，最大比例尺已有 1∶10 000 的，主要用于科学研究、海洋工程建设和其他海洋开发利用事业，要求有较高的量测精度。这类图可供选择的投影较多，但也如同陆地地形图一样，要想选择一种最合适的投影是困难的。各个国家常常根据本国的地图位置、区域形状、投影使用习惯，以及与陆地地形图协调一致等来选择投影。

5）专题海图的投影选择

专题海图的内容很广泛，如海底地貌图、海底地质构造图、海洋重力异常图、海洋磁力图、海洋生物图、海洋水文气候图等。其表示方法也很多。综合各国经验，与航海有关的各种专题海图，即航海参考图，应采用墨卡托投影编制。各种非航海用的专题海图，如只作为参考用，对限制投影变形没有特定要求时，也应尽可能采用墨卡托投影。成套出版的系列图中，若相同范围内不同图幅表示各种自然要素如地貌、地质构造、重力异常、磁力等的成套图，应考虑其主要用途，是否要求有较高的量测精度，选择统一投影。

6）海图比例尺

海图比例尺指海图上某方向微分线段长度与实地投影到地球椭球面上相应线段长度之比。用数学式表达为

$$\frac{1}{M} = \frac{\mathrm{d}s'}{\mathrm{d}s} \tag{6.1.1}$$

式中　M——海图比例尺分母；

　　　$\mathrm{d}s'$——图上某一微分线段的长度；

　　　$\mathrm{d}s$——实地上相应线段在地球椭球面上垂直投影所得的水平线段的长度。

尽管海图比例尺随线段的位置和方向而变化，但在海图上一般仍只注一个比例尺。这一比例尺称为主比例尺，只在图上某些部位（点或线）上是正确的，如墨卡托投影的基准纬线上、高斯-克吕格投影的中央经线上、日晷投影的投影中心（切点）上。其余部位的比例尺大于或小于主比例尺，它们称为局部比例尺。

2. 海图编绘

1）海图符号

符号是用图形或近似图形的方式来表达意念、传输信息的工具。广义的符号可以包括语言、义字、数学符号、化学符号、乐谱和交通标志等。海图也是通过符号描述海图要素的空间和属性信息的，可以视作一种特殊的语言系统。

（1）海图符号的功能。

海图符号是海图作为信息传递工具所不可缺少的媒介，其主要功能表现在三个方面。首先，对客观事物进行抽象、概括和简化。其次，提高海图的表现力，使海图既能表示具体的事物，也能表示抽象的事物；既能表示现实中存在的事物，又能表示历史上有过的事物及未来将出现的事物；既能表示事物的外形，又能表示事物的内部性质，如海水的盐度等。再次，提高海图的应用效果，使我们能在平面上建立或再现客观现象的空间模型，并为无法表示形状的现象设计想象的模型。

（2）海图符号的类型。

按海图符号所代表的要素及符号的延展性分为点状符号、线状符号和面状符号。

① 点状符号是单个符号，所表示的事物在图上所占面积很小，只能以"点"的形式表示，如图 6.1.3 所示。

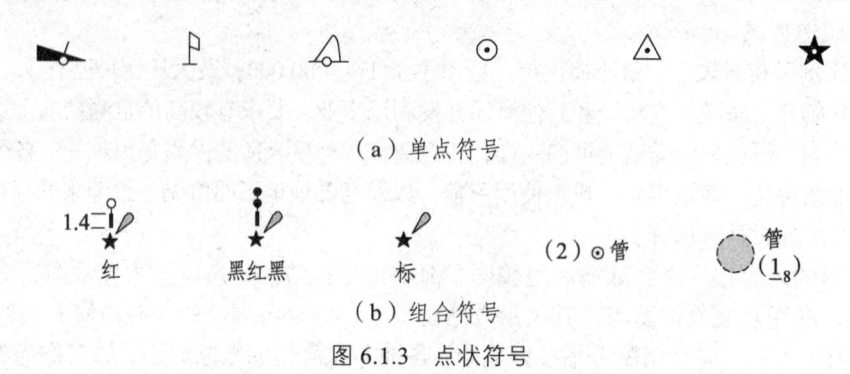

（a）单点符号

（b）组合符号

图 6.1.3　点状符号

② 线状符号是用来表示各种事物的单个线性记号。一般线状符号是用来表示线状或带状延伸的事物，如河流；但有的线状符号则是用来表示某种要素的界线（或不同事物的分界线），如国界、港界等。线状符号可以是实线和虚线，单线和双线、点线等，如图 6.1.4 所示。

③ 面状符号是用于在图面上表示延伸范围的符号，它指示具有某种共同特征的区域。如以符号表示的泥滩、沙滩、树木滩、丛草滩等，如图 6.1.5 所示。

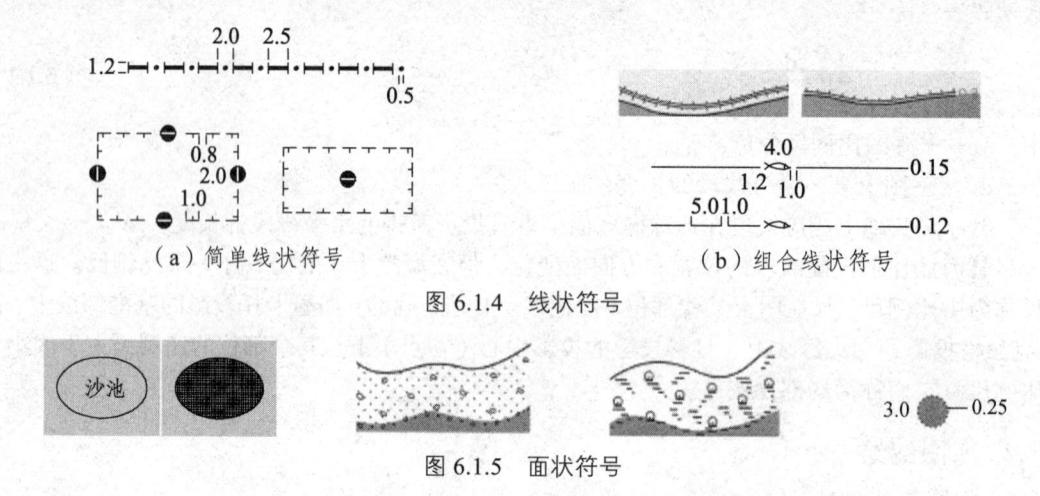

（a）简单线状符号　　　　　（b）组合线状符号

图 6.1.4　线状符号

图 6.1.5　面状符号

（3）符号尺寸。

① 在《中国海图图式》中，符号旁以数字标注的尺寸用于表示符号的大小，均以毫米（mm）为单位。

② 符号旁只注一个尺寸的，表示圆或外接圆的直径、等边三角形或正方形的边长；并列注两个尺寸的，第一个表示主要部分的高度，第二个表示符号主要部分的宽度；线状符号一端的数字，单线是指其线宽，两平行线是指含线划的宽度（街道是指其空白部分的宽度）。符号上需要特别标注的尺寸，则用点线引示。

③ 符号线划的粗细、线段的长短和交叉线段的夹角等，一般在没有标明的情况下，线画粗为 0.12 mm 或 0.1 mm，点的直径为 0.2 mm，非垂直交叉线段的夹角为 45°或 60°。

（4）定位符号的定位点和定位线。

海图符号的定位，是指海图要素在海图上的坐标位置所对应的海图符号的位置。

① 符号图形有一个点的，该点为地物的实地中心位置。
② 三角形、正方形、五角星形等正几何图形符号，定位点在其几何中心。
③ 底部宽大符号（庙宇、碉堡），定位点在其图形底部中心。
④ 底部呈直角的符号（气象站、风车），定位点在其直角的顶点。
⑤ 几种图形组合符号（塔形建筑物、清真寺），定位点在其下方图形的中心点或交叉点。
⑥ 下部无底线符号（钟楼、亭），定位点在其图形下部两端点连线中心。
⑦ 轴对称的线状符号（公路、堤坝），定位线在其符号的基线中心。
⑧ 非轴对称的线状符号（城墙、渔栅），定位线在其符号的基线中心。
⑨ 人工建成的加固岸符号，定位线在其符号粗线中心。

（5）符号的方向和配置。
① 符号除简要说明中规定按真方向表示外，均垂直于海图绘制。
② 配置性符号的密度、形式，基本应按《中国海图图式》中实例表示。面积较大时间隔可略放大。

2）海图的颜色

海图的颜色在显示器显示时用黑、黄、蓝、浅蓝、浅紫、紫、浅绿、绿8种颜色；在印刷时，使用黑、黄（棕）、品、青四色印刷出版。为使图面清晰，当图上界线较多时，扫海测量区界线可采用绿色印刷，并套印网点。

3）海图要素的表达

（1）海图要素分类。

海图要素除在海图上表示的空间信息及其说明性注记以外，还包括数学基础、图廓整饰、资料说明等。按照海图要素的航海用途及制图表达可分为以下16大类。
① 控制点、磁要素：三角点、水准点。
② 自然地理要素：包括海岸、地貌、水系等。
③ 人工地物：居民地、建筑、道路、桥梁、水闸、电力线、管道。
④ 陆地方位物：具有导航定位及定向作用的各种独立的高大建筑、烟囱、突出树木等。
⑤ 港口：各种码头、堤坝、滑道、船坞、施工区、运输设施、堆场、系缆桩，以及海事局、邮局等管理和服务机构的位置等。
⑥ 潮汐和海流：潮流表、潮信表、潮流图、潮流和海流符号。
⑦ 深度：水深、航道疏浚深度、障碍物深度、扫测深度等水深值和等深线。
⑧ 底质：海底或滩的性质或植被类型等，一般采用面状符号或注记表达。
⑨ 礁石、沉船、障碍物：沉船、礁石、渔网、渔堰等。障碍物、碍锚地的位置/深度，及危险线标绘、注记说明等表示方法。
⑩ 近海设施：海上油气作业平台、水下设施、渔业生产设施及水下管线等。
⑪ 航道：船舶航行的通道及其边线、通航水深、航向、分道通航等。标示航道属性的相关要素。
⑫ 区域界线：锚地、限制区、军事禁区及国界、专属经济区等各种海上区域的界线。
⑬ 航标：用于标示海上航行的方向、边线、引导线、障碍物等要素，立于岸边、海底或浮于水面的，具有导航或警示作用的各种灯塔、灯桩、立标、导标、各种形状的顶标，以及不同的灯光信号、无线电信号、雷达灯组成的导助航系统。
⑭ 服务设施：海事、引航、救助、交管（VTS）等管理与服务设施的位置。

⑮ 图廓整饰：海图的内外图廓、各种细分线、出版机构等。
⑯ 注记：各类要素的图上文字说明等。
（2）海底地貌的表示。

海底地貌是海图最重要的内容要素，主要是指海底表面起伏的变化情况和形态特征，它与研究海底形态发生规律的"海底地貌学"中的"海底地貌"既有联系又有区别。海图上表示的海底地貌，在有些文献中也称"海底地形"或"水下地形"。

由于航海图、海底地形图及各种海洋专题图的用途不同，对海底地貌的表示有不同的要求，常常采用不同的表示方法。

航海图上常用的海底地貌表示法有：数字注记法、等深线法、分层设色法等。

① 数字注记法。

数字注记法是用数字表示海图要素的方法之一，是航海图对海底地貌的最基本表示方法。每个数字代表该数字位置上的海底深度。表示海底深度的数字也称"水深注记"或"水深数字"，也简称为"水深"。水深数字及其位置都是海上实际测深和定位的成果。因此，数字的大小和主点位置反映了海底地形的起伏变化。

从航海图的用途来说，用水深数字注记显示海底地貌有其优越性：首先是水深注记正确反映了测点的深度，根据深度变化情况可以概略地判断海底起伏情况，航海人员根据海图上的水深可以选择航道、锚地等。其次是采用该法海图比较清晰，便于航海人员在图上作业；最后是该法绘制简便。

为合理、清晰地显示海底地貌，水深注记密度是数字注记法的一个重要因素。不同海域或不同深度带的海底地貌复杂程度不同，其水深注记的密度也不相同。海底地貌越复杂，水深注记密度应越大，反之亦然。我国现行《中国航海图编绘规范》对不同水深层的密度间隔规定如下：① 浅于 20 m 的海区为 10~15 mm；② 20~50 m 的海区为 12~20 mm；③ 深于 50 m 的海区为 18~30 mm。

沿岸陡深处的水深注记可以适当加密，平坦海区可以适当减稀。对于水道、航门、复杂的岛礁区、习惯航道转折处、锚泊地、突出的岬角处以及海底地形复杂的海区，水深注记的间距可缩小至 8~10 mm。图 6.1.6 所示为按海图编绘规范要求的水深数字注记。

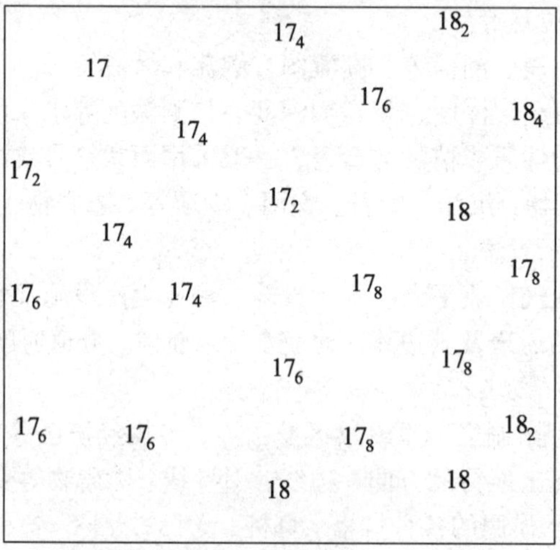

图 6.1.6　按海图编绘规范取舍后的水深数字注记

用水深表示海底地貌的缺点是缺乏直观性,不能完整、明显地表示出海底地貌形态当水深密度较小时,表示的海底地貌更为概略。为了克服这些缺点,近几十年来航海图上用深度注记表示海底地貌的同时,还采用等深线作为辅助方法,同时还在浅水层设色。

根据国际海图图式,海图上水深注记又分为如下4类。

a. 斜体水深:实测精度较高的水深,这是海图上最普通的水深。

b. 直体水深:直体注记水深表示深度不准确、采自小比例尺图或旧版资料的水深,未精测水深亦用此符号表示。

c. 未测到底水深:测量时测至一定深度而尚未着底时的深度,这种水深在过去用铅锤手工测量时较常出现,在目前使用测深仪的情况下较少出现。

d. 特殊水深:特殊水深是指明显浅于周围深度的水深(一般浅20%),此处可能存在浅滩,但又不宜改为暗礁符号的用此符号表示,危险线内按实际深度设色。

② 等深线法。

等深线是把深度相同的各点连接并进行平滑处理所生成的曲线,如图6.1.7所示。等深线是以一定的深度数据为基础描绘的,而深度数据往往是有限的并且由于水深测量不能像陆地地形测量那样可以根据需要测量特征地形点,故根据水深勾绘等深线带有较多的主观成分。近年来测深技术不断发展,测深的密度、精度不断提高据此描绘的等深线所反映的海底形态特征逐渐趋于真实,但它们仍然不能代替航海图上的深度注记。在航海图上,等深线仍然是海底地貌的辅助表示方法,但它仅是划出与航行有关的一些深度带,并不能完整反映海底地貌。

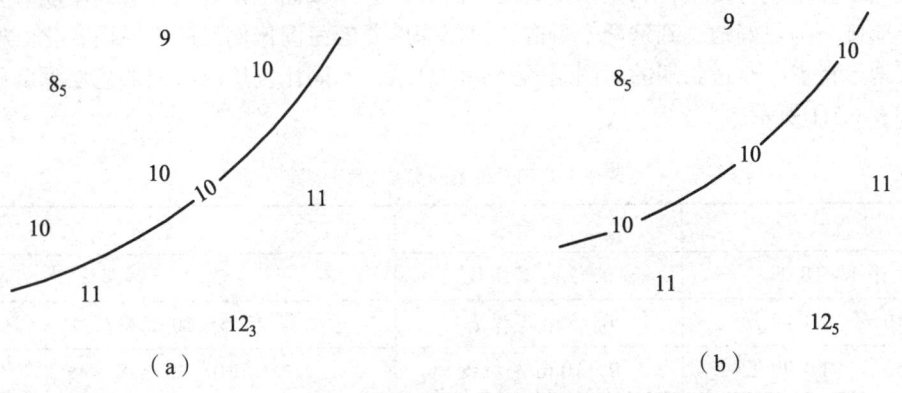

图 6.1.7 航海图上的等深线表示

在航海图上,等深线主要用来判断对航行有无危险,因而为安全起见,航海图上的等深线与水深注记等值时,一般是采取扩大等深线范围的方法。

③ 分层设色法。

分层设色法亦称色层法,是在不同的地形层级(不同的高度层和深度层)用不同的颜色(或不同的色调)进行普染,以显示地表的起伏形态,如图6.1.8所示。航海图上海底地貌的分层设色属于局部套印色层的类型。

通常是在干出线(0 m等深线)以下的浅水海域进行分层设色。采用蓝色相两个色调分层。如果是从海岸线算起,则包括干出滩(海岸线至0 m等深线)的分层,采用蓝色相和黄色相的叠加色调。

图 6.1.8　水深区的分层设色法

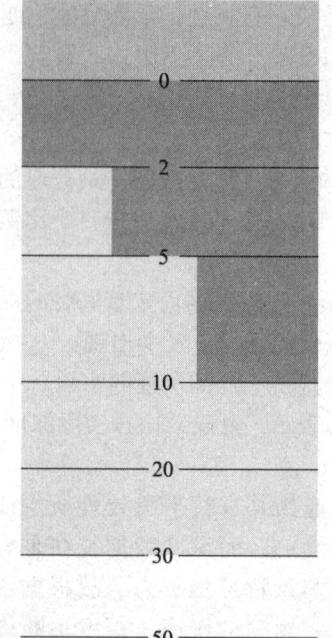

彩图：水深区的分层设色法

航海图采用局部分层设色的目的有两个：一是使浅海水域在图上醒目清晰，易于航海人员辨别，有利于保证航行安全；二是保持海图上的大部分海域面积不设色，有利于航海人员在海图上标绘航迹。为更好地达到这两个目的，色层深度要随海图比例尺的不同而变化。根据浅海水域海底地形特点，经过长期的海图制图经验的总结，不同比例尺航海图的色层深度已经基本固定，如表 6.1.1 所示。

表 6.1.1　航海图的分层设色规定

比例尺	深蓝	浅蓝
大于 1：10 万	0～2 m 等深线	2～5 m 等深线
1：10 万～1：49 万	0～5 m 等深线	5～10 m 等深线
1：50 万～1：99 万	0～10 m 等深线	10～20 m 等深线
1：100 万及更小	0～10 m 等深线	10～30 m（或 50 m）等深线

如果海域干出滩是采用颜色表示，则包括干出滩在内的海域局部分层设色范围又增加了海岸线至 0 m 等深线的蓝黄叠加色层，这种海图通常是陆地普染黄色。因此，印色范围为 0 m 等深线以上套印黄色，海岸线以下套印蓝色，从而形成了干出滩的叠加色。如果干出滩以符号表示，则海图的层次与表 6.1.1 所示的色层相同。

（3）陆地地貌的表示。

海图上对陆地地貌的表示主要是沿用陆地地形图等测绘资料，以海图图式符号进行表达。这是因为海洋测量并不对陆地进行重新测量，只是对海岸地形（包括海岸线及干出滩）和一定的陆地纵深做必要的补测和修测，从而使海图上对陆地地貌的表示受陆地地形图的影响和制约。其中，主要的表示方法在海图上早已被采用。除以等高线表示为主外也辅以分层设色、晕渲和明暗等高线。而海图对陆地地貌表示的独到之处在于使用了一种被称为山形线的表示方法。另外，晕渲法在早期的海图上也应用得比较多。

① 等高线法。

等高线是海图上对陆地地貌的主要表示方法。基本原则是保持清晰易读，山头突出显著，以便于航海人员对陆地目标的选择和使用。然而，过于详细复杂或"照搬"陆地地形图的地貌等高线，势必给航海人员导航定位时带来不便，特别是对海区不熟悉的航海人员会更加困难。图 6.1.9（a）所示是我国 20 世纪 60 年代出版的某些航海图照搬陆地地形图地貌等高线的典型例图。

为使海图陆地地貌清晰易读，海图上的陆地等高线一般采用与陆地地形图不同的等距（加大等高距），减小了图上等高线的间隔密度。图 6.1.9（b）所示是清晰易读的现行航海图上的等高线的表示，与图 6.1.9（a）相比，具有很好的读图效果。

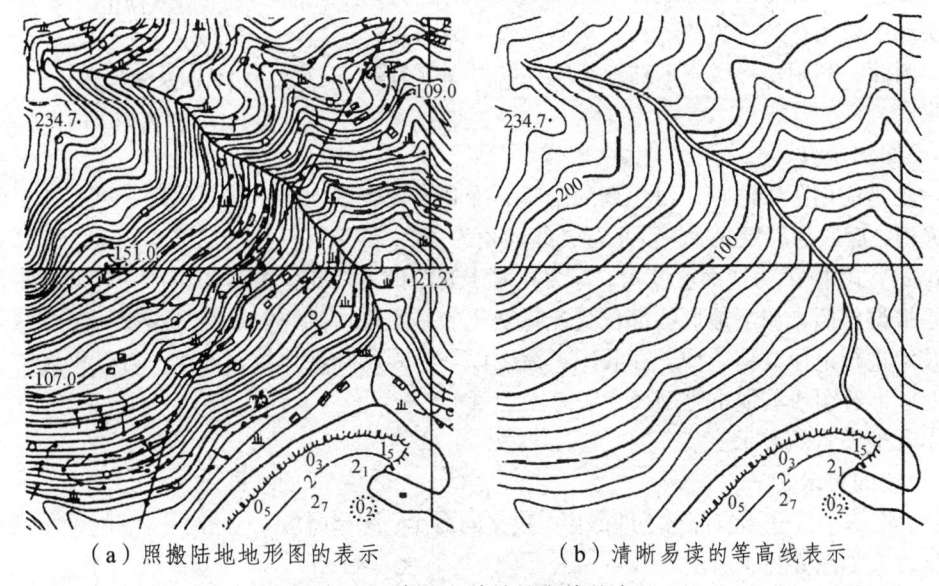

（a）照搬陆地地形图的表示　　　　（b）清晰易读的等高线表示

图 6.1.9　海图上陆地等高线的表示

我国国标《中国海图编绘规范》对各种比例尺航海图的基本等高距规定见表 6.1.2。表中的特殊地区，一般指图上相邻等高线间距小于 1.0 mm 的地区。航海图所规定的这一等高距比我国出版的陆地地形图的等高距大 1~2 倍。这是经过多年制图实践和航海人员用途需要总结的成果。当基本等高距不能完善显示沿岸具有航行方位意义的山头、高地时，则适当加绘半距等高线。对非航海图的陆地地貌的表示，则和陆地地形图或其他小比例尺地图的表示方法接近。

表 6.1.2　我国航海图的基本等高距规定

比例尺	一般地区	特殊地区*
大于 1∶10 000（不含）	5	10
1∶10 000～1∶25 000（不含）	5	10、20
1∶25 000～1∶50 000（不含）	10	20、40
1∶50 000～1∶100 000（不含）	20	40、80
1∶100 000～1∶200 000（不含）	40	80
1∶200 000～1∶500 000（不含）	100	—

注：一般指图上相邻等高线间距小于 1.0 mm 的地区。

② 山形线法。

山形线是航海图上用以表示陆地地貌的独特方法之一。通常是根据海图的特殊要求，降低对地貌表示的精度，或者等高线资料不全时而采取的一种表示方法。每条山形线不代表陆地的实际高度，因此它也没有等高距的概念。我国出版的外轮用航海图或国内民用航海图多采用此法表示。山形线绘制的形式、风格不同，对陆地地貌表示的完整程度也不同，但无论哪种形式均应保证山头位置的准确和主要山脊的正确，如图6.1.10所示。

用山形线表示陆地地貌的最大优点是形式灵活，曲线可不封闭和连续，背海的山坡或谷地也可不表示。这就突出了山头和主要山脊的位置和形状，从而达到了清晰易读的目的。因此，利用山形线表示陆地地貌在航海图上有较好的效果。

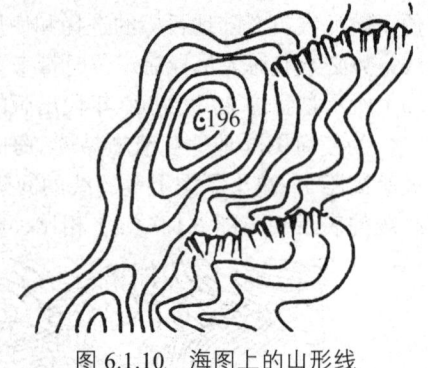

图 6.1.10 海图上的山形线

③ 晕渰和晕渲。

晕渲法是应用阴影原理，以色调的阴暗、冷暖变化表现地形立体起伏的一种方法。最初使用直照光源，后改为斜照光源，设平行光线倾角为45°，地形各部位的受光量 $H = 0.707(\cos\alpha + \sin\alpha \cdot \cos c)$。式中 α 为地面坡度角，c 为相对于光源的方向角，晕渲法不严格按此数学法则进行，而是根据斜照光源下地形各部位受光量变化的基本规律，并引进空气透视等艺术法则，应用绘画技术进行地形立体造型。在我国，海图以晕渲表示陆地地貌还属于一种辅助性方法，主要用于海区形势图或其他小比例尺专题海图。

（4）其他要素的表示。

① 岸线的表示。

通常，将海岸带分为三部分，即海岸（狭义的海岸，海岸阶坡）、干出滩（潮间带潮浸地带）和水下岸坡，如图6.1.11所示。

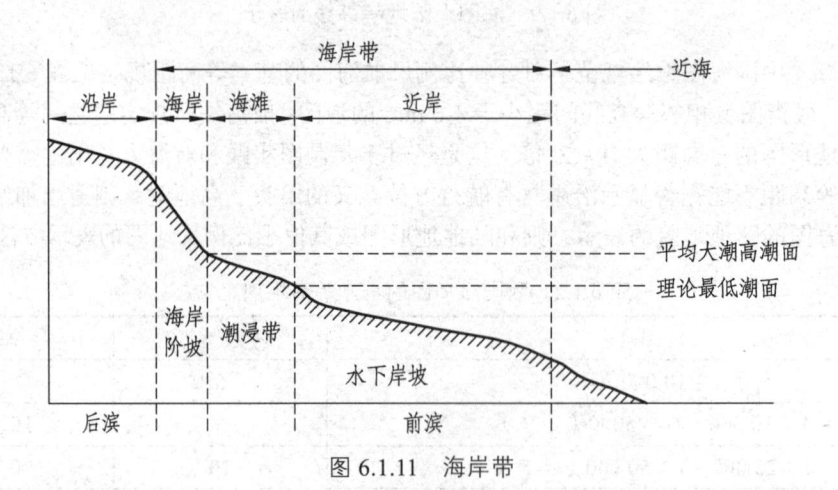

图 6.1.11 海岸带

海图上，实测岸线用一条实线表示，草绘岸线用虚线表示，如图6.1.12所示。海岸性质用各种符号并配以文字注记表示，不同性质海岸的表示如图6.1.13所示。

（a）实测岸线　　　　　　　　（b）草绘岸线

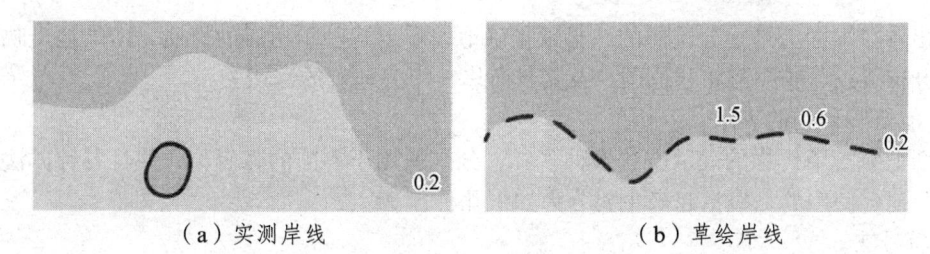

图 6.1.12　实测与草绘岸线的表示

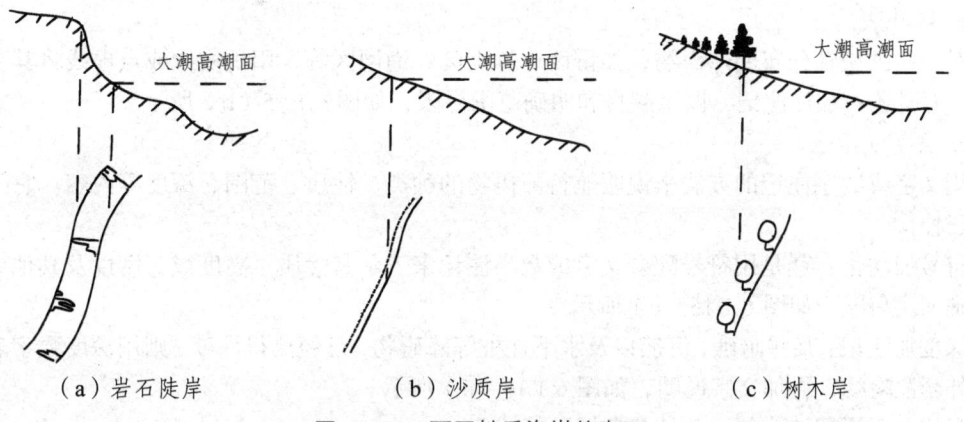

（a）岩石陡岸　　　　　（b）沙质岸　　　　　（c）树木岸

图 6.1.13　不同性质海岸的表示

有些地势非常低平的地区（如苏北沿海），虽然在最高潮时被淹没，但大部分时间都为陆地。为了表示这种海岸特征，在海图上要分别表示两条海岸线，即高岸线——大潮高潮所形成的海陆分界线；低岸线——小潮高潮时的海陆分界线。对于经过水深测量的江河和湖泊，其岸线通常是指平均高水位或高水期平均水位的水陆分界线，其表示与海岸线相同。

海图上表示海岸的一般要求。在大比例尺海图上，要求能准确地表示出海岸线的位置，详细地描绘出海岸线的形态特征、明确区分海岸的性质。在中小比例尺海图上，则要求能准确地表示出海岸线，充分显示其自然形态特征，蜿蜒曲折的程度和不同成因的类型特征。同时，由于海岸处于陆地与海洋的交接地带，其形态、发育和演变与两者有着密切的关系，因此其制图综合应与陆地地貌和海底地貌诸要素的综合相协调，使其起到承上启下的作用。

② 干出滩的表示。

干出滩在海图上有两种表示方法，即符号法和文字注记法。岩石滩和珊瑚滩用符号表示，其他性质的干出滩则用范围线加相应注记的方法表示（也可以用符号法表示，但不如注记简便），如图 6.1.14 所示。

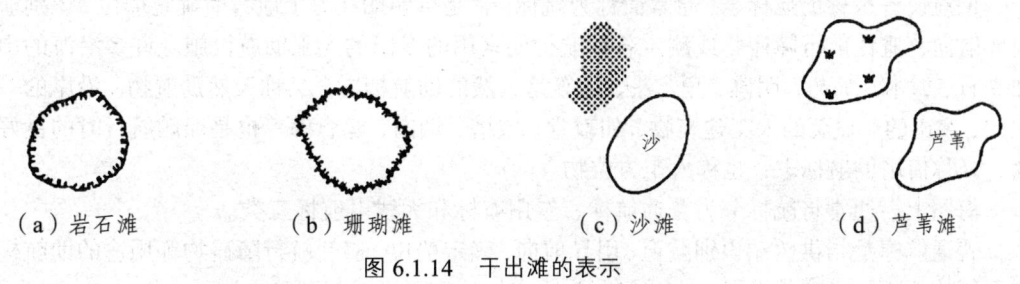

（a）岩石滩　　　　（b）珊瑚滩　　　　（c）沙滩　　　　（d）芦苇滩

图 6.1.14　干出滩的表示

干出滩在海图上是十分重要的，必须正确地表示出各种干出滩的性质，清晰地反映各种干出滩的分布特点、轮廓形状和范围，及其与海岸、海底地貌的密切关系。

③ 航行障碍物的表示。

海图上航行障碍物的表示方法多种多样，分别适用于不同的障碍物，并且各种方法也是相互联系、配合使用的。概括起来主要分为如下几种：

a. 符号法。

用依比例图形和非比例符号表示，如明礁、沉船、浪花等，如图6.1.15（a）所示。

b. 区域法。

对一些区域性分布的障碍物，如雷区、群礁区、渔网区等，用折实线或点虚线将其范围标出来，有时还可加注注记，以示醒目和明确范围界限，如图6.1.15（b）所示。

c. 文字注记法。

用文字或数字注记的方法来说明航行障碍物的种类、性质、范围、深度等内容。它又包括以下三种：

符号加注记：就是用符号配合文字或数字注记来表示其性质、高度或深度以及其他内容，如明礁加注高度，如图6.1.15（c）所示。

深度加注记：某些暗礁、沉船以及水下柱桩等障碍物，已经测得深度，则用深度数字表示，数字外套危险线，再加文字说明，如图6.1.15（d）所示。

只用文字说明法：如"此处多鱼栅"等。

d. 加绘危险线的方法。

当障碍物孤立存在或深度较小而危险性较大时，为了明显起见，常在障碍物符号外加绘危险线。目前，对已知深度的障碍物加绘危险线的深度界限是20 m，如图6.1.15（e）所示。

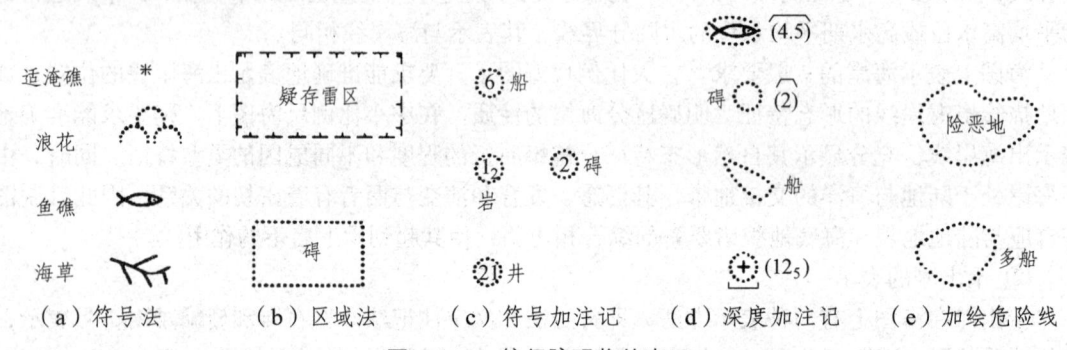

图6.1.15 航行障碍物的表示

④ 助航标志的表示。

助航设备也称助航标志，通常简称为航标。它是供船舶在海上航行时确定船位、识别航道、引导航向、避让航行障碍物或测定各种航行要素用的专门的人工助航设施。许多沿海的山头、独立石、树木、岛屿、明礁、角、头、嘴等是天然的助航标志，又称天然助航物。沿岸的一些高大的、突出的、显著的人工建筑物，如教堂、宝塔、烟囱、纪念碑等也是船舶航行时的良好方位物，又称借用助航标志，也称人工方位物。

海图上，通常将航标分为普通航标、专用航标和无线电航标三类。

普通航标是指供船舶识别航道、引导航向、确定船位、避开航行障碍物等用途的助航标志，如图6.1.16所示。按其设置的方式又分为固定航标和浮动航标两种。

(a) 灯塔　　　　　(b) 灯桩　　　　　(c) 立标

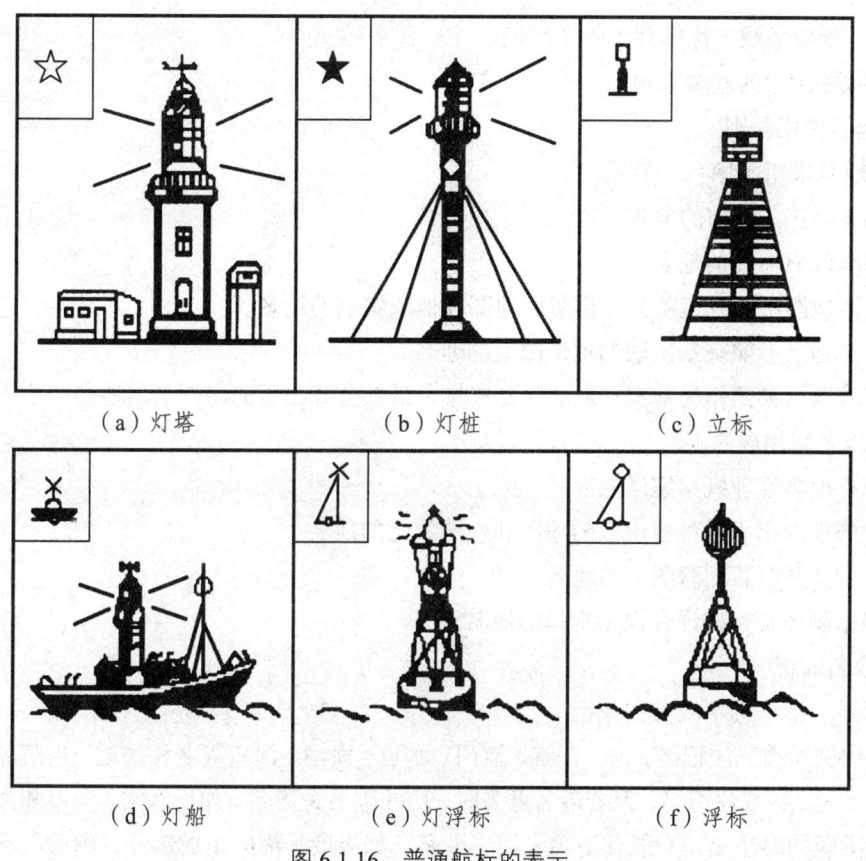

(d) 灯船　　　　　(e) 灯浮标　　　　(f) 浮标

图 6.1.16　普通航标的表示

专用航标是为了满足船舶的某种专门需要而设置的助航标志。根据其设置的用途不同，又可分为测速标、罗经校正标、导标（导灯），以及并非专为助航目的而设立的各种专用标志等。无线电航标是指用无线电技术设置的各种标志和台站。

无线电航标是指用无线电技术设置的各种标志和台站。专用航标和无线电航标的表示具体参见《中国海图图式》。

⑤ 海图的辅助表示。

海图的辅助表示是指对潮汐、海流、陆地的航行目标等内容要素的辅助表示，主要有潮信表、海流表、对景图及方位引示线。

潮信表主要是向航海人员提供图内各港湾潮汐变化的基本情况和基准面的高度。在中大比例尺海图上均配置潮信表。由于潮汐类型不同，潮信表的形式也不同，主要有以下几种：半日潮型、全日潮型、不正规半日潮型。

潮流表是一种以图表表示海区回转潮流的形式。通常是当回转潮流位置处周围要素较多，且重要而不便遮盖时，所采取的一种方法。

对景图是船舶在海上一定位置附近，所视海岸、岛屿、山头、港口和水道的入口的目标景观的素描图或照片。通常在海图上还要表示出视点位置，也称为观景点。更详细的对景图还应注出观景点所视某目标的距离和方位。

4）海图注记

海图注记是海图的重要因素之一，地名和地理名称必须通过注记说明，其他要素，如灯质、航道走向、管理区域名称等都少不了注记。

（1）海图注记的基本原则。

① 地名采用原则。

中国地名采用顺序：

a. 国务院正式颁布的地名。

b. 各级政府命名的地名。

c. 中国地图出版社最新公开出版的地图和地图集上的地名。

d. 陆地地名参照最新出版的地形图上的地名。

e. 海域地名参照作为基本资料的测量成果及最新公开出版的海图上的地名。

外国地名采用顺序：

a. 国家地名管理机构编译的地名。

b. 中国地图出版社最新出版的地图和地图集上的地名。

c. 最新公开出版的海图上的地名。

d. 根据制图资料按译音规则翻译的地名。

② 地名的统一。

a. 海洋、港湾等水域名称注记。

根据比例尺情况注记洋、海、海峡、航门、水道、海湾、河口等名称注记。当湾名与港名不能同时注出时，一般注湾名，但若港名著名时，应注港名舍湾名。如港和湾、河口和河口港为同一专名而不能同时注出，一般注湾名、河口港名。如果港是湾的组成部分，则湾名不能注在港内；如果海峡是海的组成部分，则海名不能注在海峡内。

b. 岛屿、礁石等名称注记。

孤立的岛屿或礁石应详细注记其名称及高程。群岛名称注记字级应比该群岛中最大岛屿名称注记字级大1~3级。岛屿名称注记字级应比岛上居民地名称注记字级大1~2级岛屿、礁石与港湾、水道等名称不能同时注记，一般不注岛屿、礁石的名称。

c. 岬角的名称注记。

岬角（包括嘴、头等）名称注记应小于其附近港湾、水道的名称注记。岬角名称与岛屿、港湾、水道等名称不能同时注记时，一般可舍去，但著名的岬角名称应注记。

③ 专有名称注记。

专有名称注记包括航标名称、码头名称、海流名称、铁路名称及其他各种独立地物的专门名称。其中，铁路名称在1∶10万及更小比例尺图上注出，海流名称一般在比例尺小于1∶15万图上注出，其余各种独立地物的专门名称一般在比例尺大于1∶10万图上注出。

④ 说明注记。

符号的说明注记用于进一步说明符号的性质、数量及状况，包括航标灯光性质注记要素的"概位""据报"等注记、各种区界线的注记、高程注记、流速注记、码头编号等。

⑤ 整饰注记。

整饰注记包括图廓整饰注记及图廓外的说明注记，按《中国海图图式》的有关规定注出。

（2）海图注记的字体。

海图上常用的字体是宋体和等线体，有时还使用仿宋体和黑体。大幅挂图的标题，可用手写的美术体。

宋体字是一种历史较久的印刷字体。它现在的基本式样已不是宋版书的字样，而是在木刻印刷的条件下产生，并在后来活字印刷中逐渐规格化。宋体字横细、竖粗，有笔端装饰，具有字形端正、整体匀称的特点。

等线体是按宋体字的结构，笔画均用相同粗细写成的字体。这是在近代印刷工艺发展过程中出现的。等线体字具有笔画粗细统一，字形庄重端正，笔势浑厚雄健，字体突出醒目等特点。

海图上选择注记的字体应注意易读、美观和便于区别。习惯上海洋、港口、江河等名称用斜体字，山脉的名称用耸肩字。

（3）海图注记的排列。

海图上注记位置是否恰当，往往影响海图的使用及其外观，所以应该重视注记位置的选择，采用适当的排列方法。对注记的排列有以下几点要求：

① 指示明确，不使读者产生疑问和误解。
② 文字符合从左至右或从上而下的阅读习惯。
③ 不出现倒置（字头向下）的现象。
④ 间隔适中，同组注记字的间隔应相等。

任务 2　海图制图综合实训

海图内容的压缩、化简和图形关系处理的制图技术，称为制图综合。任务是在海图用途比例尺、制图资料和制图区域地理特点等条件下，按照特定的原则和方法解决海图内容的详细性与清晰性、几何精确性与地理适应性的对立统一问题，实现海图符号和图形的有效建立。综合过程表现在实地复杂的现实向海图模型的转化，海图向更小比例尺过渡或向另一种新的模型的变换等制图活动中。综合制图的基本原则是表示主要的、典型的、本质的信息，舍去、缩小或不突出表示次要的信息。制图综合的方法主要有选取、化简、概括和移位，而对于实地制图现象向图形转换，还包括对实地物标的分类分级、建立符号系统。

综合制图是一个复杂的分析、判断和决策过程，计算机制图技术的发展，促进了交互图形编辑和制图综合专家系统的研究，使之不断由定性的指标向定量化、模型化发展。例如，在外业数字测深数据选取、海图水深点选取和复杂海岸线的化简方面，有些数学模型和方法的研究项目已取得重要成果。

6.2.1　内容的选取

海图内容的选取，就是根据海图的用途、比例尺和区域特点，选取主要的要素，舍弃次要的要素。所谓"选取主要的要素"，是指选取主要的类别和选取某一类别中主要的物体。例如，在航海图上，居民地、海岸线、海底地貌、航行障碍物、助航标志等为重要的类别，应予表示。

所谓"舍弃次要的要素"，同样有两方面的含义，即舍弃次要的类别和舍弃所选取类别中次要的物体。如在航海图上，海水的温度、盐度等物理性质是次要类别，舍弃不予表示。

为了正确地选取海图内容，编图时一般都规定各类要素的选取标准，即确定要素的数量指标及质量指标。确定数量和质量指标的方法主要有资格法、定额法及平方根定律法等。

1. 资格法

资格法是根据所规定应达到的数量或质量标准来选取海图内容。如在编制1：5万比例尺的港湾图时，规定图上长于10 cm的树木岸、芦苇岸、丛草岸应表示，长期固定的验潮站应表示。前者是数量标准，后者是质量标准，据此选取海图内容，均属资格法。

2. 定额法

定额法是以适当的海图载负量为基础，规定一定面积内海图内容的选取指标。海图的载负量即海图的容量，相当于海图图廓内所有符号和注记的总和。当符号和注记的大小确定后海图载负量的大小同海图内容的多少成正比。在规定以"定额法"综合的"定额"指标时，通常以面积载负量或数值载负量来表示。面积载负量是单位面积内地图符号、注记所占的面积，以mm^2/cm^2为单位；数值载负量是单位面积内的符号个数或长度，以个$/cm^2$为单位。海图上选取水深的密度常常不是以个$/cm^2$为单位，而是以水深的间距来表示。

3. 平方根定律法

大量试验证明，资料海图的载负量与新编海图的载负量之间的关系，同两者比例尺成一定的比例。用公式表示为

$$n_c = n_s \sqrt{S_c/S_s} \tag{6.2.1}$$

式中 n_c——新编图要素的总量；

n_s——资料图要素的总量；

S_c——新编图的比例尺分母；

S_s——资料图的比例尺分母。

上述公式适用于采用相同符号的同类海图。当新编图符号尺寸与资料图的符号尺寸差异较大时，应引进新的系数。定额法、平方根定律法只是规定了海图内容选取的限额，在具体实施选取时，还需制图人员根据要素的特征和重要程度，决定选取哪一个，舍弃哪一个。

6.2.2 形状的简化

形状的简化主要用于呈线状与面状分布的要素以及表示地貌的等高线（等深线）等。海图在编绘过程中，因比例尺的缩小，一部分图形缩小到难以分辨的程度或因弯曲过多过细而妨碍了主要特征的显示，通过形状的简化，可以保留该地物特有的轮廓特征，并区别出从海图用途来说必须表示的特征。

形状简化的主要方法是删除、合并和夸大。删除是删去无法清晰表示的微小弯曲或有碍于主要特征显示的碎部，如海岸线、河流、等高线的细小弯曲等。合并是指将相邻而性质相同的若干个图形合成一个图形。删除与合并是有联系的，删除了同类或同性质中某个或几个图形，

也就意味着这几个同类或同性质的图形实现了合并。某些具有重要意义的小弯曲或碎部虽依比例尺已不能表示，但应适当夸大加以表示。

进行图形形状简化时，应注意保持重要特征点的位置正确，反映出弯曲程度的对比，并保持图形的相似及各种要素图形之间的协调。

6.2.3　数量特征的概括

制图物体数量特征的显示，受海图用途和比例尺的限制。随着比例尺的缩小，制图物体的数量特征在图上的显示趋向概略，这种方法被称为数量特征的概括。

数量特征概括的具体方法有分级合并、取消低等级别和用概括数字代替精确数字三类。

数量特征是分级的基础，分级的合并就是用扩大级差的方法来减少分级。如编制航海图时，规定 1∶1 万图上基本等高距为 5 m，1∶2.5 万图上为 10 m，1∶5 万图上为 20 m，1∶10 万图上为 40 m，这种随比例尺缩小，等高距扩大的方法，就是分级的合并。取消低等级别就是规定某一数量等级以下的制图物体不予表示。用概括数字代替精确数字就是对某些用数字表示的要素，根据海图的具体用途或比例尺，有时用概括数字代替，如某些航海图上高程注记不注小数。

6.2.4　质量特征的概括

质量特征是指决定制图物体性质的所有特征。质量特征在图上的显示，同数量特征一样受海图用途和比例尺的限制，随着比例尺的缩小，质量特征在图上的显示趋于概略和简单，这种方法即称为质量特征的概括。

质量特征是区分制图物体并对其进行分类的基础，因而质量特征的概括主要表现在分类的合并，即以概括的分类代替详细的分类。另外还有一种情况，是对长度较短或面积较小而意义不大的类别用图上相邻的其他类别表示，这也属于质量特征的概括。

6.2.5　制图物体的移位

制图物体的移位是通过移位来突出反映制图物体的主要特征，解决由于比例尺缩小而出现的地理适应性问题。制图物体的移位通常有两种情况，即制图物体形状概括产生的移位和处理相邻物体间的关系所产生的移位。对于前者，在对制图物体进行化简、合并和夸大的过程中，制图物体都可能产生移位。对于后者，有许多用非比例尺符号表示的制图物体随着比例尺的缩小，非比例符号所占的图上位置与它所代表的物体实际大小相差很大，这就会影响到与它相邻物体的表示。这时，相邻的两种制图物体就不可能都按准确的位置表示，而产生移位。具体方法有分开表示和组合表示两种。分开表示通过将相邻制图物体进行比较，对位置比较重要的物体保持其位置准确而移动其旁的物体。组合表示就是把相邻两种（或两个）制图物体在同一位置上表示的方法。

根据《中国航海图编绘规范》（GB 12320—2022）绘制的航海图（三灶岛及附近）如图 6.2.1 所示。

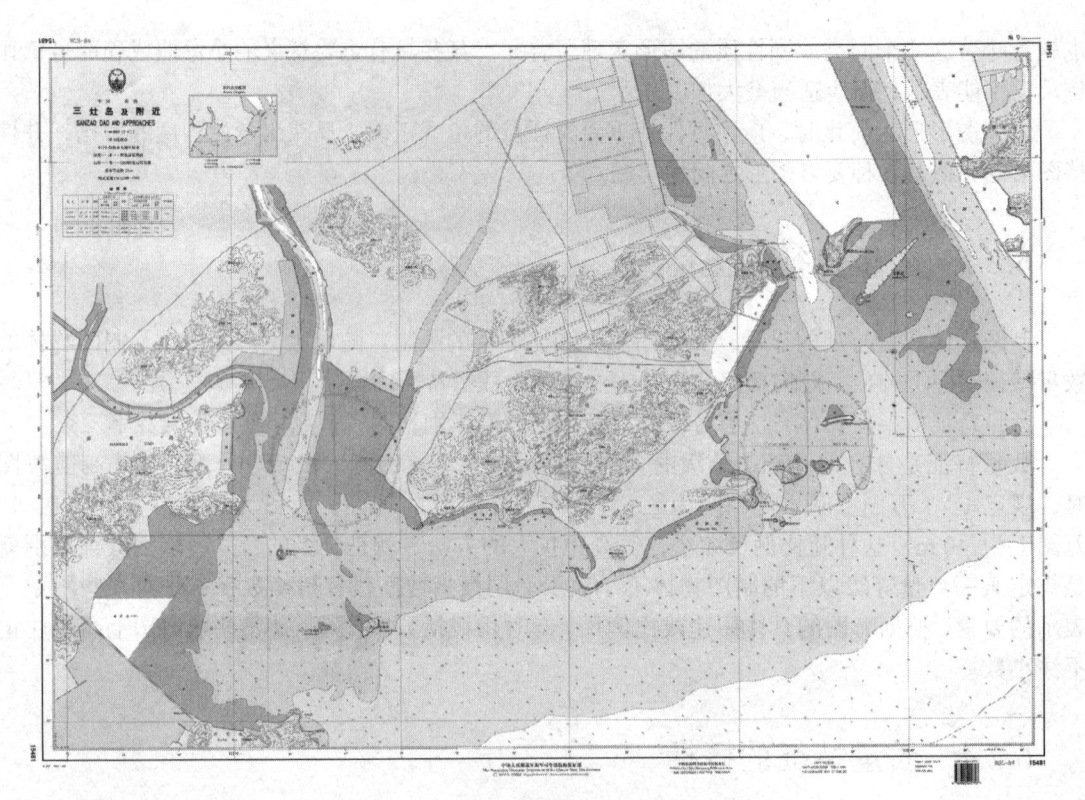

图 6.2.1 航海图（三灶岛及附近）

彩图：三灶岛及附近

项目 7　海籍测绘

知识目标

掌握海域使用分类、测量内容和海岸线的位置判定等方面的知识。

能力目标

了解海域使用分类,掌握海岸线的分类和位置判定方法。

思政目标

通过对海域使用分类、测量内容和海岸线的位置判定方法的介绍,培养学生应树立正确的价值观,认识到海籍测绘工作对于国家经济发展、海洋环境保护等方面的重要作用,积极投身海洋事业。

任务 1　海域使用分类

由于具体海域所处环境和地域的不同,它们在水温、水深、盐度、资源丰度、海岸形态、海底质地、离岸距离、周边社会经济发展状况等方面千差万别,加之人类生活、生产对海域的需求和施加的影响,导致了海域生产能力和利用方式上的差异。为了掌握海域使用状况,科学利用海域资源,提高海域产能,并对其实施有效管理、加以保护,制定一个科学、全国统一、实用性强的海域分类体系十分必要。海域分类是对海域使用状况进行调查统计、制定海域政策,并对不同海域实施差异化管理和利用的基础和前提。

7.1.1　海域分类体系

海域分类就是指按照一定的分类标志(指标),根据统一的原则,将海域划分成若干类型。将上述分类海域有规律、分层次地排列组合在一起,就构成了海域分类体系。海域具有自然特性和社会经济特性。根据海域的特性及人们对海域使用的目的和要求不同,就形成了不同的分类体系。常用的海域分类体系大致有以下三种:

（1）海域自然分类体系，指主要依据海域的自然属性对海域进行分类，一般将海域的水温、盐度、水深、资源丰度、海底质地等自然属性作为具体标志进行分类。这种分类可以解释海域类型的分异和演替规律，遵循海域构成要素的自然规律，可最佳、最有效地挖掘海域生产潜能。

（2）海域评价分类体系，指主要依据海域的经济特性对海域进行分类，一般将海域收益状况、海域生产力水平、生产潜力及生产适宜性等作为具体指标进行分类。这种分类体系能够统计分析海域生产条件和生产适宜性，为实现海域资源最佳配置服务。海域评价分类系统是评价划分海域经济质量等级的基础，主要用于生产管理和征收海域使用金等。

（3）海域综合分类体系，指主要依据海域的自然特性和社会经济特性、管理特性及其他因素对海域进行综合分类。海域使用分类是海域综合分类的主要形式。海域使用分类是指按照一定的原则，将海域使用现状、用海方式、海域用途、经营特点、利用效果等作为具体指标划分海域使用类型。其目的是了解海域使用现状，反映国家各项管理措施的执行情况和效果，为国家和地区对海域使用和发展海洋经济的宏观管理和调控服务。

在这三种分类体系中，海域使用分类是海域管理工作中最常见、采用最多的海域基础分类，它是掌握海域使用现状、科学制定海域管理政策、合理利用海域资源、保护海洋环境的重要基础工作。我国目前的海域管理工作，采用的就是海域使用分类体系，根据海域使用类型、用海方式建立了两个互相补充而又各自独立的海域分类体系。

我国的海域使用分类体系适用于海域使用权取得、登记、发证、海域使用金征缴、海域使用执法监察以及海籍调查、统计分析、海域使用论证、海域评估、海域管理信息系统建设等工作对海域使用类型和用海方式的界定。

7.1.2 海域使用类型分类体系

该分类体系以海域用途为分类依据，遵循对海域使用类型的一般认识，并与海洋功能区划、海洋及相关产业等的分类相协调，根据海域用途的差异性，将海域划分为海域使用类型采用两级分类体系，共分为 9 个一级类和 31 个二级类。一级类主要有渔业、工业、交通运输、旅游娱乐、海底工程、排污倾倒、造地工程、特殊用海和其他用海。

1. 渔业用海

渔业用海，是指为开发利用渔业资源、开展海洋渔业生产所使用的海域。渔业用海包括渔业基础设施用海、养殖用海、增殖用海等。近年来，通过构筑人工渔礁、围堰等设施养殖海珍品，已成为海水养殖的热点。

1）渔业基础设施用海

渔业基础设施用海，是指用于渔船停靠、进行装卸作业和避风，以及用于繁殖重要苗种的海域，包括渔业码头、引桥、堤坝、渔港港池（含开敞式码头前沿船舶靠泊和回旋水域）、渔港航道、附属的仓储地、重要苗种繁殖场所及陆上海水养殖场延伸入海的取排水口等所使用的海域。

2）养殖用海

养殖用海，是指人工培育和饲养具有经济价值生物物种所使用的海域，包括围海养殖用海、开放式养殖用海、人工渔礁用海等类型。

围海养殖用海又称围堰养殖用海，是指筑堤围割海域进行封闭或半封闭式养殖生产的海域，所围水体通过预留通道随涨落潮与围堰外海水进行交换。

开放式养殖用海，是指无须筑堤围割海域，在开敞条件下进行养殖生产所使用的海域，包括筏式养殖、网箱养殖及无人工设施的人工投苗或自然增殖生产等所使用的海域。

人工渔礁用海，是指通过构筑人工渔礁进行养殖生产的海域。人工渔礁一般是把碎石、混凝土预制块、沉船、废旧轮胎等物体堆放在海底，根据养殖生物的生活习性，渔礁顶面在海面下深度是不同的。目前，人工渔礁多用于海珍品的养殖。

3）增殖用海

增殖用海，是指通过繁殖保护措施来增加和补充某些有经济价值生物群体数量所使用的海域。

2. 工业用海

工业用海，是指开展工业生产所使用的海域，主要包括盐业用海、固体矿产开采用海、油气开采用海、船舶工业用海、电力工业用海、海水综合利用用海和其他工业用海等。

1）盐业用海

盐业用海，是指用于盐业生产的海域，包括抽取海水的泵站、海水循环蒸发池、晒盐堆场及配套设施（包括盐业码头、引桥、船舶靠泊和回旋水域等）等所使用的海域。

2）固体矿产开采用海

固体矿产开采用海，是指开采海砂及其他固体矿产资源所使用的海域，包括海上以及通过陆地挖至海底进行固体矿产开采所使用的海域。

3）油气开采用海

油气开采用海，是指开采油气资源所使用的海域，包括海上平台、栈桥、浮式储油装置、输油管道、油气开采用人工岛及其连陆或连岛道路等所使用的海域。

海上平台，是指为从事海上油气钻探、开发和储存所建造的海上孤立建筑物，一般有固定式平台和移动式平台两种类型。

人工岛是建在水中露出水面的构筑物（大多建在浅海滩涂），是为资源开发和某些特殊观测实验服务的海上人工构筑物。人工岛主要由混凝土防浪墙、抛石护岸或桩基础及上部结构等组成。

4）船舶工业用海

船舶工业用海，是指船舶（含渔船）制造、修理、拆解等所使用的海域，包括船厂的厂区、码头、引桥、平台、船坞、滑道、堤坝、港池（含开敞式码头前沿船舶靠泊和回旋水域，船坞、滑道等的前沿水域）及其他设施等所使用的海域。

5）电力工业用海

电力工业用海，是指电力生产所使用的海域，包括电厂、核电站、风电场、潮汐及波浪发电站等的厂区、码头、引桥、平台、港池（含开敞式码头前沿船舶靠泊和回旋水域）堤坝、风机座墩和塔架、水下发电设施、取排水口、蓄水池、沉淀池及温排水区等所使用的海域。

6）海水综合利用用海

海水综合利用用海，是指开展海水淡化和海水化学资源综合利用等所使用的海域，包括海水淡化厂、制碱厂及其他海水综合利用工厂的厂区、取排水口、蓄水池及沉淀池等所使用的海域。

7）其他工业用海

上述工业用海以外的工业用海，还包括水产品加工厂、化工厂、钢铁厂等的厂区、企业专用码头、引桥、平台、港池（含开敞式码头前沿船舶靠泊和回旋水域）、堤坝、取排水口、蓄水池及沉淀池等所使用的海域。

3. 交通运输用海

交通运输用海，是指为满足港口、航运、路桥等交通需要所使用的海域。交通运输用海主要包括港口码头、防波堤、护岸、路桥等水工建（构）筑物用海，港池、航道、锚地以及制动与回旋水域、连接水域等无建（构）筑物用海。

1）港口用海

港口是为船舶提供安全进出、停泊和装卸作业的场所，其主要特点：一是建造码头防波堤、护岸等水工构筑物，二是设置锚地、航道、港池等水域。码头是船舶靠岸和进行装卸作业的必要设施，是港口中的主要水工建筑物，包括堤坝及堆场。此外，因防浪需要，海港一般都需要建设防波堤及护岸等水工建筑物。

港口水域包括进港航道、锚地、港池以及港内回转水域。其中，进港航道是连接港口各泊位通向外海的通道，其内侧的端点为船舶的回转区或停泊区；锚地是供到、离港船舶临时停泊、联检、避风以及过驳作业使用的水域；港池是码头前供船舶离、靠泊位所需的水域；回转水域是船舶在港内掉头的水域。

2）航道用海

航道用海，是指交通运输部门划定的供船只航行使用的海域（含灯桩、立标及浮式航标灯等海上航行标志所使用的海域），不包括渔港航道所使用的海域。

3）锚地用海

锚地用海，是指船舶候潮、待泊、联检、避风及进行水上过驳作业等所使用的海域。

4）路桥用海

路桥用海，是指连陆、连岛等路桥工程所使用的海域，包括跨海桥梁、跨海和顺岸道路等及其附属设施所使用的海域，其作用是为沟通两岸交通运输提供通道，不包括油气开采用连陆、连岛道路和栈桥等所使用的海域。

4. 旅游娱乐用海

旅游娱乐用海，是指开发利用滨海和海上旅游资源，开展海上娱乐活动所使用的海域。旅游娱乐用海包括出海通道和水上运动区等用海，用海项目有海水浴场、水上运动、水下运动以及配套的游艇码头、栈桥码头、浮码头、潜水平台等。水上运动娱乐项目有游艇、摩托艇、帆板、滑板等。水下旅游项目主要有潜水、海底漫步、玻璃船底观光、半潜船观光和潜艇观光，需要有配套的船只停靠码头和到旅游区的交通航线。旅游娱乐项目用海具有多样性，常常集海上运动娱乐、沙滩休闲、海水浴场和渔业旅游于一体，其工程特点多与港口用海中的码头、防波堤、护岸等设施相似。

1）旅游基础设施用海

旅游基础设施用海，是指旅游区内为满足游人旅行、游览和开展娱乐活动需要而建设的配套工程设施所使用的海域，包括旅游码头、游艇码头、引桥、港池（含开敞式码头前沿船舶靠泊和回旋水域）、堤坝、游乐设施、景观建筑、旅游平台、高脚屋、旅游用人工岛及宾馆饭店等所使用的海域。

2）浴场用海

浴场用海，是指专供游人游泳、戏水的海域。

3）游乐场用海

游乐场用海，是指开展游艇、帆板、冲浪、潜水、水下观光及垂钓等海上娱乐活动所使用的海域。

5. 海底工程用海

海底工程用海，是指建设海底工程设施所使用的海域，包括电（光）缆管道用海、海底隧道用海、海底场馆用海等。

1）电（光）缆管道用海

电（光）缆管道用海，是指埋（架）设海底通信光（电）缆、电力电缆、深海排污管道、输水管道及输送其他物质的管状设施等所使用的海域，不包括油气开采输油管道所使用的海域。海底电缆管道在海底的状态一般分为埋入底土中、部分埋入底土中、裸露海底三种。由于电缆管线载荷较小，对海底地层强度要求不严格。影响海底管线安全的主要因素是海洋水动力环境、工程地质灾害等。

2）海底隧道用海

海底隧道用海，是指建设海底隧道及其附属设施所使用的海域，包括隧道主体及其海底附属设施，以及通风竖井等非透水设施所使用的海域。多数海底隧道工程直接用海一般限于岸滩，工程主体不直接占用海水或表层底土。海底隧道一般位于海底下十余米乃至数十米的线路中，有些海底隧道在施工阶段占用海域，作为海上施工的基地，过去的隧道以暗挖为主，目前逐步发展成沉管隧道、悬浮隧道、悬浮与沉管混合隧道与暗挖隧道并存的局面。由于隧道工程占用土地和海域少，不直接影响通航或常规海洋开发利用，近年来发展迅速。

3）海底场馆用海

海底场馆用海，是指建设海底水族馆、海底仓库及储罐等及其附属设施所使用的海域。

6. 排污倾倒用海

排污倾倒用海，是指用来排放污水和倾倒废弃物的海域，包括污水达标排放用海和倾倒区用海。

1）污水达标排放用海

污水达标排放用海，是指受纳指定达标污水的海域。污水达标排放是指工业、生活污水经无害化处理，达到排放标准后再向海中排放。污水达标排放工程用海主要包括排放管道和排放口两部分。排放管道用海与海底工程用海中的电缆管道类似；排放口是达标污水集中排入海域的排放点。

2）倾倒区用海

倾倒区用海，是指倾倒区所占用的海域。倾倒区的倾倒物主要包括疏浚物、无机地质废料、骨灰以及特殊工程废弃物。

7. 造地工程用海

造地工程用海，是指为满足城镇建设、农业生产和废弃物处置需要，通过筑堤围割海域并最终填成土地，形成有效岸线的海域。造地工程用海包括城镇建设填海造地用海、农业填海造地用海、废弃物处置填海造地用海。造地工程项目根据填海施工方式，可分为吹填法和干填法（陆域回填）两类。吹填法是采用挖（吹）泥船挖（吸）海底泥沙，通过水上（下）及陆上排泥管线进行填海造地。干填法是在陆地开挖运输土石方填海，需要挖掘运输、推进填筑、整平碾压等。

1）城镇建设填海造地用海

城镇建设填海造地用海，是指通过筑堤围割海域，填成土地后用于城镇（含工业园区）建设的海域。

2）农业填海造地用海

农业填海造地用海，是指通过筑堤围割海域，填成土地后用于农、林、牧业生产的海域。

3）废弃物处置填海造地用海

废弃物处置填海造地用海，是指通过筑堤围割海域，用于处置工业废渣、城市建筑垃圾、生活垃圾及疏浚物等废弃物，并最终形成土地的海域。

8. 特殊用海

特殊用海指用于科研教学、军事、海洋保护区及海岸防护工程等用途的海域。

1）科研教学用海

科研教学用海指专门用于科学研究、试验及教学活动的海域，包括从事海洋水文与气象观测设施海水养殖试验基地、海洋生物与水产养殖教学实验场所用海。

2）军事用海

军事用海指建设军事设施和开展军事活动所使用的海域。

3）海洋保护区用海

海洋保护区用海指各类涉海保护区所使用的海域，包括滩涂建设的保护设施、保护区中的核心区、缓冲区和试验区用海。

4）海岸防护工程用海

海岸防护工程用海指为防范海浪、沿岸流的侵蚀及台风、气旋和寒潮大风等自然灾害的侵袭，建造海岸防护工程所使用的海域。

9. 其他用海

其他用海，是指上述用海类型以外的用海。

海域使用类型名称和编码见表 7.1.1。

表 7.1.1 海域使用类型名称和编码

一级类		二级类	
编码	名　称	编码	名　称
1	渔业用海	11	渔业基础设施用海
		12	围海养殖用海
		13	开放式养殖用海
		14	人工鱼礁用海
2	工业用海	21	盐业用海
		22	固体矿产开采用海
		23	油气开采用海
		24	船舶工业用海
		25	电力工业用海
		26	海水综合利用用海
		27	其他工业用海

续表

一级类		二级类	
编码	名称	编码	名称
3	交通运输用海	31	港口用海
		32	航道用海
		33	锚地用海
		34	路桥用海
4	旅游娱乐用海	41	旅游基础设施用海
		42	浴场用海
		43	游乐场用海
5	海底工程用海	51	电缆管道用海
		52	海底隧道用海
		53	海底场馆用海
6	排污倾倒用海	61	污水达标排放用海
		62	倾倒区用海
7	造地工程用海	71	城镇建设填海造地用海
		72	农业填海造地用海
		73	废弃物处置填海造地用海
8	特殊用海	81	科研教学用海
		82	军事用海
		83	海洋保护区用海
		84	海岸防护工程用海
9	其他用海	91	其他用海

7.1.3 用海方式分类体系

该分类体系以海域使用方式为分类依据,结合海域使用类型分类,根据对海域的使用方法、样式及对海域自然属性的影响程度,用海方式采用两级层次体系,共分为5种一级方式和21种二级方式。一级方式为填海造地、构筑物、围海、开放式和其他方式五大类,见表7.1.2。

填海造地,是指筑堤围割海域填成土地,并形成有效岸线的用海方式,根据填海造地的目的,又进一步细分为建设填海造地、农业填海造地和废弃物处置填海造地三种类型。

表 7.1.2 用海方式分类

一级方式		二级方式	
编码	名称	编码	名称
1	填海造地	11	建设填海造地
		12	农业填海造地
		13	废弃物处置填海造地
2	构筑物	21	非透水构筑物
		22	跨海桥梁、海底隧道
		23	透水构筑物
3	围海	31	港池、蓄水
		32	盐田
		33	围海养殖
4	开放式	41	开放式养殖
		42	浴场
		43	游乐场
		44	专用航道、锚地及其他开放式
5	其他方式	51	人工岛式油气开采
		52	平台式油气开采
		53	海底电缆管道
		54	海砂等矿产开采
		55	取、排水口
		56	污水达标排放
		57	倾倒
		58	防护林种植

构筑物用海方式根据构筑物的特点，又进一步区分为跨海桥梁、海底隧道等构筑物非透水构筑物和透水构筑物几种类型。非透水构筑物用海，是指采用非透水方式构筑不形成围海事实或有效岸线的码头、突堤、引堤、防波堤、路基等构筑物的用海方式。透水构筑物用海，是指采用透水方式构筑码头、海面栈桥、高脚屋、人工渔礁等构筑物的用海方式。

围海，是指通过筑堤或其他手段，以全部或部分闭合形式围制海域进行海洋开发活动的用海方式。根据围海目的，又进一步细分为盐业围海，养殖围海，港池、蓄水等围海。

开放式用海，是指不进行填海造地、围海或设置构筑物，直接利用海域进行开发活动的用海方式。根据用海目的，又进一步细分为开放式养殖、浴场、游乐场、专用航道、锚地及其他开放式用海。

其他方式用海则又细分为人工岛式油气开采，平台式油气开采，海底电缆管道，海砂等矿产开采，取、排水口，污水达标排放和倾倒用海。

任务 2　海籍测量内容及要求

7.2.1　测绘基准

1. 坐标系

采用 WGS-84 世界大地坐标系。

2. 高程基准

采用 1985 国家高程基准。

3. 地图投影

一般采用高斯-克吕格投影，以宗海中心相近的 0.5°整数倍经线为中央经线。东西向跨度较大（经度差大于 3°）的海底管线等用海可采用墨卡托投影。

7.2.2　测量仪器

测量仪器参照《海域使用面积测量规范》（HY/T 070—2022）中的规定。

1. 测距仪、经纬仪和全站仪

测量中使用的测距仪、经纬仪和全站仪等仪器的性能指标应符合《1∶5000、1∶1 万、1∶2.5 万海岸带地形图测绘规范》（CH/T 7001—1999）的相关规定。

2. GNSS 接收机

（1）测量中使用的 GNSS 接收机，其基本技术要求应符合表 7.2.1 中的规定。

表 7.2.1　GNSS 接收机基本技术要求

卫星截止高度角	类型	通道数	PDOP	观测有效卫星个数	跟踪方式
15°	双频/单频	≥8	≤6	≥4	P 码和 C/A 码伪距及相位

（2）测量中使用的 GNSS 接收机应具有防潮、防盐、防霉、防雨淋、抗振的能力，符合海洋环境工作条件的要求；应具有自动选择接收频率、搜索处于最佳工作状态的信标台和数据采

集、信号锁定、工作状态显示等功能。
（3）GNSS 接收机应配置数据处理、图形编辑和图件打印等专用软件。

7.2.3 测量精度

1. 控制点精度

海籍测量平面控制点的定位误差应不超过 ± 0.05 m。

2. 界址点精度

（1）位于人工海岸、构筑物及其他固定标志物上的宗海界址点或标志点，其测量精度应优于 0.1 m。

（2）其他宗海界址点或标志点测量精度应满足 HY/T 070—2003 中 4.4 的规定。

7.2.4 测量内容与对象

海籍测量主要内容包括平面控制测量、界址点测量或推算。
海籍测量的对象是界址点及其他用于推算界址点坐标的标志点。

7.2.5 平面控制测量

1. 平面控制基础

国家大地网（点）及各等级的海控点、GPS 网点、导线点均可作为海籍测量的平面控制基础。

2. 控制点引测

根据已有控制点的分布、作业区的地理情况及仪器设备条件，可选用海控点、GPS 网点和导线点，加密引测控制点。

3. 平面控制网设计

根据待测海域的范围及可选平面控制点的分布情况，设计平面控制网，实施外业测量；平面控制测量的解算结果应能为界址测量提供坐标修正参数。

7.2.6 界址测量

1. 测量方法

一般采用 GPS 定位法、解析交会法和极坐标定位法进行施测。根据实测数据，采用解析法解算出实测标志点或界址点的点位坐标。

对于无法直接测量界址点的宗海，或已有明确的界址点相对位置关系的宗海，可根据相关资料，如工程设计图、主管部门审批的范围等，推算获得界址点坐标。

2. 测量工作方案

在现场施测前，应实地勘查待测海域，综合考虑用海规模、布局、用海方式、特点、宗海界定原则和周边海域实际情况等，为每一宗海制定界址点和标志点测量工作方案。

对于能够直接测量界址点的宗海，应采用界址点作为实际测量点；对于无法直接测量界址点的宗海，应采用与界址点有明确位置关系的标志点作为实际测量点。

实际测量点的布设应能有效反映宗海的形状和范围。

3. 现场测量

根据工作方案进行现场测量，在现场填写"海籍调查表"中的"海籍现场测量记录表"，绘制测量示意图，保存测量数据。

7.2.7 海籍现场测量记录表

1. 海籍现场测量记录表的作用

海籍现场测量记录表用于记录实测界址点或标志点的编号、坐标测量数据、位置分布及其与构筑物、用海设施和相邻宗海的相对位置关系。

海籍现场测量记录表是推算宗海界址点、绘制宗海图和海籍图的主要依据。

2. 海籍现场测量记录表的内容

（1）现场测量示意图内容。

① 测量单元，实测点及其编号、连线。实测点的编号应以逆时针为序。
② 海岸线，明显标志物，实测点与标志物的相对距离。
③ 相邻宗海图斑、界址线、界址点及项目名称（含业主姓名或单位名称）。
④ 本宗海用海现状或方案，已有或拟建用海设施和构筑物，本宗海与相邻宗海的位置关系。
⑤ 必要的文字注记。
⑥ 指北针。

（2）测量记录内容。

① 项目名称。
② 测量单元及对应的实测点编号、坐标，对应的用海设施和构筑物。
③ 坐标系。
④ 测量单位、测绘人、测量日期。

（3）现场测量示意图的图幅。

现场测量示意图的图幅应与海籍现场测量记录表中预留的图框大小相当。当测量单元较多、内容较复杂时，可用更大幅面图纸绘制后粘贴于预留的图框，但需在图中注明坐标系、测量单位，并由测绘人签署姓名和测量日期。

（4）现场测量示意图的绘制要求。

现场测量示意图应在现场绘制。涉及实测点位置、编号和坐标等的原始记录不得涂改，同一项内容划改不得超过两次，全图不得超过两处，划改处应加盖划改人员印章或签字。注记过密的部位可移位放大绘制。

（5）海籍现场测量记录表样式，见表 7.2.2。

表 7.2.2　海籍现场测量记录表样式

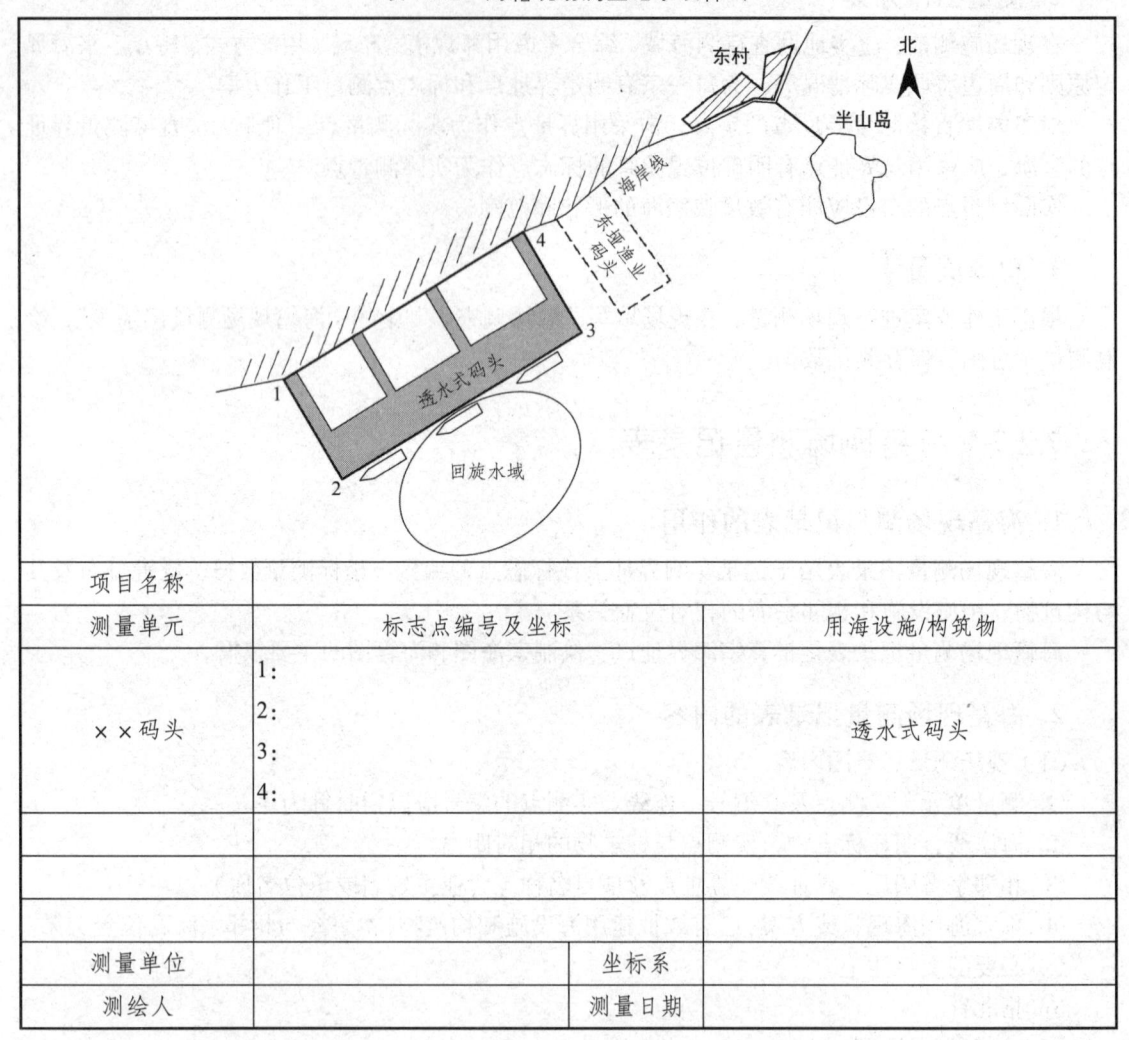

项目名称		
测量单元	标志点编号及坐标	用海设施/构筑物
××码头	1: 2: 3: 4:	透水式码头
测量单位		坐标系
测绘人		测量日期

任务 3　海岸线概念及各类型岸线位置判定

7.3.1　海岸线的概念

海岸是海岸线以上狭窄的陆上地带，大部分时间裸露于海水面之上，是海水运动作用于陆域的最上限及其邻近陆地，又称潮上带。其发育过程受到地壳构造运动、海水动力、生物和气候等多种因素影响，交叉作用十分复杂，故海岸地貌形态错综复杂，具有地带性。

通常来讲，海岸线是海洋与陆地的分界线，其位置随潮位的升降和风引起的增水或减水作用而变化。在有潮海区，由于受海洋潮汐的影响，海陆分界线时刻都在变动，所以人们根据高低潮的岸线不同，将海岸线分为高潮线和低潮线。世界上绝大多数国家以多年平均高潮水位线作为海岸线的标志，但美国国家海洋局规定的海岸线则是在低潮平均水位线上。

海岸线的定义具有多样性，归纳来说，海岸线既有一个地理概念——"自然海岸线"，又具有一个法律概念——"行政海岸线"。海岸线的确定存在着较大的人为因素和行政因素。对于地理概念的海岸线，在地形图、海图测绘中均有涉及和规定。在"海岸线是指多年平均大潮高潮时水陆分界的痕迹线"的定义下，海岸线以下经常为海水淹没，海岸线以上则主要形式为陆地，仅偶尔少数大潮海水上侵。根据不同的潮汐性质（正规半日潮、非正规半日潮、正规日潮、非正规日潮），平均大潮高潮痕迹线与年最高潮面（风暴潮除外）仅低 0.3 m，一年中只有 7% 日的高潮面高于平均大潮高潮面。由绝大多数高潮能到达并在高潮憩流阶段水面保持一定时间稳定的地方，海岸线痕迹最为明显，且能保存较好，容易辨认。《中国海图图式》（GB 12319—2022）中也提到海岸线一般可根据当地的海蚀阶地、海滩堆积物或海滨植物确定。

海岸线具有时效性、移动性和非自然属性的特点。通常，海岸线的位置随潮位的升降和风引起的增水或减水作用而变化，在垂直方向上海面的升降幅度可达 10~15 m，水平方向的进退有时能达几十千米。也就是说，海洋与陆地之间事实上并不存在一条明显的、固定的界线，在有潮海区，由于受海洋潮汐的影响，海陆分界线时刻都在变动。由于海洋经济的发展，海洋开发活动在广度和深度上的不断拓展，围海造地、港口建设、临海工业等大规模用海活动，导致海域岸线和岛屿岸线发生较大的变化和迁移。海岸线长度是在一定的海岸线位置定义的长度。就地理意义而言，海岸线是海洋和陆地两种不同性状体的界面；就行政管理而言，海岸线是陆域和海域的法定分界线；就科学研究与工程建设而言，海岸线则是陆海相互作用动态平衡的界面线。海岸线是在一定的定义下的海陆分界线，其位置需要不断动态更新。

7.3.2 海岸线界定

海岸线与海岸是密不可分的，前者将后者分为陆域和海域两部分。因此，有多少种海岸类型，相应也有多少种海岸线类型。海岸线的确定存在着很大的人为因素和行政因素以及陆地部分的国土意识影响。海岸线位置确定的一般原则如下：

（1）海岸线的确定，应综合考虑历史沿革、管理现状、用海习惯以及各部门管理范围和职责的合理划分等社会因素，对政府批复的海岸线且没有变化的，应继承已有成果，并进行重新测量；海岸线更新测量成果应做到具有通用性，以便今后推广应用。

（2）海岸线的确定，从符合实际情况考虑，既要有利于海洋资源和土地资源的管理保护和可持续发展，具有相对的稳定性，又要易于辨认，在实际管理工作中具有可操作性。

（3）海岸线更新测量以科学性为基础，严格依据国家有关法律法规和相关技术标准施测。根据国家海洋局于 2008 年发布的《海籍调查规范》《海域使用分类体系》，对海岸线分类如下：

① 自然岸线：由海陆相互作用形成的岸线，如砂质岸线、粉砂淤泥质岸线、基岩岸线和生物岸线等。

② 人工岸线：由永久性人工构筑物组成的岸线，如防潮堤、防波堤、护坡、挡浪墙、码头、防潮闸、道路等挡水（潮）构筑物组成的岸线。

③ 河口岸线：入海河流与海洋的水域分界线。

1. 自然海岸的岸线

1）砂质海岸的岸线界定

一般砂质海岸的岸线界定：一般砂质海岸的岸线比较平直，在砂质海岸的潮间带上部常常堆成一条与岸平行的脊状砂质沉积，称滩脊。海岸线一般确定在现代滩脊的顶部向海一侧，如图 7.3.1 所示。

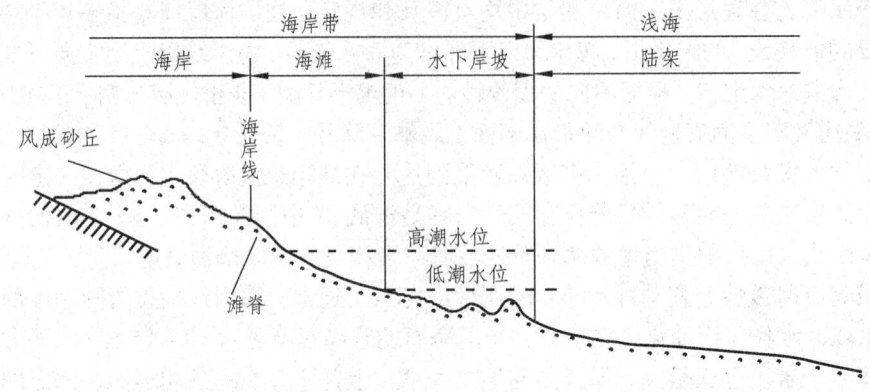

图 7.3.1　一般砂质海岸的岸线界定方法示意图

具陡崖的砂质海岸的岸线界定：具陡崖的海滩一般无滩脊发育，海滩与基岩陡岸直接相接，崖下滩、崖的交接线即为岸线，如图 7.3.2 所示。

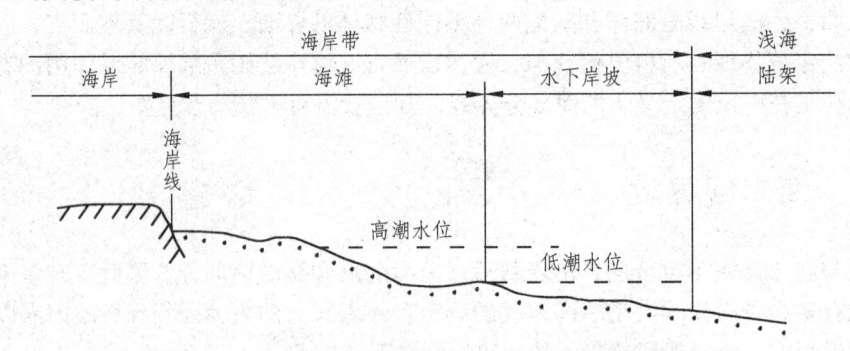

图 7.3.2　具陡崖的砂质海岸的岸线界定方法示意图

2）粉砂淤泥质海岸的岸线界定

粉砂淤泥质海岸主要为由潮汐作用塑造的低平海岸，潮间带宽而平缓。在这种海岸的潮间带之上向陆一侧常有一条耐盐植物生长状况明显变化的界线，即为岸线。另外，受上冲流的影响，在上冲流的上限常有植物碎屑、贝壳碎片和杂物等分布的痕迹线，也是岸线所在，如图 7.3.3 所示。

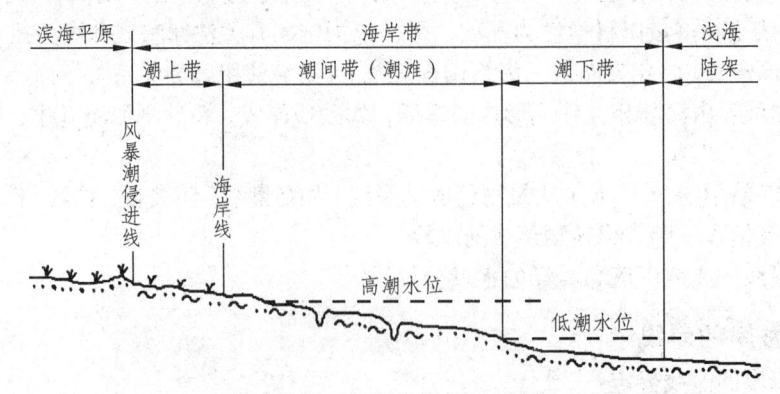

图 7.3.3　粉砂淤泥质海岸的海岸线界定方法示意图

3）基岩海岸的岸线界定

基岩海岸的海岸线位置界定在陡崖的基部，如图 7.3.4 所示。

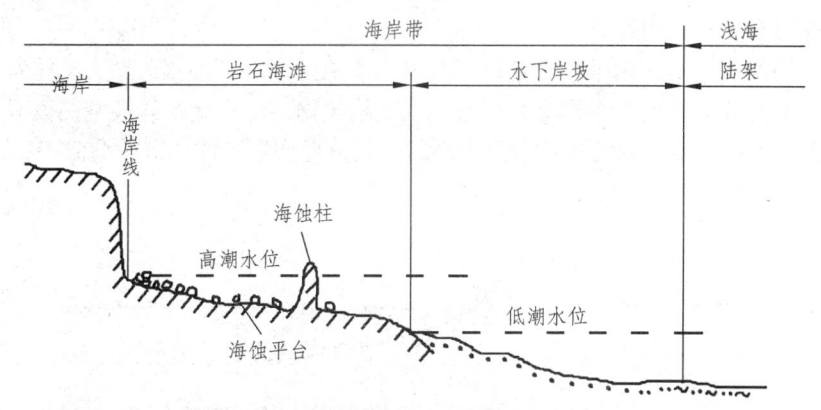

图 7.3.4　基岩海岸的海岸线界定方法示意图

4）生物海岸的岸线界定

大陆生物海岸主要包括珊瑚礁海岸、红树林海岸和芦苇海岸等。对于珊瑚礁海岸，岸线界定方法与砂质海岸或基岩海岸的岸线界定方法一致。红树林海岸和芦苇海岸的岸线界定与粉砂淤泥质海岸的岸线界定方法相同。

5）潟湖岸线的界定

潟湖，指海岸带被沙嘴、沙坝或珊瑚分割而与外海相分离的局部海水水域。如图 7.3.5 所示，左侧为陆地，中间区域为潟湖，右侧为海洋。海岸带泥沙的横向运动常可形成离岸坝与潟湖地貌组合。当波浪向岸运动，泥沙平行于海岸堆积，形成高出海水面的离岸坝坝体将海水分割，内侧便形成半封闭或封闭式的潟湖。在潮流作用下，可以冲开堤坝，形成潮汐通道。涨潮流带入潟湖的泥沙，在通道口内侧形成潮汐三角洲。

如果潟湖与海洋有水动力联系，海岸线应包括潟湖内的岸线；如果潟湖与海洋没有水动力联系，海岸线界定在潟湖外侧沙坝处，岸线按平均大潮高潮时水陆分界的痕迹线进行界定。

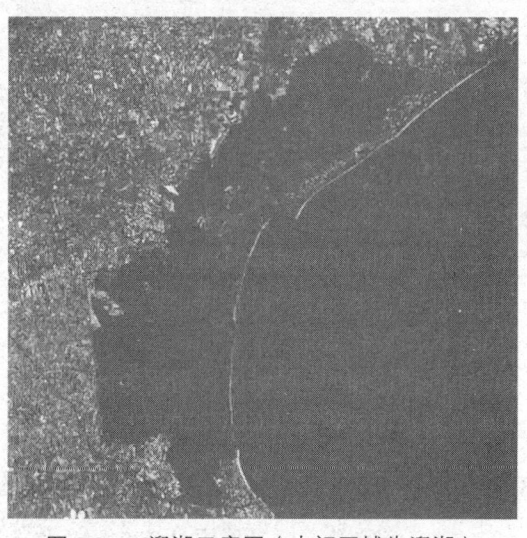

图 7.3.5　潟湖示意图（中间区域为潟湖）

2. 人工海岸的岸线

人工岸线指由永久性构筑物组成的岸线，包括防潮堤、防波堤、护坡、挡浪墙、码头、防潮闸以及道路等挡水（潮）构筑物。

如果人工构筑物向陆一侧平均大潮高潮时海水不能达到的，以永久性人工构筑物向海一侧的平均大潮时水陆分界的痕迹线作为海岸线；人工构筑物向陆一侧平均大潮高潮时海水能达到的，则以人工构筑物向陆一侧的平均大潮高潮时水陆分界的痕迹线位置作为海岸线，如图 7.3.6 所示。

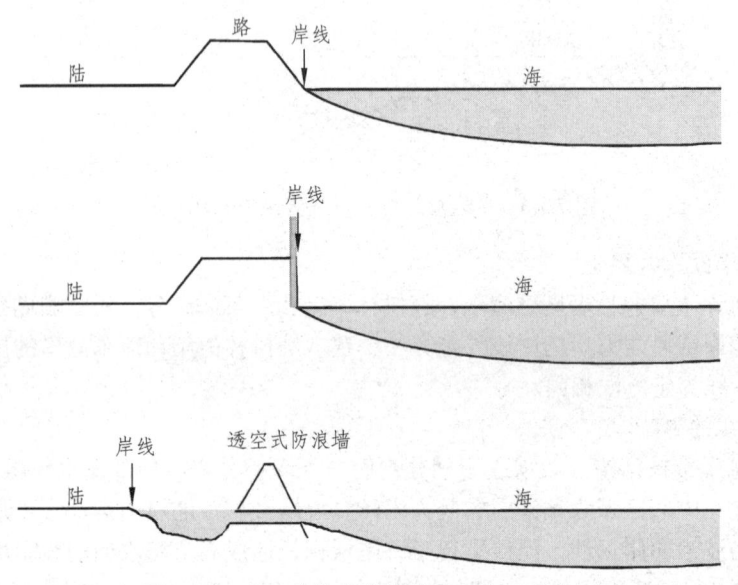

图 7.3.6 人工构筑物的岸线界定方法示意图

对于与海岸线垂直或斜交的狭长的海岸工程（包括引堤、突堤式码头、栈桥式码头等），海岸线以其与陆域连接的根部连线作为该区域的海岸线，如图 7.3.7 所示。

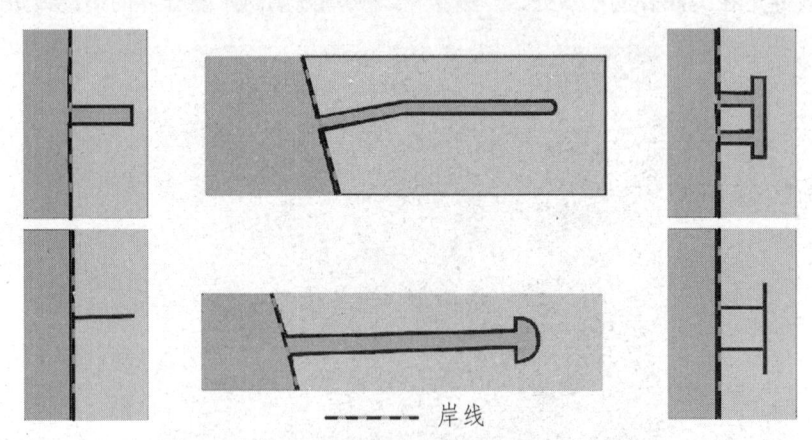

图 7.3.7 突堤、突堤式码头的岸线界定方法示意图

在盐田和围垦养殖区域海岸，对于已取得土地证的盐田以盐田区域向海一侧的海挡外边缘线为海岸线，如图 7.3.8 所示。对于已按照《海域使用管理法》实施管理的盐田区域和围垦养殖区域以该区域向陆一侧的外边缘线为海岸线，如图 7.3.9 所示。

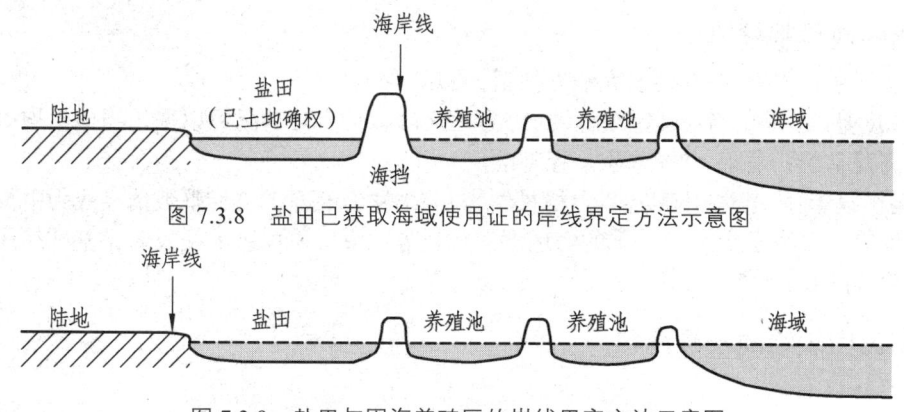

图 7.3.8　盐田已获取海域使用证的岸线界定方法示意图

图 7.3.9　盐田与围海养殖区的岸线界定方法示意图

3. 河口岸的岸线

河口岸线是指入海河流与海洋的水域分界线。在河口区域,河流水面与海洋水面连为一体,没有明显的海陆分界线,是在陆地与海洋两类水体之间划分,还是依海岸线的基本含义来确定?一般以河流入海河口区域的陡然增宽处为界,有些河口形状复杂,需要根据具体的地形特征、咸淡水混合区域、管理传统等确定。因为海岸线定义中有只要不适宜陆生淡水生物生活的水域即为海的内涵,在河口水域即便短暂的海水抵达亦可对陆域淡水生物造成毁灭性影响。所以,一般在窄河口(黄河口)以枯水季的河口潮流为界,一般在宽大的河口区(长江口)以枯水季河口 3 000 mg/L 盐度线为界。

任务 4　宗海图编绘实训

宗海图是海域使用测量的最终成果之一,是海域使用权证书和宗海档案的主要附图是描述宗海位置、界址点、界址线及相邻宗海关系的实地记录。宗海图一经海域使用权登记认可,便具有法律效力,是申明海域使用权属的重要依据。宗海图是在海域使用测绘工作的后阶段,在对界址点进行检核、确认无误,并且在其他相邻宗海资料也正确收集完毕后,依照一定的比例尺制作的。

7.4.1　宗海图的内容

宗海图包括宗海位置图、宗海界址图和宗海平面布置图。

7.4.2　宗海图的编绘

1. 宗海图编绘原则

(1)准确。宗海图界址点界定应精确,内容编绘应精细,成图应规范、严谨。
(2)清晰。宗海形状、界址点分布等图示图式应清楚、直观。
(3)美观。宗海图图面编绘应柔和美观,配置合理、整洁。

2. 成图数学基础

（1）坐标系：采用 2000 国家大地坐标系（CGCS2000）。

（2）深度基准：采用当地理论最低潮面，远海区域根据实际情况可以采用当地平均海平面。

（3）高程基准：采用 1985 国家高程基准。

（4）地图投影：一般采用高斯-克吕格投影，以宗海中心相近的 0.5°整数倍经线为中央经线。东西向跨度较大（经度差大于 3°）的海底电缆管道等用海应采用墨卡托投影，基准纬线为制图区域中心附近的 0.5°整数倍纬线。

3. 宗海图编绘的一般流程

（1）资料收集。

收集项目用海的海籍现场测量记录、最终设计方案、相邻用海项目的权属与界址资料，以及项目周边海域的海域使用现状、基础地理信息、近两年的遥感影像等资料。

（2）用海方式确定。

按照《海域使用分类》（HY/T 123—2009）相关规定，判定项目用海包括的用海方式。

（3）分宗。

根据项目用海的权属界址线封闭情况，对项目用海进行分宗。

填海造地用海应单独分宗。

与其他项目用海交越的电缆管道、跨海大桥等用海不需分段分宗。

用海期限不一致的用海应单独分宗。

（4）界址范围确定。

按照《海籍调查规范》（HY/T 124—2009）相关规定，根据用海设计方案和海籍现场测量记录、界址点坐标记录、宗海及内部单元记录等，准确确定宗海界址点，界定宗海内部单元界址范围。宗海内部各单元界址的最外围界线为宗海的界址范围。

在宗海内部，按不同用海方式的用海范围划分内部单元，用海方式相同但范围不相接的海域应划分为不同的内部单元。

（5）面积计算。

面积计算方法参照《海籍调查规范》（HY/T 124—2009）规定。

（6）图件绘制。

制作工作底图，并在底图基础上绘制宗海位置图、宗海界址图，必要时绘制宗海平面布置图。

（7）图面整饰。

在成图信息编绘完备的基础上，进行界址点列表、宗海内部单元列表及制图信息列表的整体布置与图面整饰。

（8）质量检查。

检查制图要素与内容的完备性、规范性、准确性等。

7.4.3 宗海图的编绘及要求

1. 底 图

（1）底图选取。

底图应采用最新的能反映毗邻海域与陆地要素（海岸线、地名、等深线等）的国家基础地理信息图件、遥感影像或海图。

宗海位置图底图可采用数字线划图，或栅格格式的地形图、海图，或空间分辨率不低于10 m的遥感影像图。

宗海界址图底图与宗海平面布置图底图应采用数字线划图。

（2）底图要素。

宗海图底图应包括以下基础地理信息：

① 海域、海岛、陆地、海岸线等。

② 等深线、水深点等海域要素。

③ 河流、主要居民地等陆地要素。

④ 海域、陆地行政界线。

⑤ 海岛、海湾、河口、海峡、重要地名等注记。

注：涉及国际光缆等项目的，宗海图底图还应包括领海外部界线。

大陆海岸线采用国家、省批准的最新海岸线修测成果；海岛海岸线以实测为准；行政界线采用批准的陆地行政界线和海域行政界线。

宗海位置图底图应标注等深线或水深点；宗海界址图底图和宗海平面布置图底图可根据实际情况，不标注等深线和水深点。

（3）底图编绘要求。

① 图式。

海岸线绘制图式参照表7.4.1，其他基础地理信息编绘图式参照 GB/T 20257.1~3 和 GB 12319 执行。

表7.4.1 宗海图编绘图式图例

代码	图式名称	图式图例及尺寸/mm	说　明
01	海岸线		颜色 RGB：0，92，230
02	界址点	1	颜色 RGB：0，0，0
03	外部界址线		颜色 RGB：255，0，0
04	内部界址线		颜色 RGB：0，0，0
05	宗海位置图图斑		代表宗海位置图中的项目用海范围 颜色 RGB：245，162，122
06	宗海图斑Ⅰ		代表的用海方式：建设填海造地，农业填海造地，废弃物处置填海造地，非透水构筑物 颜色 RGB：255，204，0
07	宗海图斑Ⅱ		代表的用海方式：透水构筑物，跨海桥梁、海底隧道，海底电缆管道 颜色 RGB（L）：0，147，221
08	宗海图斑Ⅲ		代表的用海方式：围海养殖，盐田，港池、蓄水 颜色 RGB：110，200，237
09	宗海图斑Ⅳ		代表的用海方式：开放式养殖，浴场，游乐场，专用航道、锚地及其他开放式 颜色 RGB：173，237，237

续表

代码	图式名称	图式图例及尺寸/mm	说　明
10	宗海图斑V		代表的用海方式：取、排水口，海砂等矿产开采，污水达标排放，倾倒，平台式油气开采，人工岛式油气开采，防护林种植等其他用海方式 颜色 RGB(L)：227，180，87
11	毗邻其他项目用海图斑	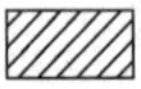	颜色 RGB(L)：137，137，137

② 标注。

基础地理信息名称标注一般采用 14K 宋体，县级以上城市地名及重要基础地理信息名称标注可适当放大。

③ 比例尺。

底图比例尺与成图比例尺相适应。

2. 宗海位置图

宗海位置图的编绘按照《宗海图编绘技术规范》（HY/T 251—2018）绘制。

3. 宗海界址图

宗海界址图的编绘按照《宗海图编绘技术规范》（HY/T 251—2018）绘制。

4. 宗海平面布置图

宗海位置图的编绘按照《宗海图编绘技术规范》（HY/T 251—2018）绘制。

5. 宗海立体确权图件绘制

宗海平面布置图按照《宗海图编绘技术规范》（HY/T 251—2018）绘制。立体分层设权的宗海平面布置图，增加以下内容：

（1）制图信息表上方 5 mm 处增加宗海列表（见图 7.4.1），注明各宗海的用途、用海方式及使用的用海空间层。表格线画宽度 0.1 mm，颜色 R = 0、G = 0、B = 0。

（2）图面左下角增加图例。图例标题采用 14K 宋体黑色加粗；图例符号宽度 10 mm，高度 5 mm；图例标注采用 11K 宋体黑色；背景填充颜色 R = 255、G = 255、B = 255；边框线画宽 0.1 mm，颜色 R = 0、G = 0、B = 0；标题、符号、标注、边框相互间距均为 2 mm。

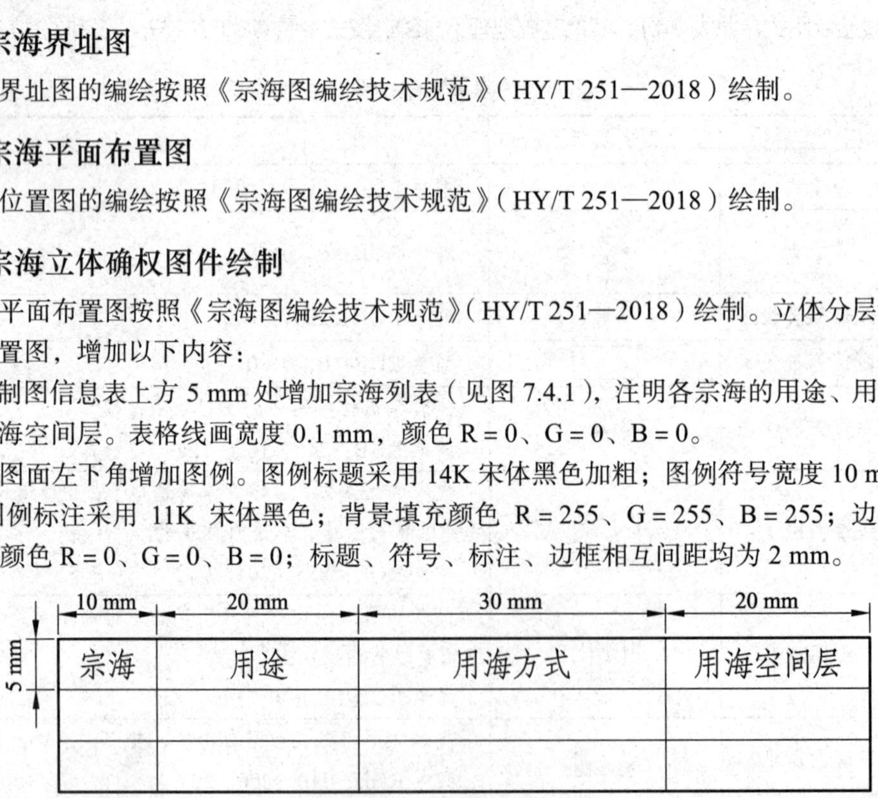

图 7.4.1　宗海列表图示

（3）图面中增加宗海图斑序号，标注采用带圈阿拉伯数字，21K 宋体，黑色，文本背景填充颜色 R = 255、G = 255、B = 255。

涉及多种用海方式或不同项目的同种用海方式（如两个跨海桥梁项目交越）的宗海图斑，图式图例见表7.4.2。

表7.4.2 多种用海方式或不同项目同种用海方式的宗海图斑

代码	图式名称	图式图例及尺寸/mm	说明
12	代表的用海方式（仅针对立体分层设权）：多种用海方式或不同项目的同种用海方式		颜色 RGB（L）：152，230，0

注：续《宗海图编绘技术规范》（HY/T 251—2018）中附录 A。

6. 宗海界址图

宗海界址图的编绘按照《宗海图编绘技术规范》（HY/T 251—2018）规定绘制，立体分层设权的宗海平面布置图，增加用海空间分层单元列表，并注明高程范围，表格线画宽度 0.1 mm，颜色 R = 0、G = 0、B = 0。用海空间分层单元列表图如图 7.4.2 所示。

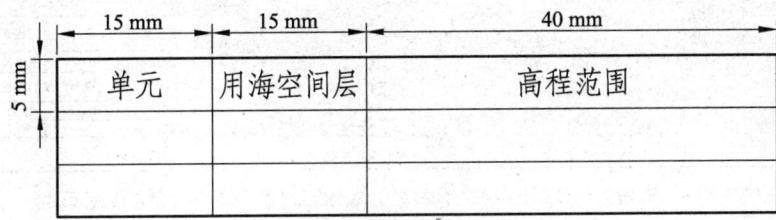

图 7.4.2 用海空间分层单元列表图示

7. 海图立体空间规范示意图

宗海立体空间范围示意图主要表示该用海项目确权的特定立体空间、高程范围、相对位置关系。

（1）图名由"项目名 + 立体空间范围示意图"构成，24K 宋体黑色居中，如果图名字数过多，可适当缩小字号。图名置于图幅上部，距离上图廓外缘线 3 mm。

（2）立体空间水面以上颜色 R = 0、G = 0、B = 0，水体颜色 R = 190、G = 232、B = 255，底土颜色 R = 130、G = 130、B = 130。立体空间名称以简要文字标注，文字 10K 宋体。

（3）用海空间层以简要文字标注并置于矩形图框内，文字 21K 宋体，白底黑色，一般不超过 15 字，图框高度 10 mm，线画宽 0.2 mm，颜色 R = 0、G = 0、B = 0。图中右下角增加高程基准信息表，表格线画宽 0.1 mm，颜色 R = 0、G = 0、B = 0，高程基准信息表如图 7.4.3 所示。

对于处在项目规划阶段的海域使用项目，也应利用规划方案图等资料，按界址线界定的原则，绘制宗海位置图，并把海域使用界址线转绘到地形图或海域使用现状图上，以了解规划海域的实地位置。必要时，应到实地利用 GNSS 接收机测量找出界址点位，可更准确地把握海域实际位置。如图 7.4.4 ~ 图 7.4.6 所示。

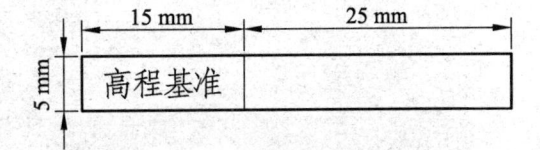

图 7.4.3 高程基准信息表图示

对于设定海域使用权的海域立体分层设权项目宗海图的范例如图 7.4.7 和图 7.4.8 所示。

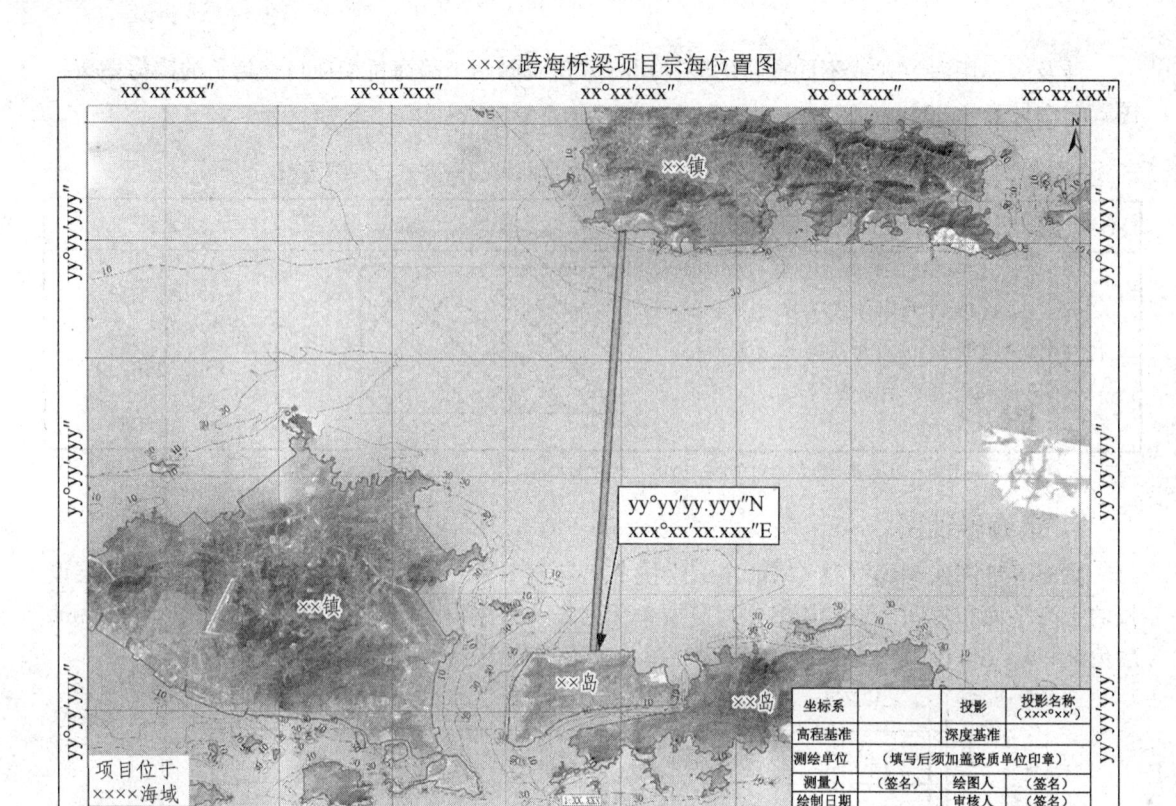

图 7.4.4　未设定海域使用权的海域立体分层设权项目宗海位置图范例

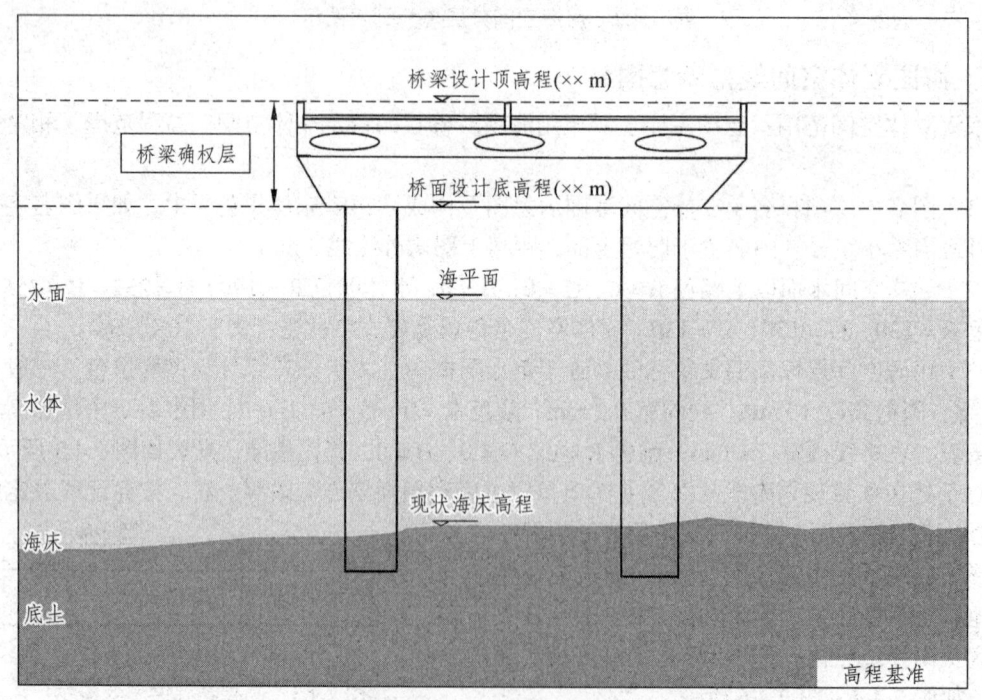

图 7.4.5　未设定海域使用权的海域立体分层设权项目宗海立体空间范围示意图

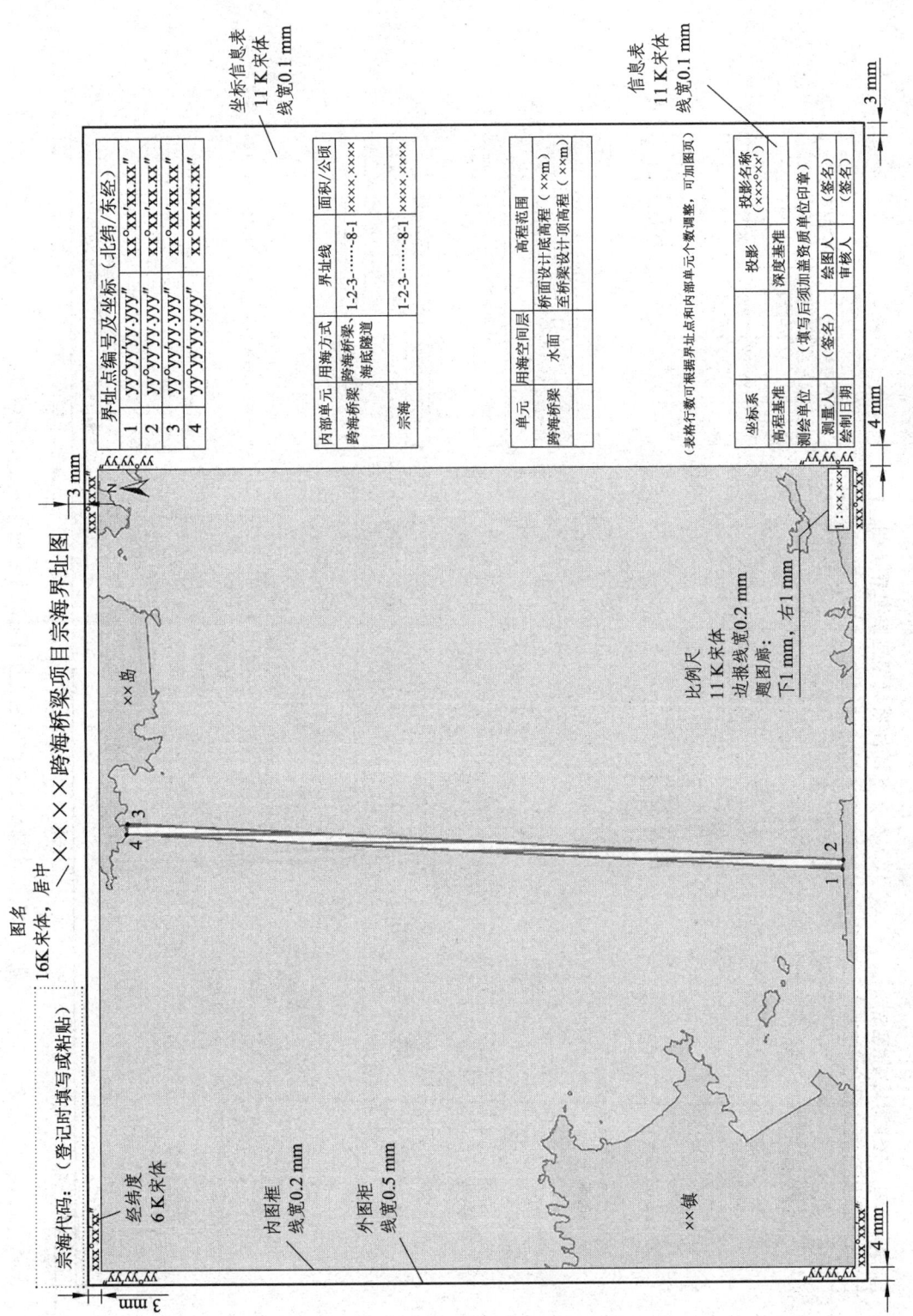

图 7.4.6　未设定海域使用权的海域立体分层设权项目宗海界址图范例

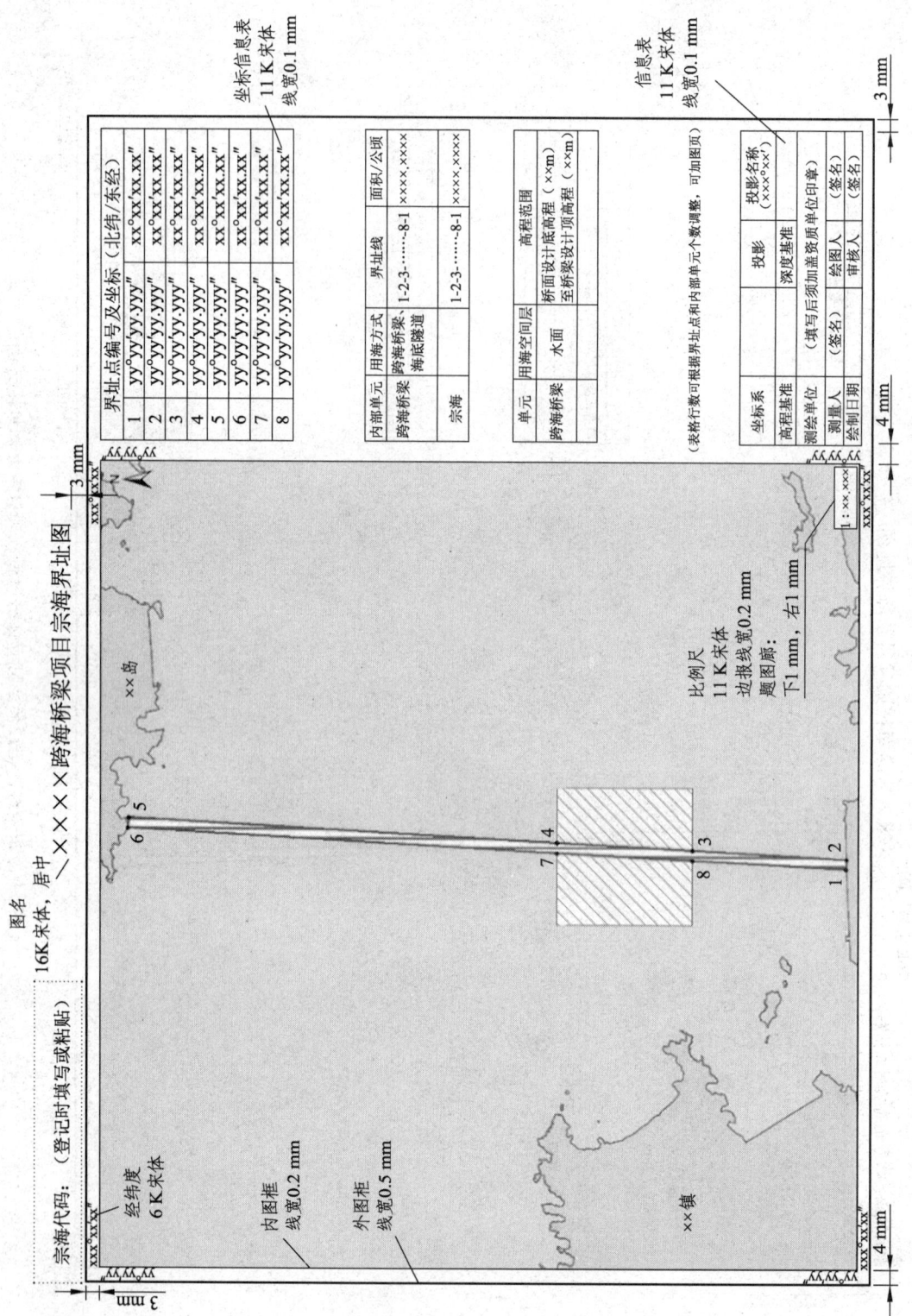

图 7.4.7 设定海域使用权的海域立体分层设权项目宗海界址图范例

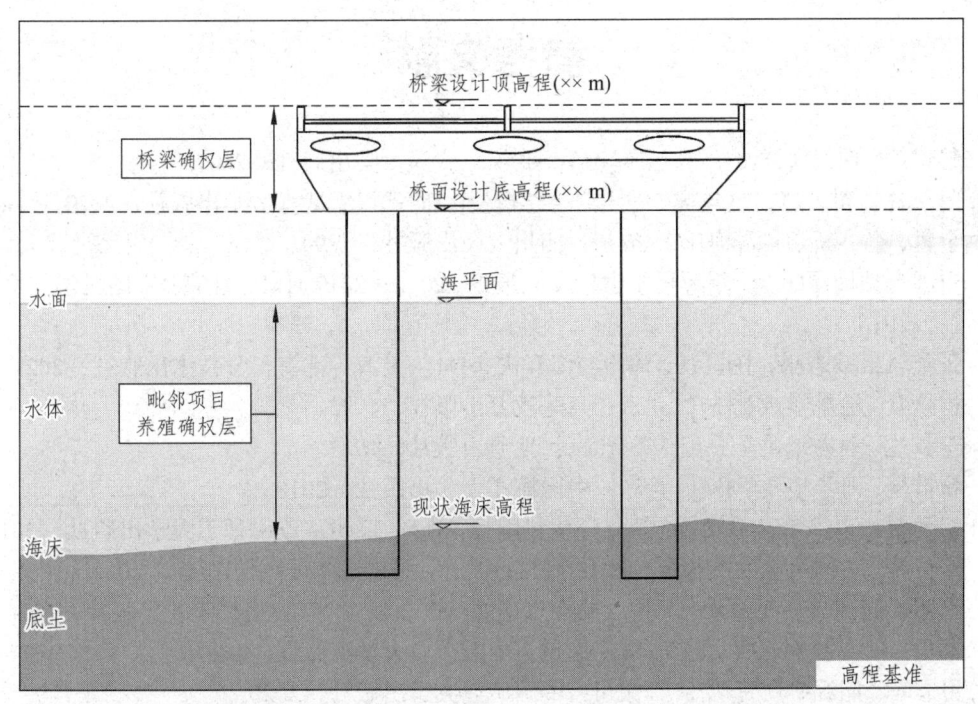

图 7.4.8 设定海域使用权的海域立体分层设权项目宗海立体空间范围示意图

参考文献

[1] 赵建虎. 现代海洋测绘（上册）[M]. 武汉：武汉大学出版社，2007.

[2] 阳凡林，翟国君，赵建虎. 海洋测绘学概论[M]. 武汉：武汉大学出版社，2022.

[3] 金哲，等. 新学科辞海[M]. 成都：四川人民出版社，1994.

[4] 中国自然资源学会. 资源科学学科发展报告（2016—2017）[M]. 北京：中国科学技术出版社，2018.

[5] 张金凤，臧志鹏，陈同庆. 海岸与海洋灾害[M]. 上海：上海科学技术出版社，2021.

[6] 杨景春. 地貌学教程[M]. 北京：高等教育出版社，1993.

[7] 李叔达. 动力地质学原理[M]. 北京：地质出版社，1983.

[8] 翟世奎. 海洋地质学[M]. 青岛：中国海洋大学出版社，2018.

[9] 胡劲召，卢徐节，徐功娣. 海洋环境科学概论[M]. 广州：华南理工大学出版社，2018.

[10] 李俊峰. 中国风电发展报告（2012）[M]. 北京：中国环境科学出版社，2012.

[11] 程明，张建忠，王念春. 可再生能源发电技[M]. 2版. 北京：机械工业出版社，2020.

[12] 秦勇. 化石能源地质学导论[M]. 徐州：中国矿业大学出版社，2017.

[13] 万志军. 能源矿产资源[M]. 徐州：中国矿业大学出版社，2020.

[14] 陈卫标，陆雨田，褚春霖，等. 机载激光水深测量精度分析[J]. 中国激光，2004，31（1）：101-104.

[15] 邓凯亮，暴景阳，章传银，等. 联合多代卫星测高数据确定中国近海稳态海面地形模型[J]. 测绘学报，2009，38（2）：114-119.

[16] 杜景海. 海图编辑设计[M]. 北京：测绘出版社，1996.

[17] 方国洪，郑文振，陈宗镛，等. 潮汐和潮流的分析和预报[M]. 北京：海洋出版社 1986.

[18] 冯士，李凤岐，李少菁. 海洋科学导论[M]. 北京：高等教育出版社，1999.

[19] 胡明城，鲁福. 现代大地测量学[M]. 北京：测绘出版社，1994.

[20] 海司编研部. 中国海军百科全书[M]. 2版. 北京：中国大百科全书出版社，2014.

[21] 李家彪，王小波，吴自银，等. 多波束勘测原理技术与方法[M]. 北京：海洋出版社，1999.

[22] 侍茂崇，高郭平，鲍献文. 海洋调查方法[M]. 青岛：青岛海洋大学出版社，1999.

[23] 孙昊，李志炜，熊雄. 海洋磁力测量技术应用及发展现状[J]. 海洋测绘，2019，39（06）：5-8，20.

[24] 田坦. 水下定位与导航技术[M]. 北京：国防工业出版社，2007.

[25] 吴自银，阳凡林，罗孝文，等. 高分率海底地形地貌探测与处理理论技术[M]. 北京：科学出版社，2017.

[26] 夏真，林进清，郑志昌. 海岸带海洋地质环境综合调查方法[J]. 地质通报，2005，24（6）：570-575.

[27] 阳凡林，暴景阳，胡兴树. 水下地形测量[M]. 武汉：武汉大学出版社，2017.

[28] 赵玉新，李刚. 地理信息系统及海洋应用[M]. 北京：科学出版社，2012.

[29] 周成虎，苏奋振. 海洋地理信息系统原理与实践[M]. 北京：科学出版社，2013.

[30] 周立. 海洋测量学[M]. 北京：科学出版社，2013.

[31] 朱光文. 我国海洋探测技术五十年发展的回顾与展望（一）[J]. 海洋技术，1999，18（2）：1-16.

[32] 中国科学技术协会. 测绘科学与技术学科发展报告（2009—2010）[M]. 北京：中国科学技术出版社，2010.

[33] 田坦. 水下定位与导航技术[M]. 北京：国防工业出版社，2007.

[34] 阳凡林，康志忠，独知行. 海洋导航定位技术及其应用与展望[J]. 海洋测绘，2006，26（1）：72-76.

[35] 周忠谟，易杰军，周琪. GPS卫星测量原理与应用[M]. 北京：测绘出版社，1995.

[36] 刘经南，魏娜，施闯. 国际地球参考框架（ITRF）的研究现状及展望[J]. 自然杂志，2013，35（4）：243-250.

[37] 党亚民，程鹏飞，章传银，等. 海岛礁测绘技术与方法[M]. 北京：测绘出版社，2012.

[38] 刘基余. GPS卫星导航定位原理与方法[M]. 北京：科学出版社，2003.

[39] 黄谟涛，翟国君，欧阳永忠. 海洋测量技术的研究进展与展望[J]. 海洋测绘，2008，28（5）：78-82.

[40] 吴永亭，周兴华，杨龙. 水下声学定位系统及其应用[J]. 海洋测绘，2003，23（4）：18-21.

[41] 向大威，许伟杰，景永刚. 组合定位系统[J]. 南京大学学报（自然科学），2011，47（2）：191-193.

[42] 李守军，包更生，吴水根. 水声定位技术的发展现状与展望[J]. 海洋技术，2005，24（1）：131-134.

[43] 喻敏. 长程超短基线定位系统研制[D]. 哈尔滨：哈尔滨工程大学，2006.

[44] 赵琳. 卫星导航系统[M]. 哈尔滨：哈尔滨工程大学出版社，2001.

[45] 姜毅. 空间信息技术基础[M]. 大连：大连海事大学出版社，2021.

[46] 肖波，陈洁，温明明，等. 深海探宝之采集技术与装备[M]. 武汉：中国地质大学出版社，2021.

[47] 肖付民，刘雁春，暴景阳，等. 海道测量学概论[M]. 2版. 北京：测绘出版社，2016.

[48] 黄张裕. 魏浩翰. 刘学求. 海洋测绘[M]. 2版. 北京：国防工业出版社，2013.

[49] 周立. 海洋测量学[M]. 北京：科学出版社，2013.

[50] 郑义东，彭认灿，李树军，等. 海图设计学[M]. 天津：中国航海图书出版社，2009.

[51] 张键,邵搏,田宇,等.北斗星基增强系统双频多星座服务覆盖范围评估[J].导航定位与授时,2023,10(5)：81-88.

[52] 中国自然资源学会. 资源科学学科发展报告（2016—2017）[R]. 北京：中国科学技术出版社，2018.

[53] 文湘北. 测绘天地纵横谈 测绘知识300问答[M]. 北京：测绘出版社，1999.